エンジニアなら
知っておきたい

生成AIのキホン

ChatGPT/Copilot/
Geminiから学ぶ
最新技術と活用

梅田弘之 著

はじめに

生成AIの衝撃

2022年末に彗星のように現れた大規模言語モデル(LLM)は、瞬く間に世界中に普及・浸透して、人々の生活や仕事のあり方を大きく変えつつあります。これは、インターネットやスマートフォンに匹敵する技術革新の波と言えるでしょう。この変革の中心にあるのがChatGPTやGemini、Copilotなどに代表される生成AIです。驚くほど博識な上に、人間のように自然な文章を生成したり、画像や音楽を創造したり、さらにはプログラミングまでこなす能力を備えています。

本質を理解した上で活用する

これからの私たちは、インターネットやスマホのように生成AIを日常で利用しますが、次々と現れるAIサービスを使いこなすには、ただ「利用する」のではなく「本質を理解」しておくことが重要です。そのため本書では、単なるプロンプトの書き方にとどまらず、TransformerなどのLLMの仕組み、生成AIがなぜ賢いかという原理、インコンテキスト学習、ファインチューニングやRAGの適用方法、などの技術のキホンをわかりやすく解説しています。

例えや図表でわかりやすく

AI技術の解説は数式や専門用語が多い難解なものになりがちですが、本書ではできる限り平易な言葉で解説し、例え話を交え、図表を効果的に用いながら、エンジニアでない人でも理解できるように工夫しています。

具体的な製品・サービスと技術を紐づけて解説

本書ではOpenAIのGPTシリーズを中心に置いて、カスタムGPTの構造と使い方、カスタム指示やプロンプトチェーンなどのプロンプトエンジニアリング、GPT4o with canvasのcanvasの意味、o1が得意とする「思考の連鎖」などを解説しています。また、多くのモデルが実装し始めているブラウジング機能、DALL-Eなどの画像生成の仕組み、DifyやLangChainなどのLLM Orchestratorを使った

RAGなど、「製品・サービス」と「技術」を紐づけて解説していますので、抽象論でなく直感的に理解ができるはずです。

本書で得られる知識

本書を読むと、以下の知識やスキルを習得することができます。

- **生成AIの基本：** 大規模言語モデル(LLM)の本質、Transformerモデル、LLMの学習方法など、生成AIの基本的な技術を理解できます。
- **生成AIの応用：** ChatGPT、Gemini、Copilotなど、代表的な生成AIサービスを様々なタスクに適用する方法を学びます。
- **生成AIの最新動向：** カスタムGPT、インコンテキスト学習、ファインチューニング、RAG、canvasなどの最新技術を把握し、AI活用の幅を広げることができます。
- **生成AIとプログラミング：** 生成AIを活用したプログラミング支援を学び、これからのエンジニアは生成AIが必須アイテムであることを再認識します。
- **プロンプトエンジニアリング：** 本質を理解した上でプロンプトの書き方を習得し、生成AIをより効果的に活用します。

生成AIと未来を生きる

「デジタル社会」という言葉がありますが、これからはAIがあらゆる場面で活用され、人々の生活をより豊かにする「AI社会」です。その際に「デジタル難民」ならぬ「AI難民」にならないように、最初の段階（今です！）で、生成AIの本質を理解して一緒に未来を歩んでいきましょう。

2025年1月

梅田弘之

contents

第1章

GPTで始まる大規模言語モデル時代

AIは既に「顔認証」「音声認識」「音声合成」「翻訳」など多分野で実用化されています。そして2022年のChatGPT登場で、「自然言語処理」が十分実用レベルに達したことが広く認識されました。さらに、画像生成やプログラミングなど、言語処理を超えた能力の発揮に、「どこまで賢くなるのか」と不安視する声も高まっています。
相手を知らなければ動揺するものです。本章では、大規模言語モデル（LLM）のGPTシリーズの進化や、どのようにして人間の期待を超える回答を生み出しているのかを解説します。仕組みを知ることで、客観的に判断でき、必要以上に心配することもなくなるでしょう。

ChatGPTとは

「ChatGPTは、OpenAIによって開発された大規模言語モデル（Large Language Model, LLM）の1つで、GPT（Generative Pre-trained Transformer）アーキテクチャーをもとに構築されています。ChatGPTの主な目的は、人間のように自然な対話を行うことです。」

まずは“お約束”で、これはGPT-4o（ジーピーティーフォーオーと読む。後述）に「ChatGPTとは」と質問した際の回答です。この回答をまとめると、次の3点になります。

- OpenAIが開発した大規模言語モデル
- GPTアーキテクチャーで構築
- 人間のように自然な対話を行うことを目的としている

少し補足しましょう。

- GPTは、Generative（生成できる）、Pre-trained（事前学習する）、Transformerという技術を使った言語モデルで、生成AIと呼ばれている
- Transformerは、自然言語処理（NLP）の性能を画期的に向上させた新技術
- ポリグロット（Polyglot：多言語対応している）言語モデルである
- 「生成能力」と「文脈理解」の2つの性能に優れている
- Attentionという技術を用いて学習し、RLHF（Reinforcement Learning from Human Feedback）という強化学習でお作法を学んでいる
- ChatGPTとして一躍有名になったモデルはGPT-3.5で、その後GPT-4、GPT-4oと進化を続けている
- 学習データと公開日に時間差が生じる。初期のChatGPTは2021年9月まで、GPT-4oは2023年9月までのデータで学習している（順次、近いデータが追加されていく）
- MicrosoftのBingやCopilotのエンジンにもGPT-4が使われている

大まかな特徴はこんなところでしょうか。聞き慣れない言葉が多いと思いますが、順番に説明していきますので大丈夫です。本書を読み終えるころには、大規模言語モデルや生成AIの本質について理解できているはずです。

GPT誕生までのヒストリー

実は、私は2017年の「Think IT」の連載「ビジネスに活用するためのAIを学ぶ」で、「自然言語処理は、音声認識や画像認識に比べると“人間レベル”に到達するまでまだ時間がかかりそうですが…」と書きました。実際、そのときのレベルはそんなものだったのです。

しかし、直後にTransformerという新技術が現れて、進化が加速しました。そのため、4年後に連載した続編「エンジニアなら知っておきたいAIのキホン2021年版」の第6回記事（2021年10月26日）では、自然言語処理のニューフェイスとしてGPT-3を紹介しています。

そこでは、「これがもっと進化して完成度が高くなれば、骨子やあらすじを示すだけでブログや記事、小説などをAIが書いてくれる時代が来る、そんなふうに期待されているのです」と書いています。そして、このわずか1年後の2022年11月30日にChatGPTが公開され、これが実用レベルで活用できる超優秀なものとして多くの人々に認識されたのです。

実際、大規模言語モデルは短い期間で急成長しており、その進化の速さが「このままだととんでもないことが起こるのでは」という不安を掻き立てている面もあります。そこで、最初に、ChatGPTがどのように作られてきたのか、その誕生と進化の流れを説明しましょう（**図1-1**）。

GPT-3

アメリカのAI関連企業OpenAIは、2020年6月にGPT-3というAIを公開しました。これは、従来の自然言語処理AIに比べて格段にレベルが高く、AIが人間のように書けることを最初に示したと言われています(私も2021年に紹介しています)。

GPT-3は、その前身のGPT-2と同じ言語モデル構造ですが、学習データ量が

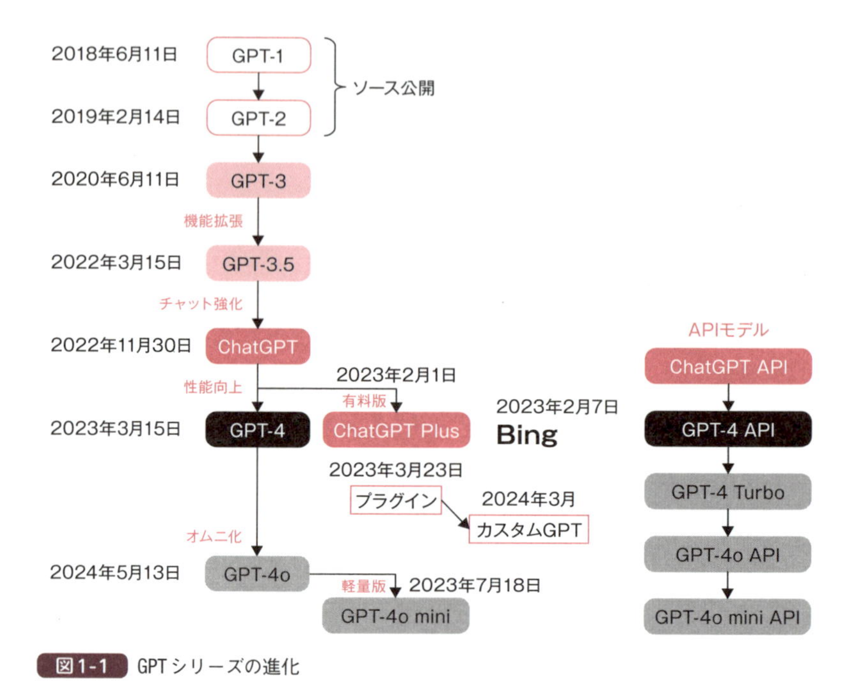

図1-1 GPTシリーズの進化

40GBから570GB、パラメータ数が15億個から1750億個と大幅に増えています。このGPT-3の登場により、学習データとパラメータ数を大きくしていく大規模言語モデル競争が始まったのです。

GPT-3.5

OpenAIは、2022年5月にGPT-3の機能を拡張し、2021年6月までのデータを用いて訓練したGPT-3.5というモデルをリリースしています。パラメータ数は非公開ですが推定3550億個くらいとも言われており、これがChatGPTのベースとなっています。

ChatGPT

(1) チャット能力を付ける

チャット機能の強化とは、「人間の好む回答をする（話術の向上）」と「不適切な発言をしない（マナー向上）」という2点です。これをRLHFという強化学習により学び、一般公開しても大丈夫なレベルにしたのです。

この戦略は非常にうまくハマりました。GPT-3やGPT-3.5は多くの専門家に注目される技術でしたが、あくまでも“通を唸らせる”存在でした。しかし、これをチャットで公開して誰でも利用できるようにサービス提供したことで、一気にバズることになりました。世界中でこれをどのように活用するかという試みが爆発的に広がり、学習データも世界中の人々から集まっています。これまでの研究室レベルから世界へと広がったことにより、進化が加速しているのです。

(2) 学習データがちょっと前

大規模言語モデルのトレーニングは機械学習です。つまりAIモデルは、学習データで事前トレーニングした上で本番で利用されます。そのため、学習フェーズと本番フェーズにタイムラグが発生し、学習に使われるデータがちょっと前までのものになります。

例えば、2022年11月に公開されたChatGPTは、2021年9月までの学習データで学んでいました。そのため、それ以降の出来事に関係する質問をした場合に、回答のネタが古いというケースが発生していました。

実際、私が2023年5月にChatGPTに「日本の総理大臣は誰ですか」と聞いてみると「2023年5月現在、私が取得している情報によれば、日本の総理大臣は菅義偉（すが・よしひで）氏です。」と回答しました。2021年10月からは岸田総理に代わったのに、わざわざ“2023年5月現在”という言葉を付けて平気で嘘をつくのがChatGPTらしいと思ったものです。

(3) リアルタイム検索機能

ChatGPTが、少し前までのデータしか持ち合わせていない特性は今も同じです。ただし、現在では「リアルタイム検索」機能が装備されており、新しいことを尋ねると、学習データからではなく、インターネット検索で最新情報を拾ってきて回答してくれます。最近はこの機能を搭載している生成AIが増えてきて、例えば、ChatGPTやMicrosoft CopilotはBing検索、Google GeminiはGoogle検索を使っています。

試しに2024年8月12日に、「パリオリンピックで日本は金メダルをいくつ取りましたか？」とChatGPT-4oに尋ねてみたところ、「2024年のパリオリンピックで日本は、金メダルを20個獲得しました。これに加えて、銀メダル12個、銅メダル13個も獲得し、合計で45個のメダルを獲得しています。」と正しく回答してくれました。閉会式から半日しかたっていないのに、すごいですよね。

(4) ハルシネーション

生成AIが持つ「平気で嘘をつく」という特性をハルシネーション（hallucination）と言います。これは、AIがアウトプットを"論理的"にロジックを組み立てて導き出しているのではなく、"確率的"に思いついた回答の中で一番良さそうなものを選んでいるから生じる現象です（第2章で解説します）。

ハルシネーションは、今でも生成AIの大きな課題とされています。ただし、言い回しはかなり改善されており、自信がない事柄については、それなりに慎重に回答するようになっています。

ChatGPTの成長

以上がChatGPT誕生以前（紀元前：BC）のヒストリーですが、その後の進化（紀元後：DC）も見てみましょう。

GPT-4

2023年3月にGPT-4がリリースされました。これはChatGPTの進化版で、次のように性能が大幅に向上しています。

- 言語能力が上がり（言い回しがうまい）、信頼性も向上（嘘が減る）している
- 文字だけでなく画像も取り扱える（マルチモーダルである）
- ChatGPTに比べて、長い文章が取り扱える（8倍の長さ）
- 脚本や音楽などの創造性が向上している
- ポリグロット（多言語を操れる人の意味）の能力がアップ
- 差別や暴力など不適切な発言を回避する能力が向上

NOTE

プロンプトインジェクション

生成AIなどに差別や暴力など不適切な発言をさせる行為をプロンプトインジェクション（Prompt Injection）と言います。これは、生成AIに悪意のあるプロンプトを入力することで、想定外の振る舞いやおかしな出力を引き起こさせる攻撃です。

有名なのは、2016年にMicrosoftがTwitter上で運営したチャットボット「TAY」の事件です。悪い奴ら（どこにでもいるし、数も多い）が「TAY」に対して、よってたかってプロジェクトインジェクションを行い、ヘイトスピーチや攻撃的なコメントをツイートさせるのに成功したのです。

OpenAIのテクニカルレポートによると、アメリカの司法試験（模擬試験）を受験したところ、GPT-3.5ベースのChatGPTが受験者の下位10％程度のスコアだったのに対し、GPT-4では上位10％程度に入って合格したそうです。GPT-4は、こうした専門的な分野（特に英語圏）においては、人間を超えたレベルの性能を発揮できそうだと期待（と不安）される存在になりました。

ChatGPT Plus

2023年2月1日に、GPT-4を搭載したChatGPT Plusがリリースされました。月22ドル（消費税込みという名目で最近値上げしました）という価格ですが、GPT-4や最新のGPT-4oを使えるほかに、優先的なアクセスやサポートが提供されます。また、特定の用途のためにカスタマイズしたカスタムGPT（第5章で解説）も利用できます。

NOTE

学習データの追加トレーニング

ChatGPTの各モデルは、リリース後も学習を続けています。例えば、ChatGPTの学習データは、当初2021年9月まででしたが、現在は2022年9月までになっています。また、GPT-4の学習データも、当初の2021年9月までから2023年4月までに追加・更新されています。さらに最新版のGPT-4oでは、学習データは2023年12月までとなっています。

学習データのリミットとリリース時期のタイムラグも少しずつ短くなっているようですね。モデル発表後も最新のデータで学習をし続けていることを理解しておきましょう。

GPT-4o

GPTモデルの性能向上は絶え間なく続いており、2024年5月にはGPT-4oがリリースされました。また、GPT-4oのリリース前に中間バージョンとなるGPT-4 TurboがAPI専用でリリースされています。

GPT-4o mini

ChatGPT-4o miniは、2024年7月18日にリリースされました。miniという名前の通り、従来モデル（ChatGPT-4o）より軽量なモデルです。リソースの消費が少ないため無償版で広く使われているほか、APIモデルは従来モデルの約1/30の価格で提供されています。軽量のため従来モデルより応答速度が2倍程度速いことも大きな魅力です。ただし、回答の精度や品質は劣ってしまうので、割り切って利用する必要があります。

無料ユーザーがChatGPTを使う場合、最初の一定回数はGPT-4oが利用できます。その後に回数制限にひっかかった場合は、自動的にGPT-4o miniに切り替わるようです。

なお、API経由であれば画像認識も可能ですが、通常のチャット操作ではできません。

NOTE

AGI

この先もGPTシリーズは成長が続くと思われますが、どのような進化を遂げていくのでしょう。ChatGPTで一般ユーザーに公開した結果、これまでの研究室での開発に比べて、一気に実用的な対話データを世界中から取得できるようになりました。これらを学習データとして利用することで、著しい進化を果たすのではと期待されています。

OpenAIは、第3次AIブーム（2018年頃）に話題となったAGI（Artificial General Intelligence）、すなわち人間と同じレベルの汎用人工知能を目指しています。ただし、その進捗とアプローチには慎重な姿勢を取っています。これまでの延長線上の進化では、そう簡単にはそこまで到達できないだろうと思われそうですが、5年や10年以内にAGIが実現すると唱える人も多くいます。どこかで突然変異的な変貌を遂げてしまうのか興味深いですね。

OpenAIとMicrosoft

OpenAI Inc.は、2015年12月にサム・アルトマン氏やイーロン・マスク氏らが10億ドル出資して創った非営利法人です。マスク氏は、テスラで研究しているAIとの利益相反を理由に、2018年2月に役員を辞任してOpenAIを離れました。その1年後の2019年3月にいくつかのファンドから出資を受けて営利部門のOpenAI LPが設立され、同7月にMicrosoftから10億円の出資を受けて関係性を深めています（**図1-2**）。

Microsoftはさらに追加で出資を行い、2023年1月には総額で100億ドルとなり、OpenAIの株式の49%を取得していると報じられています。ただし、実際に株式を保有しているわけではなく、OpenAIの利益分配の権利を持つ関係だそうです。

創業者でありCEOのサム・アルトマン氏は、2023年4月に来日して岸田総理と

2015年12月設立
OpenAI
(非営利法人)

10億ドル出資

サム・アルトマン
2023年4月来日

イーロン・マスク
2018年2月辞任

2019年3月
OpenAI LP
(営利部門)

当初10億ドル出資

Microsoft

2023年1月 総額100億ドル
(OpenAI株式の49%取得→利益分配の権利)

・2020/6 GPT-3からソース非公開
・2020/9 Microsoft「独占的な利用」を発表
・2022/3 GPT-3.5からパラメータ数も非公開

図1-2 OpenAIとMicrosoft

対談したことで、お茶の間でも有名になりましたね。その後2023年11月に突然解任を発表され、数日後にCEOに返り咲いたニュースも世間を騒がせました。

GPTシリーズの公開ポリシー

GPTシリーズは、OpenAIの設立ポリシーのもとで、2018年のGPT-1、2019年2月のGPT-2まではオープンソースとして公開されてきました。社名にOpenと付けているのは、AIの研究開発を世界中の研究者やエンジニアに開かれたものにするという意思を持っていたからです。

しかし、2019年3月に営利組織のOpenAI LPが設立されて、Microsoftなどからの出資を受けたことで、そのスタンスが変わりました。そして、2020年9月22日には、MicrosoftがGPT-3の「独占的な利用」を発表しました。2020年6月発表のGPT-3からはソース非公開となっており、ChatGPTではパラメータ数なども秘密になりました。

クローズドなスタンスに変えたのは、生成AIという新たな武器でAIの盟主のGoogleに挑む立場としては当然だと思います。しかし、一方で生い立ちがオープンだっただけに批判もあります。

大規模言語モデル

2018年頃に一大ブームとなったディープラーニングは、なぜ「ディープ」という名前が付いているのでしょうか。はい、正解はニューラルネットワークの層が従来モデルに比べて飛躍的に多く（深く：deep）なったからでしたね。では、現在、大きなブームとなっている大規模言語モデルは、なぜ「大規模」という名前がついているのでしょう。その由来を解説しましょう。

エピソード1と2

上記ではGPT-3から説明しましたが、スターウォーズと同じくエピソード1と2、すなわちGPT-1とGPT-2についてもここで紹介しておきましょう。

GPT-1のパラメータ数は1.17億個、GPT-2のパラメータ数は15億個でした。ただし、OpenAIは「悪意のある応用に対する懸念」を理由にGPT-2フルモデル版のリリースを見送っています。そして、代わりにパラメータ数を1.24億個にとどめた縮小版GPT-2を2019年2月14日にリリースしました。

悪意ある応用とは、オンラインでのなりすましや不適切なコンテンツ、誤解を与える記事、ヘイト宣伝などです。当時は、プロンプトインジェクションの対策が不十分だったのでしょうね。これ以降も継続的に対策を続けていますが、いまだに問題視されることが多く、生成AIのようなチャットの宿命の課題とも言えます。

スケーリングの法則（Scaling Low）

Open AIは、2020年に「スケーリングの法則（Scaling Low）」という論文で、ニューラルネットワークの言語モデルの性能が「計算能力」や「モデルサイズ（パラメータ数）」、「データセットの量」と関係が深いことを発表しました（**図1-3**）。

つまり、計算能力はもちろん、パラメータ数や学習データの量は非常に重要で、これが大きければ大きいほど精度が上がるということです。

シンプルで当たり前に見えますが、まさにコロンブスの卵のような法則です。通常は大きくしてもどこかで性能がサチる（saturation：飽和する）と思われそうですが、どこまでも強い相関関係が続くのです。

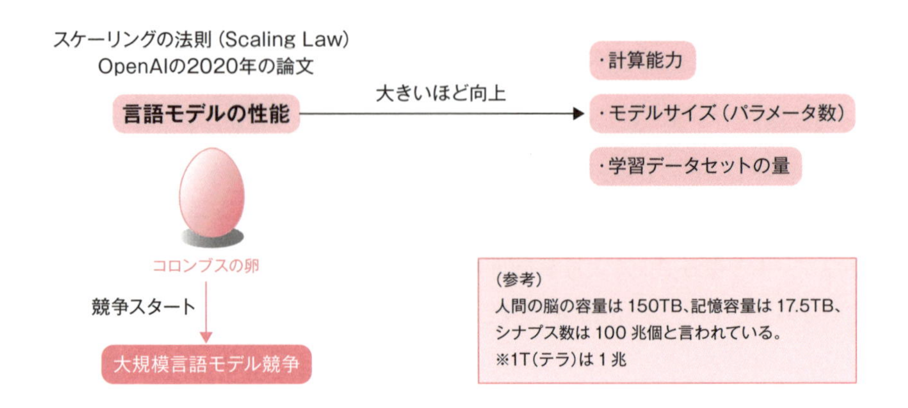

図1-3 スケーリングの法則

・モデルサイズ

この法則の元となったモデルはGPT-3でした。モデルサイズ（パラメータ数）はGPT-2が15億個だったのに対し、GPT-3は1750億個と大幅に増えています。GPT-3.5以降のパラメータ数は非公開ですが、GPT3のチャット強化版であるGPT-3.5は1750億個なのに対して、GPT-4は5000億〜1兆個程度あるのではと推測されています。さらに、GPT-4oにいたっては一部で100兆個とも噂されています。

人間の脳の容量は150TB、記憶容量は17.5TB、シナプス数は100兆個と言われています。1T（テラ）は1兆ですから、だんだん人間の領域になっているような感じですね。

・学習データ

学習データ量も増えています。公開されているモデルで比較すると、GPT-2が40GBだったのに対して、GPT-3は570GBに拡大しています。GPT-4やGPT-4oの学習データ量は非公開になりましたが、ChatGPTリリース以降は世界中のユーザーのプロンプトを学習データに利用しているので、膨大な量に増えていると思われます。

また、OpenAIはデータ量だけでなく、データの質やデータの種類も重視しています。特に最近ではテキストデータだけでなく、画像データやプログラミングコードなど、様々な種類のデータが含まれています。

・計算能力

パラメータ数が増えるほど、モデルは複雑となり計算量は増大します。また、学習データ量が増えるほど、学習時間が長くなり計算能力のパワーアップが必要となります。

OpenAIはGPTシリーズの計算能力について公開していませんが、GPT-3のトレーニングには、NVIDIAのA100などの高性能GPUを数千台並列に接続して、数週間から数か月の計算期間を費やしたと言われています。

GPT-4は、GPT-3よりもはるかに多くの計算能力が必要とされていますが、最適化技術やGPUの高性能化（A100→H100）などによって、パフォーマンス向上が実現されています。

また、トレーニング手法を最適化して、より少ないパワーで学習できるような改善を継続的に行っています。

推論時の計算処理を軽くするために、モデルの軽量化も図られています。GPT-4 Turbo（GPT-4o）は、GPT-4に比べて推論効率がアップしており、さらにGPT-4o miniといった軽量バージョンも登場しています。

NOTE

学習時の計算負荷と推論時の計算負荷

機械学習は、学習（トレーニング時）と推論（本番利用時）の2つのフェーズに分かれます。2つを比較すると、学習フェーズの方が推論フェーズよりもはるかに高い計算能力が必要となります。

学習フェーズでは、大量データを何度も繰り返し処理してパラメータ更新するため、学習データ量が大きくなり、パラメータ数が増えるに連れて、格段に大きな計算能力も必要とされるのです。

NOTE

GPUとTPU

2018年頃に爆発的に普及したディープラーニングを、裏側から支えたのはGPUでした。それまでコンピュータといえばCPUというイメージだったところに、グラフィック処理を目的とするGPUがニューラルネットワークの計算処理に向いているということでスポットライトを浴びたのです。現在、OpenAIの生成AIを支えているのはGPUで、Microsoft Azure Cloudで処理が行われていると言われています。

一方、GoogleはTPUというニューラルネットワーク計算専用のプロセッサ（ASIC)を開発し、これはGoogle Cloudで生成AIの学習などに使われています。行列計算に特化しているので、ディープラーニングの大規模な行列演算を高速かつ低消費電力で処理します。GPUとTPUの比較を**表1-1**に示します。

表1-1 GPUとTPUの比較

	GPU	TPU
名前	Graphics Processing Unit	Tensor Processing Unit
設計目的	グラフィック処理、並列計算処理など汎用	ニューラルネットワークの計算専用
開発元	NVIDIAやAMDなど	Google
登場した年	1999年	2016年
並列処理能力	高い	高い
電力消費量	比較的大きい	少ない
利用環境	市販されていて、さまざまな環境・用途で利用可能	Google Cloudでの利用が中心
価格	比較的安価	高価

モデルサイズと学習データの量と計算能力の相関関係が理解できましたでしょうか。このように言語モデルを大規模化したことにより、初めて「AIが人間に近い対話をできそうだ」と思わせる実力が示されたのです。

大規模言語モデル競争

スケーリングの法則論文とその根拠となるGPT-3の出現により、一気に大規模言語モデル（LLM：Large Language Model）競争が始まりました。現在、世界中で**表1-2**のような言語モデルの大規模化が著しく進んでいるのです。

表1-2 大規模言語モデル

言語モデル	リリース日	開発元	推定パラメータ数
GPT-3	2020年6月	OpenAI	1750億
GPT-3.5	2022年3月	OpenAI	（推定）1750億
GPT-4	2023年3月	OpenAI	（推定）5000億～1兆
GPT-4o	2024年5月	OpenAI	（推定）100兆
BERT	2018年10月	Google	3.4億
T5	2019年10月	Google	110億
LaMDA	2021年5月	Google	1370億
PaLM	2022年4月	Google	5400億
Gemini	2023年12月	Google	（推定）720億
LlaMA 3.1	2024年7月	META	4050億
文心一言 4	2023年8月	百度（バイドゥ）	
通義千問 2.5	2024年5月	アリババ	（推定）数千億
混元	2023年9月	テンセント	1000億以上
悟道 2	2021年6月	北京智源人口知能研究員	1.75兆

Googleは、BERTの他にT5、LaMDA、PaLMなど続々と生成AIを作成しています。BERTはGeminiに名称が変わったので、現在、コンシューマ向けの生成AIサービスであるChatGPTと対比する存在はGeminiとなります。

他方、METAのLlamaも進化を続けており、2024年7月23日には3.1がリリースされています。2024年12月にリリースした最新版3.3はモデルの軽量化を進めており、700億パラメータながら3.1の4050億パラメータと同等の性能を実現しています。Llama3.1はAmazon Redrockで利用可能となっており、AWSで生成AIを活用する際のAIエンジンとして活用できます。

中国の大規模言語モデル

生成AIでは中国勢も強力です。検索エンジン大手の百度（バイドゥ）は、文心一言（Ernie Bot）という生成AIモデルのチャットボットをリリースしており、中国語の自然言語処理に高い能力を持つと言われています。また、ネット通販大手のAlibaba（アリババ）も通義千問という生成AIを提供しており、これは中国語を含むアジア圏の言語に強い特徴を持っています。

一方、WeChat（微信）というSNSで有名なテンセントは、混元という生成AIをリリースしており、中国語の自然言語処理に優れた性能を持ち、WeChatなどのサービス群に統合しています。

国産の大規模言語モデルもいろいろと登場して来ました。しかし、今のところ米国や中国に比べると1周遅れという感じが強く、これから巻き返しができるかどうかという状況です。

NOTE

汎用生成AIと目的別生成AI

GPTやGeminiは、さまざまな用途で利用できる汎用のAIです。一方で、特定のタスクや分野に特化した目的別生成AIも続々と登場しています。目的別とは、画像生成、プログラミング支援、データ分析、音声生成・識別、翻訳、商品リコメンド、医療診断、音楽や映像生成、ゲームデザイン…などさまざまな用途に特化した専用AIです。

日本は、汎用生成AIの分野では出遅れているかもしれませんが、こうした目的別生成AIであれば、世界に通用するキラーモデルを生み出す可能性があると考えられます。

AIデバイド（AI Divide）

これからの社会は、AIとともにあります。デジタルデバイド（Digital Divide）はデジタルを活用できる人とそうでない人の格差を表す言葉ですが、早くもAIデバイドという言葉も誕生しています。

どうせAIを活用できる側になるのなら、複数の生成AIを使いこなすことを習慣にしましょう。私もGPT-4oとGeminiの2つを並べて使っている両刀遣いです。両刀遣いと言いましたが、ここではワンピースのロロノア・ゾロの三刀流に倣ってGPT-4oとMicrosoft Copilot（旧Bing chat）とGoogle Gemini（旧BERT）の3つを使い比べてみましょう。

・生成AIの個性

各AIサービスには、それぞれ個性があります。例えば、Microsoft CopilotはGPT-4を搭載していますが、ChatGPT-4よりはあっさり目の回答が返ってきます。論より証拠で試してみましょう。ChatGPT-4o、Copilot、Geminiに対して簡単な質問をして、各AIサービスの個性の違いを比べてみます。

・生成AIに料理を提案させる

図1-4は、ChatGPT-4oとCopilotとGeminiに「あなたが主婦だとして、牛もも肉、ピーマン、レタスを使った料理を提案してください」という依頼をした際の回答です。

GPT-4oは材料と作り方の構成で3品提案してくれました（長いので下側をカットしています）。これに対し、Copilotは1品に絞って材料と作り方に一言加えてレシピを教えてくれています。一方、Geminiは材料と作り方にポイントを加えた構成で、なんと5品も提案してくれました（箇条書きにしない分、数を多く提示）。

GPT-4oとCopilotの回答に違いがあるのが興味深いところです。CopilotがGPT-4を搭載しているからといって、質問と回答をGPTに丸投げしているわけではないことが分かります。両者を使い比べると、一般的にCopilotの方が回答が長くならないように配慮しているようです（もっと知りたかったら追加で質問してというスタンスで、サジェスチョンが表示されています）。

【ChatGPT-4o】

以下の材料を使って、簡単でおいしい料理を提案します。

1. 牛もも肉とピーマンの中華風炒め

材料:

- 牛もも肉: 200g
- ピーマン: 2個
- 玉ねぎ: 1/2個 (オプション)
- にんにく: 1片
- 生姜: 少々
- 醤油: 大さじ2
- 酒: 大さじ1
- 砂糖: 小さじ1
- オイスターソース: 大さじ1
- ごま油: 適量
- 塩・こしょう: 適量

作り方:

1. 牛もも肉は薄切りにし、塩・こしょうで下味をつけます。
2. ピーマンと玉ねぎは細切り、にんにくと生姜はみじん切りにします。
3. フライパンにごま油を熱し、にんにくと生姜を炒めます。
4. 香りが立ったら牛肉を加え、中火で炒めます。
5. 肉が色づいたら、ピーマンと玉ねぎを加えてさらに炒めます。
6. 醤油、酒、砂糖、オイスターソースを加え、全体に味がなじむように炒め合わせます。

2. 牛もも肉とレタスのサラダ

材料:

- 牛もも肉: 150g
- レタス: 1/2玉
- トマト: 1個 (オプション)
- キュウリ: 1/2本 (オプション)
- オリーブオイル: 大さじ1

【Copilot】

Copilot

それでは、牛もも肉、ピーマン、レタスを使った美味しい料理を提案しますね！

牛もも肉とピーマンのレタス包み

材料:

- 牛もも肉（薄切り）: 200g
- ピーマン: 2個
- レタス: 1玉
- にんにく: 1片
- しょうゆ: 大さじ2
- みりん: 大さじ1
- ごま油: 小さじ1
- 塩・こしょう: 適量

作り方:

1. 牛もも肉を一口大に切り、塩・こしょうで下味をつけます。
2. ピーマンを細切りにし、にんにくをみじん切りにします。
3. フライパンにごま油を熱し、にんにくを炒めます。香りが立ったら牛もも肉を加え、色が変わるまで炒めます。
4. ピーマンを加え、さらに炒めます。
5. しょうゆとみりんを加え、全体に味がなじむように炒めます。
6. レタスの葉を一枚ずつはがし、洗って水気を切ります。
7. レタスの葉に炒めた牛もも肉とピーマンを包んでいただきます。

この料理は、レタスのシャキシャキ感と牛もも肉の旨味が絶妙にマッチして、とても美味しいですよ！ぜひお試しください。他にも何かお手伝いできることがあれば教えてくださいね。

2 / 30 AI によって生成されたコンテンツは誤っている可能性があります

【Gemini】

牛もも肉、ピーマン、レタスを使った料理提案！

主婦の私が考えた、牛もも肉、ピーマン、レタスを使った簡単でおいしいレシピをいくつかご紹介しますね。

1. 牛肉と彩り野菜の炒め物

- **材料:** 牛もも肉、ピーマン、レタス、玉ねぎ、にんじん、しょうが、醤油、みりん、酒、砂糖、ごま油
- **作り方:** 野菜を炒め、牛肉を加えて炒め合わせ、調味料で味付けする。彩り豊かで栄養満点の一品です。
- **ポイント:** 野菜は食べやすい大きさに切り、牛肉は薄切りにする。強火で手早く炒めると、野菜のシャキシャキ感が楽しめます。

2. レタスと牛肉のさっぱり炒め

- **材料:** 牛もも肉、レタス、ごま油、塩コショウ、レモン汁
- **作り方:** 牛肉を炒め、レタスを加えてさっと炒め、塩コショウとレモン汁で味付けする。さっぱりとした味わいで、暑い日にもおすすめです。
- **ポイント:** レタスは手でちぎると、食感がよくなります。レモン汁の代わりにポン酢を使っても美味しいです。

3. 牛肉とピーマンのピリ辛炒め

- **材料:** 牛もも肉、ピーマン、豆板醤、醤油、みりん、酒、砂糖、ごま油
- **作り方:** 牛肉とピーマンを炒め、豆板醤を加えてピリ辛に味付けする。ご飯が進む一品です。

その他

- **アレンジ:** 上記のレシピを参考に、お好みの野菜や調味料を加えてアレンジしてみてください。
- **副菜:** 炒め物だけでなく、牛肉と野菜を一緒に煮込んだり、カレーやシチューの具材にしたりするのもおすすめです。

牛もも肉は、炒め物だけでなく、煮込み料理や炒め物など、様々な料理に使うことができます。 ぜひ、これらのレシピを参考に、ご家庭で美味しい料理を作ってみてください。

もし、何か質問があればお気軽にご質問ください。 例えば、「牛肉の切り方は？」「どの調味料を使えば良いか分からない」など、具体的な質問をしていただくと、より詳しくお答えできます。

（この後5品まで提案し、最後に右のその他につながる）

図1-4 ChatGPT- 4 oとCopilotとGeminiに料理の提案依頼

どれがいいかは人の好みやシチュエーションに依りそうですね。あえて注文を付けるとすれば、ChatGPTはレタスを使っていない、Copilotは1品しか提案してくれていない、Geminiは材料に分量表記がない、などでしょうか。このような個性があるので、両刀遣いで見比べることが役に立つのです。

なお、それぞれの回答に対する不満も追加指示すれば、いとも簡単に好みのレシピに近付けてくれます。1回のコマンドではなく、こうしたやり取りができるのが生成AIの良いところですね。

この章のまとめ

本章では、以下の内容について学習しました。

◎ChatGPTはGPT-3.5をベースとし、チャットを強化した大規模言語モデル
◎GPT-4は言語処理能力や信頼性、ポリグロットなどが大幅に向上し画像も扱える
◎ChatGPT-4oのパラメータ数は、人間の領域に迫ってきている
◎GPTモデルの学習データはちょっと前までのものであるが、新しいデータを学習し続けている
◎ChatGPTやCopilot、Geminiにはリアルタイム検索機能が付いていて、新しいことに関する質問にはネットで検索して回答してくれる
◎MicrosoftはOpenAIに出資し、新BingやCopilotにGPT-4を搭載している
◎スケーリングの法則は、モデルサイズと学習データ量と計算能力のスケールアップに関するコロンブスの卵
◎スケーリングの法則により、世界中で大規模言語モデル競争が始まっている
◎米国や中国に比べて日本は大規模言語モデル開発で出遅れているが、目的別生成AIで巻き返すチャンスはある
◎生成AIにはそれぞれ個性があるので、AIデバイドで勝ち組になるために両刀遣いになろう

本章では、ChatGPTを目にするまでとその後のヒストリーを学び、今、生成

AIの世界で何が起こっているのかを理解しました。また、スケーリングの法則に則り、モデルサイズ、学習データ量、計算能力それぞれを飛躍的にアップする大規模言語モデル競争が起こっている現状を知りました。

でも、頭の大きさが超ビッグになったとしても、それだけでこんなに頭がよくなるものでしょうか。どんな勉強をすれば、こんなに賢くなり、クリエイティブな能力まで身につくのでしょうか。次章では、そのような疑問にお答えします。

第2章

大規模言語モデルの学習

本章では、大規模言語モデルがどのように学習を行い、私たちの目の前に登場しているのかを解説します。 私たちは、ChatGPTがまるで人間のように会話し、豊富な知識を持っているだけでなく、さまざまなものをクリエイティブに生成できる能力に驚かされています。しかし、どうしてこのようなことが可能になったのでしょうか。その仕組みについて、分かりやすくお伝えしていきます。

人の一生とAIの短期トレーニング

人間は、生まれたばかりの時は話せません。長い年月をかけて、いろいろな人と話したり、たくさんの文章を読み書きした結果、知識や会話能力、文章力が養われ、そのノウハウがその人の脳に刻まれていきます。

実は、言語モデルAIの場合も似たようなアプローチで成長しています。膨大な文章を学習データとして読み書きのトレーニングをし、そこで得たナレッジをパラメータ化しています。

人間が一生かけて読み書きするテキスト量は馬鹿になりませんが、AIはそれをはるかに超える量のテキストを短期間で学習し、それをニューラルネットワークという脳に刻んでいるので、とんでもなく博識なのです（**図2-1**）。

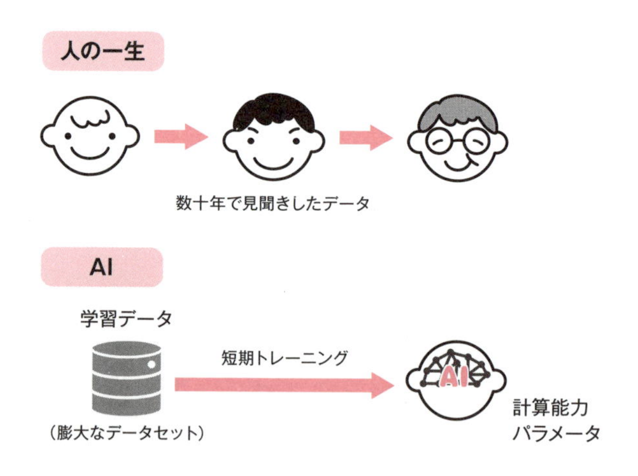

図2-1 人の一生とAIの短期トレーニング

そう考えると、スケーリングの法則が、言語モデルの性能は「計算能力」に加えて「モデルサイズ」と「学習データの量」に比例する、と言っている意味が理解できます。

今や、パラメータは数千億から数十兆単位に拡大し、チャットを通じて世界中の人々から生きたデータを集めているので、学習データも莫大に増えています。そして、大規模になればなるほど、それを高速処理する計算能力が必要となり、使用されるGPUやTPUの数も多くなっているのです。

生成AIの学習データ

生成AIは、いったいどのような学習データでトレーニングしているのでしょう。

GPT-3の学習データ

GPT-3.5やGPT-4などのモデルがどのような学習データを利用しているかは非公開ですが、GPT-3までは公開されていました。そこでGPT-3がどんな学習データでトレーニングしたのかを参考にしてみましょう。

GPT-2の学習データは40GBだったのに対し、GPT-3は570GBにボリュームを拡大しています。**図2-2**はその内訳です。約6割の寄与度を占めているのが「Common Crawlコーパス」です。これはインターネットのWebサイトをクロール（巡航）し、そこに掲載されているテキストデータをスクレイピング（データ取得）してコーパスにしたものです。

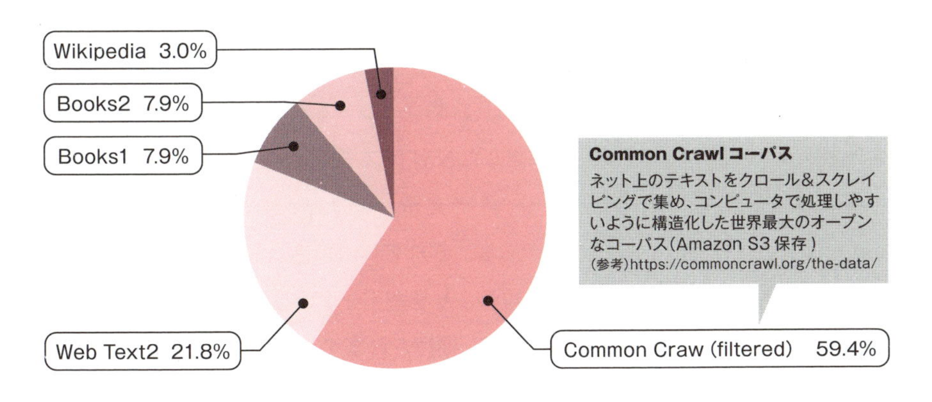

図2-2 GPT- 3 学習データセットの寄与度

コーパスとは、文章や会話などを大量に集めて、コンピュータで処理しやすいように構造化した言語データベースです。Common Crawlのホームページを見ると「2000年から定期的に収集されたペタバイト単位のデータ」と記載されています。クロールとスクレイピング技術で集めたデータは、メタデータ（WAT）も付けられてAmazon S3に保存されており、誰でも無料でアクセスできます。このうち各言語の含有率は、英語が50%程度であり、日本語は5%となっています。

WebText2は、Common Crawlコーパス以外のWebページのデータ、Book1とBook2は書籍データですが、どのような情報が使われたかについては明確にされていません。

日本語コーパス

コーパスは英語データが多いのですが、日本語のコーパスもあります（**表2-1**）。例えば、Common Crawlのスナップショット（ある時点のデータを抜いたもの）を見ると、一部でフリーの日本語コーパスが公開されています。

MC4は、Googleの多言語コーパスの中から日本語部分を抜き出したものです。そしてOSCARは、フランス国立情報学自動制御研究所（INRIA）のOrtizチームが各国語に分けて提供しているもの、さらにCC-100は、Facebookのコーパスから日本語を抜き出したものです。

国内では、国立国語研究所が、さまざまな書籍や雑誌、新聞、白書、ブログなどからデータを集めたBCCWJという日本語コーパスを提供しています。ここには音声データのコーパスCSJなど日本語話し言葉コーパスもあります。最近では、インターネット上の日本語テキストを収集したNWJCも提供されています。

表には記載しませんでしたが、青空文庫、Wikipedia、楽天、Yahoo!、Linguistic Data Consortiumなどからも、それぞれの特色のあるコーパスが提供されています。大規模言語モデルの出現により学習データの重要性が再認識されたことで、日本語のコーパスのさらなる充実が期待されます。

GPT-4の学習データ

GPT-4やそれ以降のモデルの学習データの情報は非公開ですが、次のようなデータだと推測されています。また、学習データの品質も向上させており、単純に量だけでなく精度の高いデータセットで学習していると考えられます。

表2-1 主な日本語コーパス

データセット	サイズ	提供元
mC4（multilingual C4）	1.3TB（全言語）	Google （日本語部分も大きい）
OSCAR （Open Super-large Crawled ALI）	42GB（日本語部分）	INRIAが各国語の コーパスを提供
CC-100 （Common Crawl 100 languages）	7.6GB（日本語部分）	FAIR
BCCWJ（Balanced Corpus of Contemporary Written Japanese） 現代日本語書き言葉均衡コーパス	約1億語	国立国語研究所
NWJC （NINJAL Web Japanese Corpus）	約4億語	国立国語研究所
CSJ（Corpus of Spontaneous Japanese） 日本語話し言葉コーパス	約660時間 （音声データ）	国立国語研究所

(1) データソースの多様化

CommonCrawlコーパスなどのWebデータに加えて、特定分野（法律、工学、医学など）に強いデータ（書籍や論文など）やプログラミングコードなど、学習データの多様化が行われています。

(2) データの品質向上

学習データの品質を向上させる仕組み（フィルタリングやデータクリーニング）が充実して、より精度の高い学習データとなっています。

(3) チャットデータ

ChatGPTの公開に伴い、世界中のユーザーから対話形式のデータが収集できます。ChatGPTのデフォルトは、「学習のために使用することを許可」となっています。実際にどのようにトレーニングに活用しているかは不明ですが、モデルの成長のために、個人情報や機密情報を含まないようにフィルタリングした上で使用しています。

NOTE

チャットデータの保護

生成AIの進化のために、膨大なチャットデータは学習に大きく貢献すると思われます。ただし、そこにセキュリティの問題を生じてしまうと大打撃となるので、各社とも最大限の注意を払って慎重に対処しています。

一般ユーザー向けChatGPTのデフォルトは「提出を許可」ですが、もちろん、拒否することもできます。**図2-3**はChatGPTの設定の中にあるデータコントロールの項目で、「すべての人のためにモデルを改善する」のデフォルトがオンになっています。ちょっと言い方が偽善っぽいのが気になりますが、実際にモデル改善に役立てていると思いますので、私はオンのままにしています。

図2-3 ChatGPTの設定（データコントロール項目）

Google Geminiは、「Geminiアプリ アクティビティ」の設定でオンとオフの切り替えができるのですが、こちらもデフォルトはオンです。

なお、ChatGPT EnterpriseやGPT APIなどの企業向けのサービスは、データはトレーニングに使用されません。また、Microsoft Copilotは無料版でも学習データに使わないとなっていますが、これはエンジンであるGPTを成長させる役目はOpenAIが担当するという協業だからできることだと思われます。

言語モデルの本質

ChatGPTは、Transformerという技術によって自然言語処理のレベルを飛躍的に向上したモデルです。ここでTransformerを解説する前に、言語モデルの本質について理解を深めたいと思います。

まずは分野の認識です。AIには分類（Classify）や予測（Prediction）、異常検知（Anomaly detection）などさまざまな技術分野がありますが、その中で言語モデルは自然言語処理（NLP：Natural Language Processing）を中心とした分野になります。

言語モデルの機械学習

言語モデルの本質は「次の単語を予測するAI」です。トレーニングは学習フェーズと推論フェーズからなる機械学習で行います。**図2-4**は2つのフェーズを表したものです。まず、事前学習（Pre-training）で徹底的に人間の文章を叩き込み、次の単語を予測できるAI（言語モデル）を作成します。そして、この学習済みモデル（Pre-trained Transformer）を本番で使って「推論」させます。

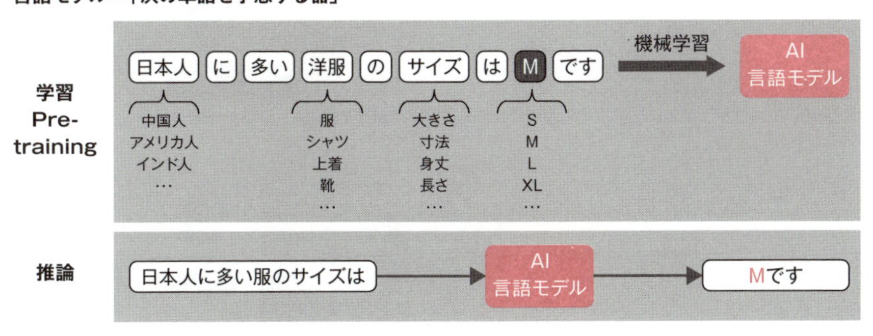

図2-4 言語モデルの機械学習

ここでは「日本人に多い洋服のサイズはMです」という文章を学習データとしてインプットしています。学習データには膨大な量のテキストが用意されており、「日本人」「洋服」「サイズ」「M」などのところに別の単語が入った文章データもあるわけです。これらを徹底的に学習することで、「日本人に多い洋服のサイズは?」と聞かれた場合に、Mと回答する「次の単語予測」に強い言語モデルができるのです。

この例はシンプルですが、実際は助詞の「の」にしても「は」や「も」や「に」などもさまざまなバリエーションがあり、それにより回答も変化します。ものすごい数の組み合わせがあるため、予測は到底不可能に見えます。でも、人間だって長い年月をかけてこのような学習を続けて、普通に会話できるレベルに達しているわけです。AIの場合は、24時間365日すごい処理速度のマルチGPUで大量データで勉強を行っているわけで、そう考えれば不可能ではないと理解できるはずです。

LLMは連想ゲームの達人

我々はChatGPTの出現により、LLMの言語能力に驚いているわけですが、「彼ら」はロジカルに考えて答えているわけではありません。それよりも連想ゲームの特訓を死ぬほど行った次の単語予測器と考えた方が良いでしょう。

図2-5 大規模言語モデルは連想ゲームの達人

「日本人は」でピンと来たいくつかの続く単語を確率付きで出力し、「日本人は、夏は」で、また次に来る文章を予測する。そんなふうにインプットされた文章で反射的に浮かんだ単語を回答する、連想ゲームの達人なのです。つまり、言語モデルが「次の単語を予測する器」だとしたら、大規模言語モデルは「連想ゲームの達人」なのです（**図2-5**）。

まあ、突き詰めて考えたときに、人間だって知識の中から考えて答えている場合と、ぱっと浮かんだ単語を反射的に答えている場合との、どこに境界があるのかは微妙です。しかし、大規模言語モデルが考えて答えているわけではないことを知れば、とりあえずは過度に脅威を感じる必要はなさそうです。と言いつつ、最近は大規模言語モデルの「思考の連鎖」の研究が著しいので、これから考える力も身につけてきそうな不気味さも感じます。

NOTE

思考の連鎖

思考の連鎖（Chain of thought）とは、あるアイデアが別のアイデアや概念を引き起こし、結果として一連の思考が連続的に展開していくことです。例えば、LINEで友達（異性）を食事に誘ったのに返事が来なかったとします。人間であれば、次のような思考の連鎖が続いてもんもんするわけです。

①まだ、デートというのはハードルが高かったかも知れない

②2人でなく複数人での食事ということにすれば良かった

③今から、どうリカバリーを図れば良いだろうか

④とりあえず、さりげなくフォローのメッセージを入れておこう

生成AIも「こう来ればああ答える」という反射的思考だけでなく、連続的な思考が生まれるプロセスを身につけ、問題解決や想像的な発想、推論などの分野でさらに役立つものになりつつあるのです。

大規模言語モデルの早とちり

大規模言語モデルは連想の達人ですが、意外と早とちりをします。例えば、ChatGPT-4oに子どもの頃に流行っていた次のなぞなぞを出してみたところ、ものの見事に「盲腸」とひっかかってくれました（**図2-6**）。

「なぞなぞです。花子さんは風邪で寝ていました。その時、庭で牛が「モウ」と鳴きました。牛の上には「チョウ」が飛んでいます。さて、花子さんの病気はなんでしょうか」

「なぞなぞです。
花子さんは風邪で寝ていました。
その時、庭で牛が「モウ」と鳴きました。
牛の上には「チョウ」が飛んでいます。
さて、花子さんの病気はなんでしょうか」

このなぞなぞの答えは「盲腸（もうちょう）」です。

- 牛が「モウ」と鳴くことから「モウ」
- 牛の上に「チョウ」が飛んでいることから「チョウ」

「モウ」と「チョウ」を合わせると「盲腸」になります。したがって、花子さんの病気は「盲腸」です。

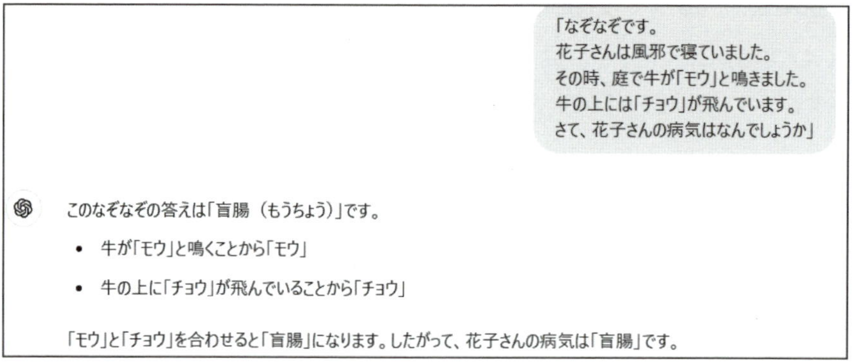

図2-6 ChatGPT- 4 oになぞなぞを出す

面白いのは、人間の早とちりと同じくひっかかる時とひっかからない（正解を返す）時があることです。また、出題時に「順序立てて考えて」というようなワードを加えると、ちゃんと正解を出してくれたりします。

大規模言語モデルは言語の天才

ところで、言語モデルをトレーニングして次の単語を推測できるようにしたものが、なぜ、プログラミングや作曲などもできるようになったのでしょう。**図2-8**を使って説明しましょう。

NOTE

大規模言語モデルのうっかり

人間に国語が得意でも数学が弱いという人がいるように、LLMは算数でミスを犯すことがあります。今度は次のようなひっかけ問題を出してみたら、ChatGPT-4oもCopilotもGeminiも、ものの見事に「3個」と間違ってくれました（**図2-7**）。

なぞなぞです。今日はリンゴが5個あります。おとといリンゴを2個食べ、昨日みかんを1個食べました。今日はリンゴはいくつ残っているでしょうか？

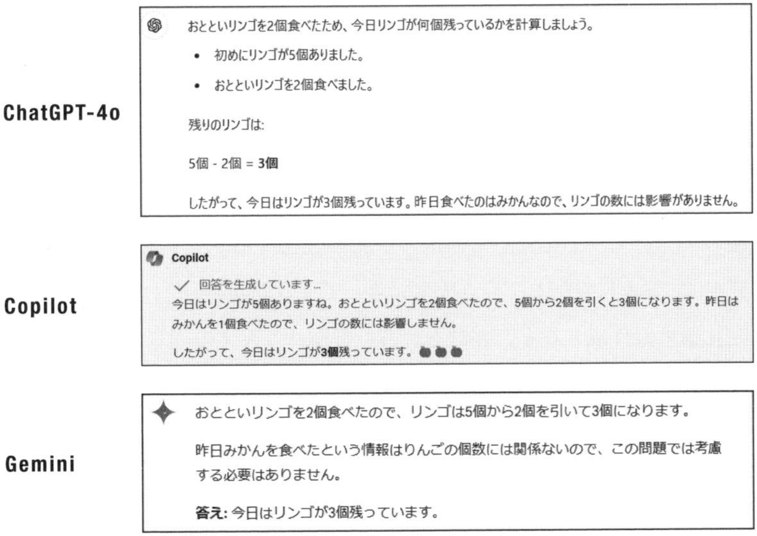

ChatGPT-4o

おとといリンゴを2個食べたため、今日リンゴが何個残っているかを計算しましょう。

- 初めにリンゴが5個ありました。
- おとといリンゴを2個食べました。

残りのリンゴは:

5個 - 2個 = **3個**

したがって、今日はリンゴが3個残っています。昨日食べたのはみかんなので、リンゴの数には影響がありません。

Copilot

Copilot

✓ 回答を生成しています...

今日はリンゴが5個ありますね。おとといリンゴを2個食べたので、5個から2個を引くと3個になります。昨日はみかんを1個食べたので、リンゴの数には影響しません。

したがって、今日はリンゴが**3個**残っています。

Gemini

おとといリンゴを2個食べたので、リンゴは5個から2個を引いて3個になります。

昨日みかんを食べたという情報はりんごの個数には関係ないので、この問題では考慮する必要はありません。

答え: 今日はリンゴが3個残っています。

図2-7 ChatGPT-4oとCopilotとGeminiのうっかり

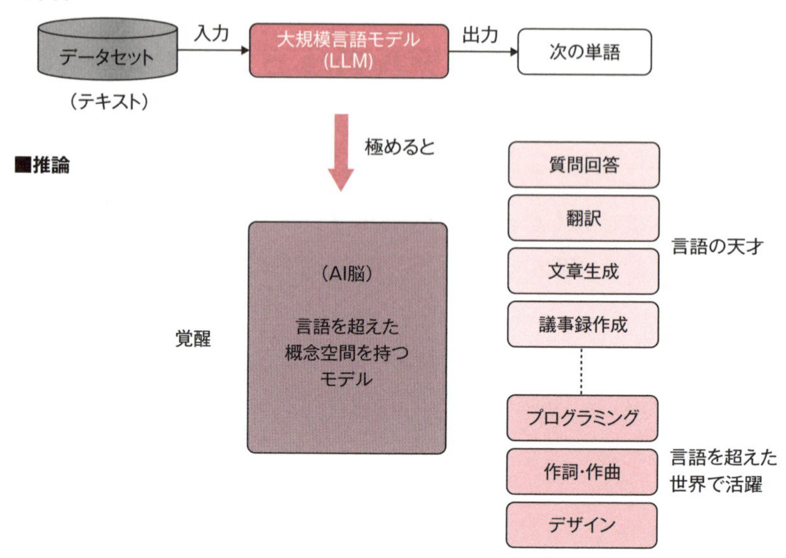

図2-8 大規模言語モデルの覚醒

言語を超えた概念空間

大量のデータセットを使って、次の単語を連想するゲームを学習しまくった言語モデルは、徐々に覚醒していきます。そして「質問回答」だけでなく、「翻訳」「文章生成」「議事録作成」など、言語をいろいろ操れる天才の素質を見せてくれます。

このとき言語モデルの頭の中には、「言語を超えた概念空間を持つモデル」ができてきます。人間が自分の脳の仕組みをきちんと説明できないように、このAI頭脳がどのようになっているかは誰も説明できません。

翻訳のAI脳

翻訳の場合は、日本語の文章を入力して英語を出力させるトレーニングを行います。これも基本は「次の単語を予想する言語モデル」で、入力された日本語をAI脳の概念空間で多次元のベクトルデータに置き換え、それを英語で出力するという形になります。　例えば、和英翻訳を学習したLLMに「私はふるさとが好き」とインプットすると、AI脳が、どういうロジックを使っているかはわかりませんが、

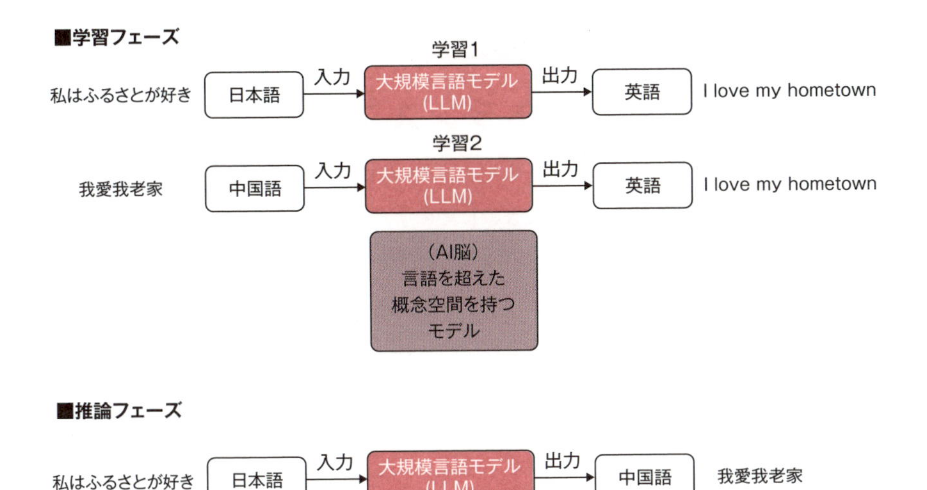

図2-9 翻訳のAI脳（ポリグロットの仕組み）

「I love my hometown」とアウトプットするのです。

面白いのは、日本語や英語は単なる入出力のフォーマットにしか過ぎないということです。例えば、日本語と英語の翻訳を学習した言語モデルに、中国語と英語の翻訳も教えたとしましょう。その言語モデルに「私はふるさとが好き」とインプットすると、日本語と中国語の翻訳を学習していないにもかかわらず「我愛我老家」などと翻訳してくれます（**図2-9**）。

つまり、日本語と英語というような2つの言語のペアで覚えているわけではなく、ある言語でインプットされた情報がいったん「AI脳」に変換され、それを別の言語にアウトプットしているだけなのです。GPT-4oがポリグロット（多言語を話せる）なのは、この仕組みによります。

ChatGPTやGPT-4oの学習データは圧倒的に英語が多く、日本語データはそれほど多くはありません。そのため英語で使用した方が性能は良いわけですが、その割には日本語でもびっくりするほど優秀です。これも、からくりはAI脳です。英語圏の知識は英語データの方がもちろん豊富ですが、共通する部分はAI脳が処理しているからだと推定されます。

NOTE

知識のトランスファー

生成AIは、異なる言語でも類似した概念や知識をAI脳に共有することができます。例えば、英語でSQL文を学んでいれば、その構文や関数、演算式などがAI脳に変換されて理解されているので、日本語プロンプトでも有効に利用できます。 この仕組みは「知識のトランスファー(knowledge transfer)」とも呼ばれています。

大規模言語モデルは言語を超えた叡智

大規模言語モデルは、「次の単語を予測する」というトレーニングを繰り返すことで、驚くほどの進化を遂げます。気がつけば、「質問への回答」や「翻訳」といった言語処理にとどまらず、「プログラミング」や「作詞・作曲」、「デザイン」といった多彩な能力も発揮するようになるのです。まるで、眠っていた才能がある日突然目覚め、開花した子どものように、多方面での能力を発揮し始めます。

これも原理はAI脳です。プログラミングも言語であり、音楽も、譜面を読むという言葉があるように、言語のようなものです。AI脳にとっては、どれも言語のようなものなので、世界中のデータを教師データとして使って連想ゲームを教えさえすれば、ジャンルを問わず人間のようなクリエイティブな才能を発揮できるのです。

ただし、生成する対象によっては、AI脳だけでなく別の訓練も必要です。例えば、画像生成AIを育てるなら、指定されたものをデッサンする部分は連想ゲーム的なAI脳が力を発揮しますが、基礎となるペインティング力は拡散モデルなどのトレーニングで別途行う必要があります(第6章で説明します)。

この章のまとめ

本章では、以下の内容について学習しました。

◎大規模言語モデルが学習したテキストの量は、人間が一生で読む量より桁外れに多い
◎GPT-3の学習データの6割は、ネットから取得したCommon Crawlコーパスである
◎ChatGPT以降のモデルでは、チャットのプロンプトデータもセキュリティに配慮した上で学習に利用されている
◎言語モデルは「次の単語を予測する器」で、大規模言語モデルは「連想ゲームの達人」である
◎生成AIは言語の達人だが、簡単な質問をうっかり間違うことがある
◎AI脳が「言語を超えた概念空間」を持つからこそ、さまざまなことを汎用的に処理できる

本章では、大規模言語モデルがどのような学習を行っているかを学ぶことで、その本質が連想ゲームの達人であることを知りました。また、モデルの頭の中は、多次元のベクトル空間であるAI脳になっているので、入出力を変えても問題なく処理できていることを理解しました。

ところで自然言語処理の分野に生成AIが突如現れて、驚くような能力を発揮しているのは、いったい何があったからでしょうか。次章では、Attentionという技術を中心としたTransformerモデルをわかりやすく解説し、連想ゲームの達人になるために、どのようなトレーニングを行っているのか掘り下げて説明します。

第3章

Transformerモデルの仕組み

この章では、GPTシリーズなどの大規模言語モデルが採用している「Transformer」という自然言語処理について解説します。RNNやLSTMなどの回帰型ニューラルネットワークが中心だったところに彗星のように現れたTransformerは、どのような仕組みで優れた言語モデルを生み出したのでしょうか。

回帰型ニューラルネットワーク

私が2017年にThink ITの連載「ビジネスに活用するためのAIを学ぶ」を書いていた頃は、自然言語処理（NLP：Natural Language Processing）と言えば回帰型ニューラルネットワークが主流でした。拙書『エンジニアなら知っておきたいAIのキホン』（インプレス刊）でも、次の2つの技術解説をしています。

・ RNN（Recurrent Neural Network）
・ LSTM（Long Short-Term Memory）

しかし、実はこの頃（2017年6月）に、Googleの研究者たちがTransformerという技術を発表していました。この発表により情勢ががらりと変わり、この新しい技術を使った大規模言語モデルが次々と登場してきたわけです。

Transformerアーキテクチャーを理解するためには、まずはRNNやLSTMなどの回帰型ニューラルネットワークのアーキテクチャーを知っておく必要があります。基本原理を簡単に解説しましょう。

回帰型ニューラルネットワークの仕組み

画像認識などで用いられるCNN（畳み込みニューラルネットワーク）は、ある一瞬の画像（スナップショット）を解析して顔や物体を認識する場合に使われます。一方、自然言語処理では、前の文脈によって次につながる言葉が変わるので、前の言葉を記憶しながら時系列に処理する必要があります。

図3-1を使って説明しましょう。これは、次の単語を予測して出力するトレーニングを行うRNNのイメージです。

Step（t-2）では「一般の日本人に」という入力のうち重要と思われる単語のみ取捨選択し、それを記憶としてStep（t-1）に伝えます。人間の言葉は冗長な部分が多いので、入力された単語を重み付けし、重要なワードのみを記憶して次に伝えるのです。この例では「一般の」というワードは重要でないと切り捨てて、「日本人に」という部分だけを次に伝えています。

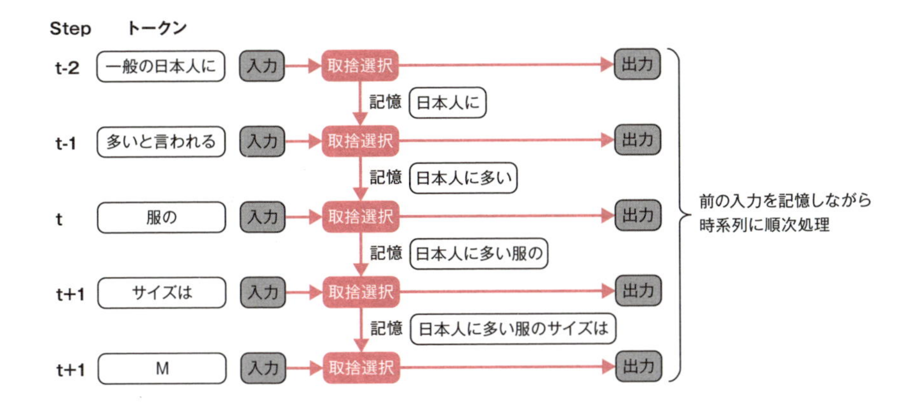

図3-1 回帰型ニューラルネットワーク

Step（t-1）は、Step（t-2）から送られた「日本人に」という情報と入力テキスト「多いと思われる」を組み合わせて取捨選択を行った結果、「日本人に多い」をStep（t）に伝えます。

このように、前の部分の単語を順番に伝言ゲームのように伝えながら（つまり、文脈を理解しながら）、今回の出力（次に続く単語を予測）をするのが回帰型ニューラルネットワークの特徴で、前のワードを再利用するため「回帰型」と呼ばれています（再帰型とも言います）。時系列処理により前の文脈を理解することで、次に続く単語を出力できるようになるのです。

RNNとLSTMの課題

RNNは記憶ラインが1本ですが、LSTMは短期記憶と長期記憶の2本に分けて次に伝える改良版です。こちらは大きな文脈と直前の文の構成の2つが伝わる方式だとイメージしてください。

しかし、RNNやLSTMには次の2つの課題がありました。そして、世界中でこの課題解決に取り組んで改良を続けているところに、Transformerが彗星のように現れたのです。

<２つの課題>

並列処理：時系列で1つずつ計算するため並列処理ができない（GPUの特性が活かせない）

長文の処理：長文になると時系列が長くなり精度が下がってしまう（伝言ゲームなので、途中で意味がずれていきやすい）

Transformerアーキテクチャー

Transformerは、2017年12月6日にGoogleが発表した「Attention Is All You Need」という論文で登場しました。タイトルの意味は「Attentionだけあればいい」というものです。ちょっとおしゃれなネーミングですね。

これは、RNNのような時系列処理を行わなくても、どの言葉に注目するかというAttentionだけでNLPの性能向上ができるという画期的な発表だったのです。

図3-2は、論文の中で示されているTransformerモデルです。英語の表記である上に線がごちゃごちゃしてちょっと分かりにくいですね。そこでRNNと対比できるように横に倒してみたのが**図3-3**です。この図を使ってTransformerモデルについて解説しましょう。

エンコーダー／デコーダー

Transformerモデルは、エンコーダーとデコーダーから構成されます。エンコーダーとは、データをベクトルなどの特定の形式に符号化することで、デコーダーがそれをデータに復元する処理を言います。**図3-3**では、エンコーダーへの入力がテキストデータで、それをエンコーダーが処理した結果の出力がベクトルデータになっています。

エンコーダー／デコーダーモデルは翻訳などでもよく使われています。例えば、エンコーダーで入力した文章（日本語）がデコーダーから別の文章（英語など）として出力されます。エンコーダーとデコーダーでどのような処理が行われているのか1つずつ解説しましょう。

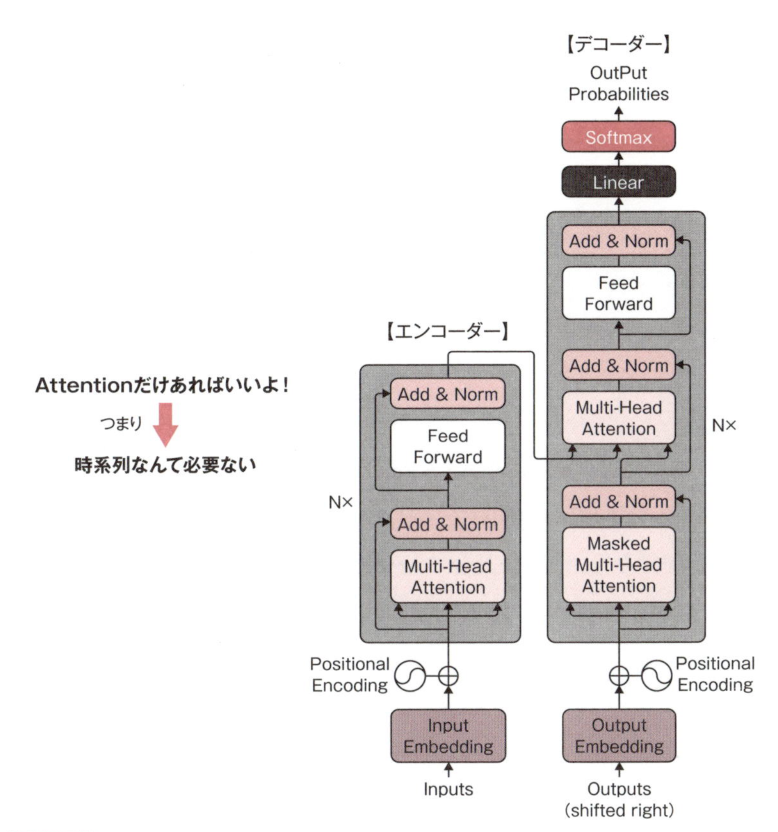

図3-2 Google論文で示されたTransformerモデル

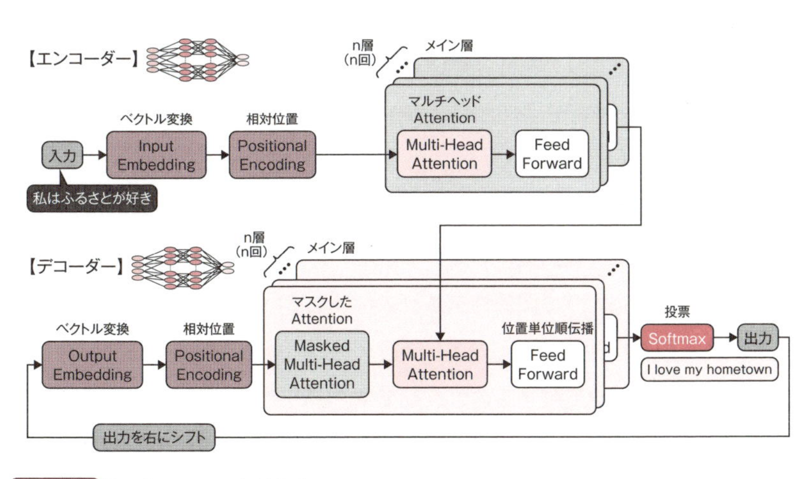

図3-3 Transformerアーキテクチャー

(1) エンコーダー

・前処理

前処理としてInput Embeddingでベクトル変換を行い、Positional Encodingで相対位置を付加します。RNNの場合は時系列にワードが並びますが、Transformerモデルは時系列の概念がなく「私」「は」「ふるさと」「が」「好き」という単語をいっぺんに処理します。そのためPositional Encodingで、これらのワードの相対位置関係を持たせます。

・メイン層

メイン層は、マルチヘッドAttentionとPosition-wise Feed-Forward Networkです。エンコーダーの処理は1回だけではなく、同一構造の層でn層分（例えばnが6なら6回分）処理を行い、良い具合にAttention処理された後の出力をデコーダーに渡します。

・Self-Attention

Self-Attentionは、Transformerの中心的な概念で、単語と単語の関連度をスコア付けする処理です。**図3-4**はSelf-Attentionの仕組みを表したもので、入力された文章と同じ文章を並べて、単語間の関連付け（Attention）を行います。

この例では「サイズ」という単語は「M」と関連が強く、「服」や「日本人」なども関連があるとしてスコアを付けています。Selfと付いているのは自分という意味です。「私に興味を持ってくれるのは誰かしら」と、セルフィッシュな人が品定めしていると思ってください。

図3-1のRNNの取捨選択では、今回入力された単語と伝言ゲームで伝えられた情報をミックスした上で取捨選択していました。一方、Attention方式は、入力された単語すべてが総当たりで関係性をスコア付けしているのが特徴です。

Self-Attentionの総当りアプローチは、伝言ゲームのロスをなくす効果が大きく、長いシーケンス（文章）を処理するのに有効です。

200人の男女が集まる婚活イベントがあったとしましょう。20人ずつグループトークを10回行って相性の良い相手を探すやり方だと、最初のグループの人がも

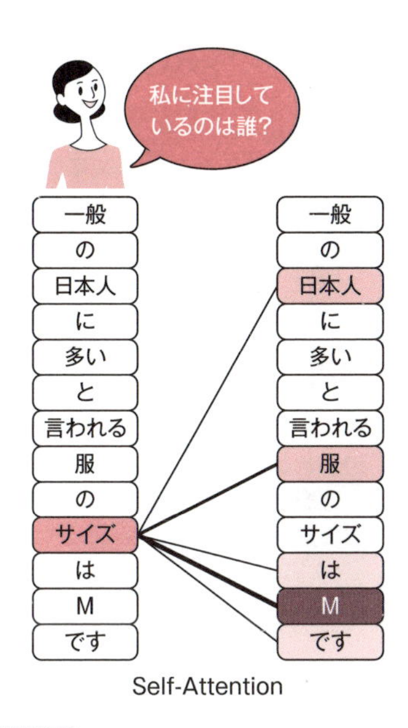

図3-4 Self-Attention

う誰だったか忘れてしまいます。それよりも、200人集まった場で自分と合いそうな相手をいっぺんに値踏みする方が効果的というわけです。

- **マルチヘッドAttention**

マルチヘッドAttentionは、このSelf-Attention（総当り）を並列処理するものです。例えばヘッド（頭）が8つなら、8つの単語のSelf-Attentionを並列に処理します。**図3-4**の例で言えば、「一般」や「日本人」「言われる」「服」「サイズ」などの単語を8つ並列してSelf-Attentionできる感じです。

これは、処理速度を速くするだけでなく、アンサンブル学習のような効果によって取りこぼしを少なくするメリットもあります。アンサンブル学習とは、1つのモデルだけで予測するよりも複数のモデルの予想を合わせて予測精度を高める、AIでよく使われる方法です。

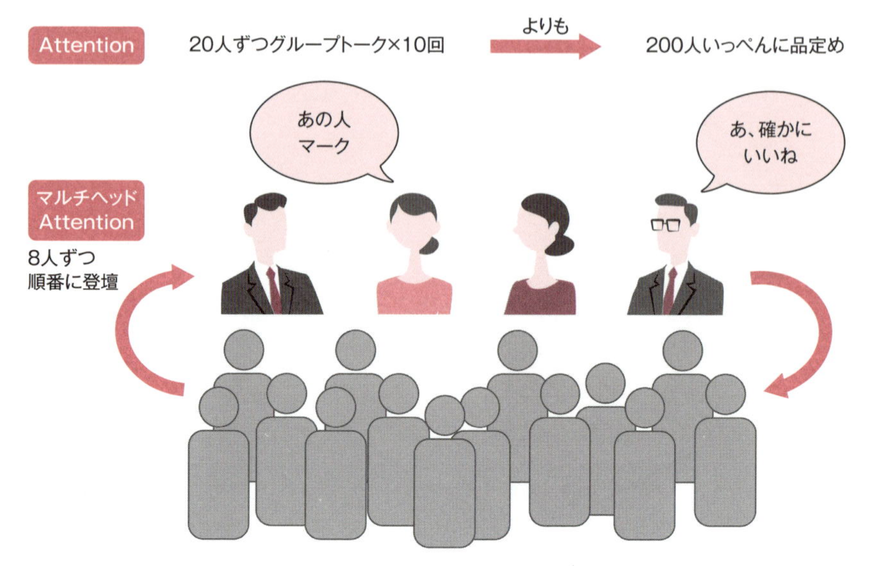

図3-5 マルチヘッドAttention

200人いる会場のステージに8人ずつ登り、それぞれが自分中心に品定めビームを発している光景を思い浮かべてください。これがマルチヘッドAttentionです。そして自分だけだと見落としていたかも知れないところを、みんながピンとくる人を見て「あ、この人も良い」とAttentionするのがアンサンブル学習効果です（図3-5）。

・**PFFN**

図3-3のFeed Fowardは、PFFN（Position-wise Feed-Forward Network）のことで、日本語では「位置単位順伝播ネットワーク」と訳されています。順伝播とは、ニューラルネットワークの層を順方向（入力から出力に向かう）に信号が伝わることです。

Position-wise（位置単位）とは、独立した単語ごとに並列して順伝播処理を実行することを意味します。つまり「一般」や「日本人」「言われる」「服」「サイズ」などの単語ごとに、独立してニューラルネットワークの順伝播処理が行えるので、処理が速いというわけです。

(2) デコーダー

入力された文章に含まれる単語と単語の重み付け（Attention）を行うのがエンコーダーです。デコーダーは、この結果をインプットとして受け取り、ひたすら続きを予想する学習を行います。**図3-4**の文章であれば、「一般の」で続きの文章を予想し、「一般の日本人に」で続きを予想するというように、出力される文章の単語と単語の重み付け（Attention）をして、文章の続きを予想するトレーニングを行うわけです。

機械翻訳の場合であれば、「私はふるさとが好き」という文章をエンコーダーで入力し、「I love my hometown」という文章がデコーダーから出力される感じです。入力される文章「私」「は」「ふるさと」「が」「好き」を総当りでAttentionするのがエンコーダー、そのベクトル情報を使って「I」「love」「my」「hometown」という英文を導き出すのがデコーダーの役目です。

- **行列積**

エンコーダーと同じく、メイン層ではn回繰り返し処理されます。エンコーダーでn回処理された最終アウトプットが、良い塩梅にAttention付けされた入力文章ということになります。 これをデコーダーの1回前の出力とMulti-Head Attentionで行列積計算しています。

行列積とは、2つの行列を掛け合わせて1つの行列を出力することです。ここではエンコーダーの出力と1つ前のデコーダーの出力の要素を合わせていると理解してください。そして、この処理をn回繰り返すことで、デコーダーは良い塩梅で正解に近い文章を作り出せるようになるのです。

- **Masked Multi-Head Attention**

デコーダーはエンコーダーの構成とほぼ同じですが、Masked Multi-Head Attention層がプラスされています。これは、デコーダーが続きの文章（正解）を知ってしまわないように、（これから予想する未来の）単語をマスクしてトレーニングするためのものです。人間の学習に例えれば、指や下敷きで正解を隠して解答を考えるというやり方と同じです。

・ **Softmax**

Softmaxは、複数の出力値の合計が1.0（100%）となるような値を返す関数です。例えば、myが0.8、ourが0.1、theとaが0.05というように出力値の確率を返します。その値によって、最も高い確率である「my」を回答することに決めるのです。

エンコーダーとデコーダーの言語処理内容

Transformerのアーキテクチャーを理解したところで、このモデルがどのように言語処理するのか掘り下げてみましょう。**図3-2**と**図3-3**は学習時と推論時に分かれていないのでちょっと分かりにくいようです。そこで、2つのフェーズに分けた**図3-6**を使ってデコーダーの翻訳処理を説明します。

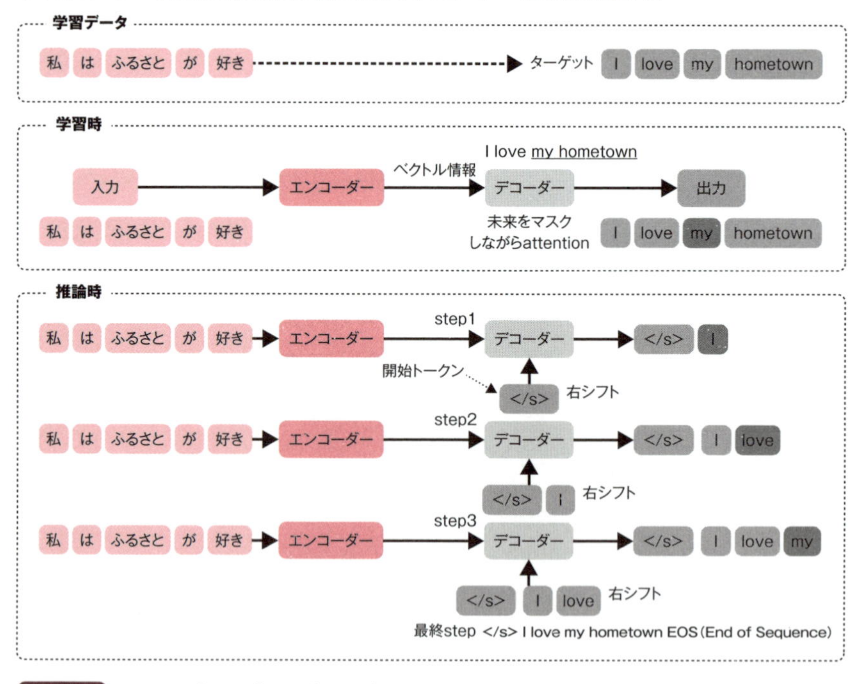

図3-6 エンコーダー／デコーダーモデル

(1) 学習データ

学習データは、「私はふるさとが好き」という日本語とその英訳の「I love my hometown」です。

(2) 学習時

エンコーダーで良い具合にAttentionされた入力情報「私はふるさとが好き」がデコーダーに渡されます。デコーダーは「I love my hometown」という出力ができるようにトレーニングされるのですが、デコーダーのAttentionは未来の単語を隠したMasked Multi-Head Attentionです。

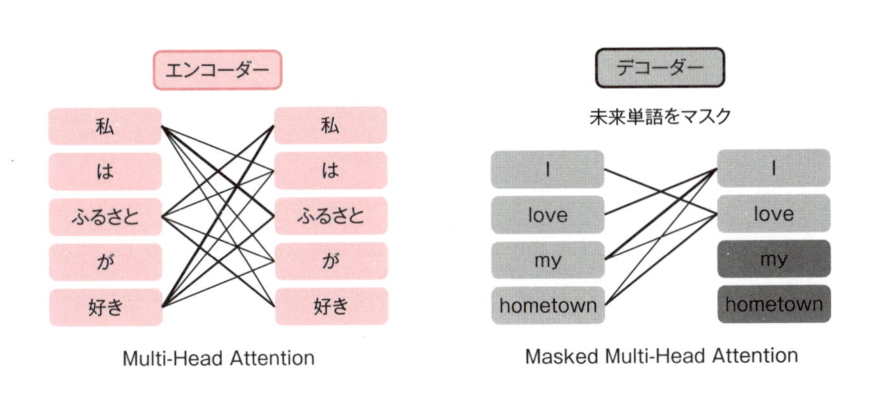

図3-7 エンコーダーとデコーダーのAttention

例えば、「I love」の次の言葉を予測する際に、「my hometown」という未来の言葉がわかると学習にならないので、その部分をマスクするわけです（図3-7）。

(3) 推論時

学習はいっぺんにAttentionしますが、推論は時系列に行います。step1でデコーダーが予測する最初の言葉は「I」ですが、これに対して右シフトを行うことにより開始トークン（ここでは<s/>という文字）が挿入されます。右シフトとは、入力された単語の位置を右にずらす操作です。例えば「1,2,3」という文字列があるときに、1つ右にシフトすることで先頭に0が入り「0,1,2」となります。

step2では「love」が予測され、step3では「my」が予測されるというように次々と処理され、最終的にEOS（End of Sequence）が入って終了です。

エンベディングと多次元

ここでエンベディングと多次元ベクトルの関係について説明しておきましょう。我々はテキストデータを読み書きできますが、AI脳は多次元ベクトル空間でないと理解できませんので、それがどのようなものかイメージを持っておくことは大切です。

(1) エンベディング

エンベディング（Embedding）とは、生成AIや機械学習の分野で使われる非常に重要な概念です。日本語に直訳すると"埋め込み"という意味になりますが、ここでは"数値ベクトル化"と表現する方がいいでしょう。

図3-8に単語をベクトル化するWord Embeddingの仕組みを表したので、これを使って説明しましょう。我々は文字（テキスト）を読めますが、コンピュータはテキストそのものを読めません。そこで、Embeddingによって多次元ベクトルの形式に変換して、ベクトル空間にマッピングします。

ベクトル化するアルゴリズムはいろいろあります。例えば、Word2Vecというアルゴリズムを使った場合、「サイズ」という単語は100〜300次元のベクトル値に変換されます。

(2) 多次元空間

我々が理解しやすい3次元空間では、物体の位置はx,y,zの3つの座標によって一意に定まります。一方Word Embeddingの場合は、3次元空間ではなく多次元のベクトル空間が舞台となり、「サイズ」という単語は100〜300ものベクトル値（x,y,z…が100〜300）でこの空間にマッピングされます。

(3) 次元削減

言語や画像、音声などのアナログデータそのものは、実際は非常に高次元です。Embeddingは、これを100〜300次元程度のデジタルデータに変換してコンピュ

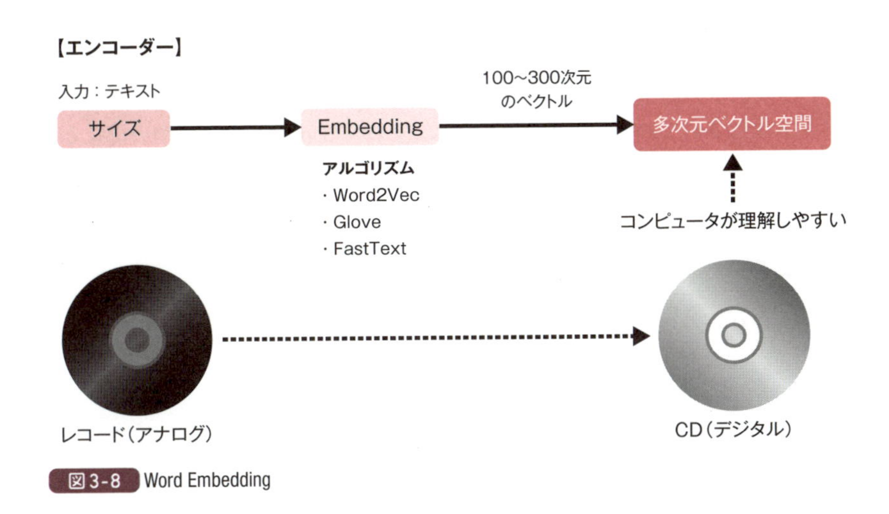

図3-8 Word Embedding

ータが処理しやすくしています。

我々の世代であれば、レコードとCDをイメージするとわかりやすいでしょう。レコードはアナログ形式で音声を記録しています。この音声データ（無限の連続的な信号）をサンプルして数値化しデジタルデータにしたものがCDです。データ量は大幅に削減されていますが、耳で聞く上で重要な音質は保たれています。

(4) 類似性の捕捉

似た意味を持つ単語は、ベクトル空間で近い位置にマッピングされます。これは、「サイズ」というテキストを単純に数値変換するのではなく、文脈における単語の共起関係を学習しているからです。

Word2Vecなどのアルゴリズムは、単語が文中でどのように共起するか（他の単語と一緒に現れるか）を学習しています。例えば、「サイズ」と「大きさ」は、よく「測る」「合わせる」「大きい」などの単語と共に使われます。一緒に使われる単語が共通しているので、「サイズ」と「大きさ」はベクトル空間の近い場所にマッピングされるのです。第9章で解説するRAGは、このベクトルデータベースの類似性検索を利用しています。

(5) データの種類

AIはマルチモーダル対応が進んでおり、さまざまなデータがEmbeddingによってベクトル化されています。**表3-1**に主なデータのEmbeddingについてまとめました。

・ **画像と音声**

画像はCNN、音声はMFCCなどのアルゴリズムによって特徴量を抽出し、それを多次元のベクトルに圧縮します。

・ **テキスト**

単語と文と文章は、どれもテキストデータを対象にするものですが、Word Embeddingが単語単位（文脈は考慮しない）なのに対し、Sentence Embeddingは文全体の意味をベクトルとして表現します。また、Document Embeddingは、複数の文が組み合わさった文章全体の意味を1つのベクトルにまとめるものです。

表3-1 主なデータのEmbedding

データの種類	アルゴリズム	次元数
単語（Word Embedding）	Word2Vec、GloVe、FastText	100～300
画像（Image Embedding）	CNN、ResNet、VGG、Inception	128～1024
音声（Audio Embedding）	MFCC、Wave2Vec、VGGish	13～512
文（Sentence Embedding）	BERT、GPT、InferSent、SBERT	768～1024
文書（Document Embedding）	Doc2Vec、BERT、GPT	100～1024
カテゴリデータ	One-hotEncoding、Word2Vec	10～100
ユーザー行動データ	Collaborative Filtering、DeepWalk	54～512
時系列データ	LSTM、GRU、Temporal CNN	50～500

ニューラルネットワークの構造

ニューラルネットワークのキホンも押さえておきましょう。人間の脳は、ニューロンという神経細胞と、ニューロン間をつなぐシナプスのネットワーク構造になっています。ニューロンから別のニューロンにシグナルが伝達してモノを判断しているわけです。

ニューラルネットワークは、この仕組みを模倣した**図3-9**のようなネットワーク構造となっており、丸がニューロン、丸をつなぐ線がシナプスに相当します。入力層と出力層の間に隠れ層（中間層）があり、この層を数十から数百という具合に深くすると頭が良くなるという発見が、ディープラーニングにつながっています。ちなみにGPT-3は、TransformerとFeedfowardで96層を持つと言われています。

重み

線の太さが重み（weight）で、これが信号の伝わりやすさです。この例はインプットされた文章をもとにMかLかを当てる単純なモデルですが、入力側のノードからMを支持する信号とLを支持する信号が伝わっていき、最後にsoftmaxで多数決を取ってMかLという回答を出力するわけです。

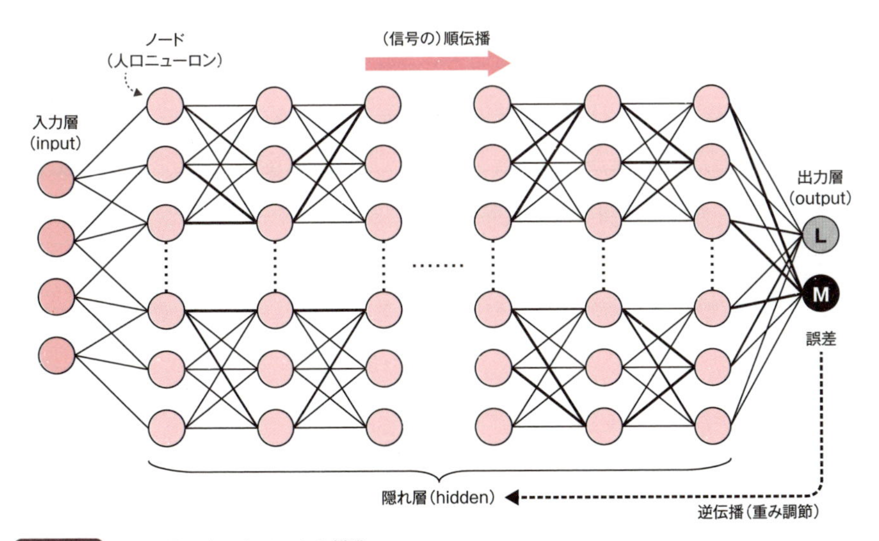

図3-9 ニューラルネットワークの構造

誤差逆伝播

学習フェーズでは、正解が分かっているデータ（ラベル付きデータ）でトレーニングします。仮に、正解がMなのにLと誤答したとしましょう。その場合、その間違いを誤差として逆方向に信号を流して、間違いの原因と思われる線の重み（太さ）を調整します（これを「誤差逆伝播」と言います）。

「お前たちを信用したから間違った」とLを支持した線たちの重みを減らし、「お前たちは信用できそうだ」とMを支持した線たちの重みを増やすわけです。このように「間違ったら重み調整する、間違ったら重み調整する」というような学習を延々と繰り返し、AIは頭が良くなっていきます。そして、良い塩梅の重みとなり正解率が高くなったときに、「では、働いてもらおう」と推論モデルとして使用するわけです。

RLHF使ったマナー教育

「マイ・フェア・レディ」という映画をご存知でしょうか。言語学者のヒギンス教授が、花売り娘のイライザを上流社会の女性に変えるという賭けをして、彼女に言葉遣いや礼儀作法を厳しく教えるストーリーです。実は、ChatGPTも同じようにマナーや作法をしつけられてから、2022年11月に社会にデビューしています。

エンジンであるGPT-3.5は、豊富な学習データでトレーニングしており、当時としては素晴らしい回答を出力するモデルでした。しかし、普通にトレーニングするだけでは、人間に好かれるような話し方をしてくれません。また、学習に使ったネット上の言葉には差別用語や攻撃的な言葉が溢れていますので、平気で眉をひそめるような発言をしてしまいます。そこで、もっと人間の好む言い回しを覚えたり、差別的な表現や暴力的な発言をしたりしないようにしつける必要があったのです。

このしつけは、RLHFという強化学習モデルで行っています。RLHF（Reinforcement Learning from Human Feedback）を直訳すると、「人間のフィードバックを用いた強化学習」です。強化学習（Reinforcement Learning）とは、AIエージェントが期待報酬を最大化するように行動を学習する方法です。囲碁のプロ棋士を破った

DeepMind社のAlphaGOに使われて一気に知られるようになりました。後ろのHFは、AIが生成した文章を人間が評価する学習を表しています。

RLHFの仕組み

RLHFの仕組みを図3-10を使って説明しましょう。RLHFの学習は3つのステップで行われます。

【ステップ1】事前トレーニング

最初に学習モデル（GPT-3.5）に対して、教師データを元にトレーニングします。教師データは、好ましい言い回しや、差別用語を使わない言い方を定義したデータセットから、一連のプロンプト（せりふ）をサンプリング生成したものです。人間に例えれば、まずは基本的な言葉の作法をテキストで学び、それから実践で学習するという感じでしょうか。

【ステップ2】報酬モデルの作成

RLHFでは、「学習モデル」と「報酬モデル」を使います。ステップ1は「学習モデル」の基礎学習ですが、ステップ2は「報酬モデル」の作成です。ここでも人間が関与しており、ステップ1でトレーニングした学習モデルに文章をインプットし、いくつかの文章をアウトプットします。

これらの文章に対して、人間がスコア（報酬）を付けます。「この文章は4点」「こっちの文章は7点」というように報酬を付けるわけです。そして、そのスコア付け加減を模倣するのが「報酬モデル」です。「入力データ」と「生成データ」と「報酬」を元に、人間に近いスコアリング能力を身につけていきます。

【ステップ3】強化学習PPOによる学習モデルの調整

2つのステップで事前準備をしたら、いよいよ人間無しでぐるぐる学習ができます。基本は「学習モデル」を「報酬モデル」でトレーニング（重み調節）するループです。そのほかに「PPO」や「KL損失」「凍結学習モデル」「誤差逆伝播」などちょっと難しい用語が出てきますので、これらについても簡単に解説します。

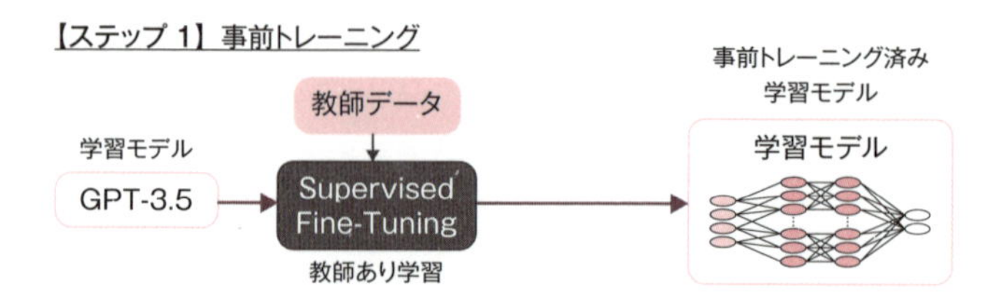

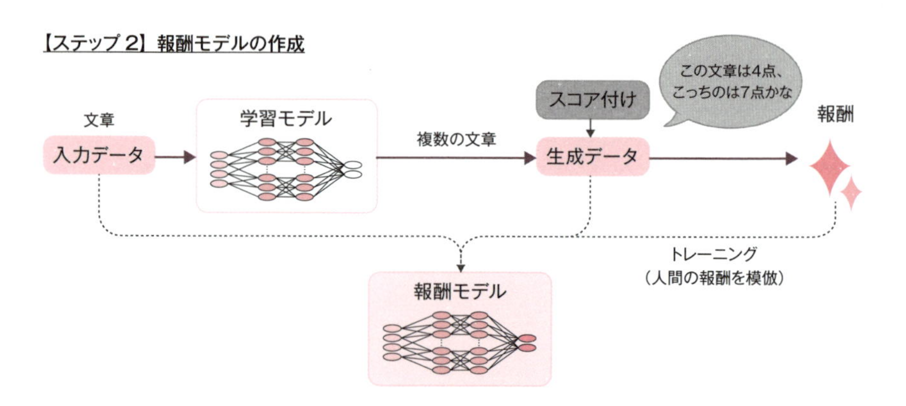

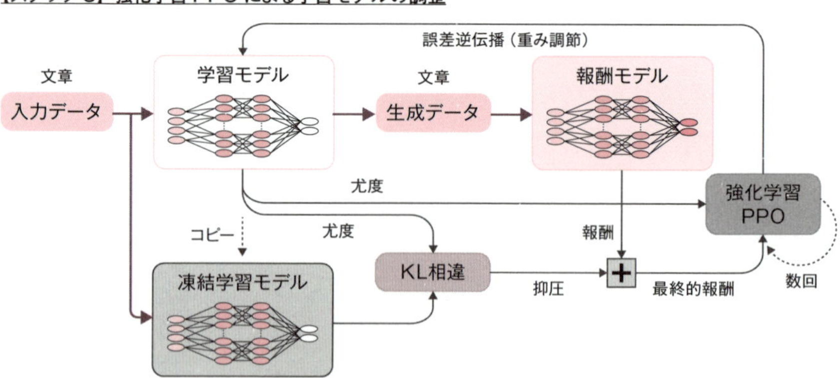

図3-10 RLHF（Reinforcement Learning from Human Feedback）

(1) 凍結学習モデルとKL相違と尤度

- **凍結学習モデル**

最初に学習モデルのコピーを「凍結学習モデル」として用意します。これは、トレーニングにより学習モデルが意味不明なデータを生成してしまうのを防ぐためです。人間の文章に例えれば、推敲で文を変更しまくった結果、わけがわからなくなってしまわないように、オリジナルの文章を取っておき、見比べて作業するような感じです。

- **KL相違**

KL相違（Kullback-Leibler divergence）とは、2つの確率分布の差異を図る尺度です。ここでは同じ入力データに対する学習モデルと凍結学習モデルの出力の尤度（確率分布。「ゆうど」と読む）の差を使って、学習モデルが異変を起こさないように抑圧すると理解してください。

- **尤度**

尤度（likelihood）とは、あるデータを元にしたパラメータ分布の確率（尤もらしさ）を表す統計用語です。学習モデルの出力文章を確率分布データで表したものだと思っておいてください。人間を模倣してできた「報酬モデル」は、文章をインプットとして報酬を算出していますが、KL損失やPPOは尤度というコンピュータが処理しやすい確率分布で、学習モデルの出力を評価・計算するわけです。

- **最終的報酬**

「報酬モデル」でスコアされた「報酬」を、このKL相違で調整して最終的な報酬が決定します。この一連の計算の役目は、報酬モデルが付ける報酬に対して、少し抑圧するような処理となります。

(2) PPOと誤差逆伝播

- **PPOアルゴリズム**

PPO（Proximal Policy Optimization）とは、OpenAIが2017年に公開した強化学習アルゴリズムで、近接方策最適化と訳されています。前の方策と新しい方策の比率を、近接勾配法によって一定の範囲に制限（clipping）することで、パラメータの急激な変更を抑えられる強化学習アルゴリズムです。今回の学習モデルの出力（尤度）と、それに与えられる最終的報酬を前回と比較して、その比率に制限を加えた上で学習モデルの重みを調節します。

- **学習モデルのトレーニング**

学習モデルは、誤差逆伝播により頭が良くなっていきます。**図3-9**で説明したように、誤差逆伝播は、誤差を元にニューラルネットワークの重みを調節するフィードバック処理です。「今回の文章は、前回の文章よりこんなところが良かったよ」という報酬の差を元に学習モデルの重みを調節する作業を数回繰り返し、そしてまた次の入力データに切り替えて延々と学習を行うのです。

以上が、言語モデルがRLHFによって人間が好む会話ができるようになる仕組みです。最初にAIに覚えて欲しいお作法を人間が教え、次に人間の評価を模倣する報酬モデルを作り、最後にその報酬モデルを使って言語モデルを強化学習する、という流れが理解できたでしょうか。

AlphaGoと言語モデルの対比

AlphaGoは、2016年に、「AIが韓国のプロ棋士に勝った」としてセンセーショナルを巻き起こしたAIです。AlphaGoのトレーニングには、人間が対局した棋譜を学習データに使いました。

この後に作られた進化版のAphaZeroは、人間が対局した棋譜データは使わずに、自己同士の対局（Selfplay）だけで学習できるモデルです。ルールを教えるだけで勝手に強くなれるので、囲碁だけでなくチェスや将棋などあらゆるゲームで強みを発揮します。

AlphaZeroの3つのAI

AlphaZeroは3つのAIを使っています。 局面を評価するモデル（Value network）と着手を評価するモデル（Policy network）の2つのニューラルネットワークを使って強化学習でトレーニングし、モンテカルロ木の探索AIを組み合わせて着手を選択しています。人間に置き換えれば、形勢判断して、最善手を探して、そこに読みを入れて、次の一手を決める感じです。

ゲームと言語モデルの違い

図3-11にゲームと言語モデルの対比を示します。強化学習はゲームに向いています。これは、ゲームは「勝つ」という最高の報酬がはっきりしているからです。そのため、自分と自分とを気が遠くなるほど戦わせた棋譜を学習データとして使い、局面や着手を評価するAIをトレーニングできます。

一方、自然言語処理モデルはこんなに単純ではありません。最高の報酬をしいて挙げるとすれば、「最高にわかりやすい文章」でしょうか。勝ち負けと違ってあいまいなので人間の手助けが必要になっているのです。

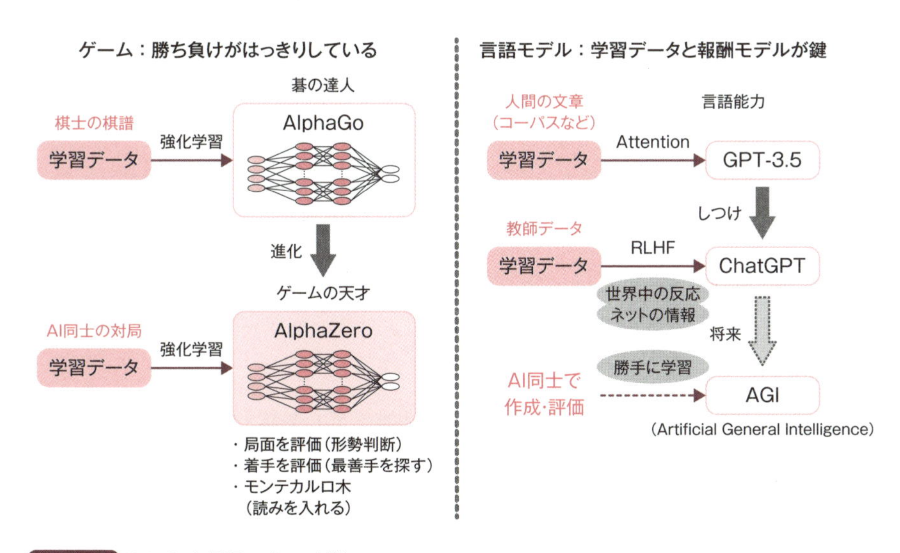

図3-11 AlphaGoと言語モデルの対比

AIの能力育成は、「人間の手助け」がボトルネックとなります。例えばChatGPTシリーズでは、人間が学習データを用意しているので、その準備作業が大変です（これが学習データが古い原因となっています）。

しかし、ボトルネックは解消されつつあります。チャットで公開したことで膨大な反応（ユーザーとのトーク）を獲得していますし、今後ネットの最新情報を自動的に学習データにする技術も進むと思われます。最終的には、AlphaZeroのようにAI同士が勝手にデータを作成したり、それを評価する仕組みができて、飛躍的に進化してAGI（汎用人工知能）の誕生につながるものと予想しています。

この章のまとめ

本章では、以下の内容について学習しました。

◎自然言語処理は、RNNやLSTMなどの回帰型ニューラルネットワークに代わり、Transformerモデルが主流になっている
◎Transformerモデルは、エンコーダーで入力された文章を元に、デコーダーで文章を出力する
◎Attentionは、単語と単語の関連性をスコアする技術で、時系列に学習処理しなくても済む
◎デコーダーは、未来の単語をマスクしながら学習し、推論はステップごとに行う
◎Embeddingは、テキストや画像データを多次元ベクトル化する処理で、コンピュータで扱いやすいようにベクトル化および低次元化を行っている
◎ニューラルネットワークは、誤差逆伝播によりネットワークの重みを調整して賢くなる
◎RLHFは、ステップ1で基礎を学び、2で報酬モデルを模倣し、3でぐるぐる訓練する
◎ChatGPTは、Transformerモデルで言語学習したものをRLHFでしつけ、チャットで使えるようにしている

本章では、Transformerモデルのアーキテクチャーやデコーダーの処理内容、Embeddingの役目、RLHFを使ったお作法のしつけなど、少し技術的な内容を中心に説明しました。

第4章

Microsoftの「Bing」と「Copilot」

本章では、生成AIを搭載したMicrosoftの「Bing」や「Copilot」、「Copilot for 365」について解説します。これらはGPT-4を搭載していますが、GPT-4そのままではなく、用途に合わせて便利な仕組みを備えています。

Microsoft Bing の「検索」と「チャット」

Microsoftは2023年2月7日に、AIを搭載したBing検索エンジンとEdgeブラウザをリリースしました。Google検索の後塵を拝していたBing検索ですが、OpenAIのGPTシリーズを搭載して、機能を刷新して挑んでいるのです。

Bing検索とCopilotの違い

まずはBing検索とCopilotの違いを押さえておきましょう(**表4-1**)。

表4-1 Bing検索とCopilot

	Bing検索	Copilot(旧Bing Chat)
類似サービス	・Google検索	・ChatGPT ・Gemini(旧BERT)
用途	検索エンジン	生成AIサービス
アウトプット	検索キーワードと関連性の高いWebページの一覧	プロンプトの質問や依頼に対する回答

Bing検索は、従来からあるインターネット検索サービスです。ユーザーとのやり取り部分にGPT-4を搭載したことにより、ユーザーの質問の意図を理解して最適な回答を提供する能力が向上しています。

一方、Microsoft Copilotは、Microsoftが提供する生成AIサービスです。OpenAIのChatGPT、GoogleのGemini(旧BERT)と同じ大規模言語モデルですが、中身はGPT-4が使われています。最初はBing Chatという名称でしたが、現在はCopilot(副操縦士の意味。コパイロットと読む)というAIサービス名に切り替わっています。

新Bingの主な特徴

新しいBing(検索とチャット)の注目すべきポイントは次の通りです。

(1) GPT-4をエンジンとして搭載

新Bingが誕生当時に大きく注目されたのは、エンジンとしてGPT-4を搭載したことです。月22ドルを支払って「ChatGPT　plus」を使わなくても、無料でGPT-4の優れた機能を体験できるので、多くの人がBingを使ってGPT-4の実力を体験できるようになりました。

(2) 検索とチャットを切り替えて使用できる

Bing検索（Google検索のようなネット検索）とBingチャット（ChatGPTのようなAIサービス）を切り替えて使用できるUIを採用したことにもインパクトがありました。

「チャット」と「検索」はそれぞれ利点があります。チャットは質問に対してAI（大規模言語モデル）が最適と思われる回答を返してくれるので、自分でホームページを読み比べて最適な答えを見つけ出す手間が省けます。

一方で、どのような質問にもチャットAIがベストの回答をしてくれるとは限りません。質問によっては、これまでの検索のように検索キーワードにヒットした上位のページを参照して自分で答えを見つける必要があります。

チャットAIの精度が向上すれば、いずれはチャット一本になるかもしれませんが、「検索」と「チャット」両方の利点を使い分けるようにしたのは良い判断だったと思います。

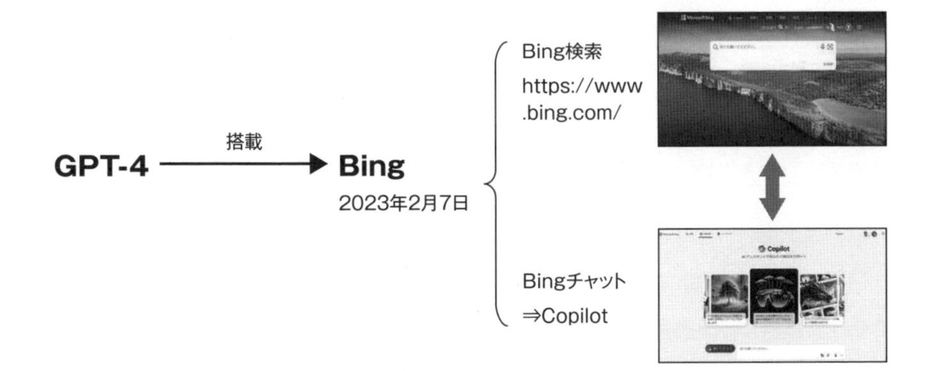

図4-1　Microsoftの新しい「Bing」

(3) 最新の情報にも対応できる

Copilotのエンジンは GPT-4です。とても優秀なLLMですが、あくまでも大量データで事前学習されたAIサービスなので、最新情報については回答できないという難点がありました。この弱点を補うために、Copilotは、新しい情報に関わる質問に対してはBing検索でネットの最新情報を検索して回答する「ブラウジング機能」を搭載しました。現在はChatGPTでも「リアルタイム検索」という名前でこの機能が装備されましたが、当時はかなり便利な機能だと感じました。

(4) 情報ソースのリンクが含まれる

Copilotがブラウジング機能で回答した場合は、情報ソースのリンクが含まれています。そのため、もう少し深く知りたいときにクリックして詳細を読んだり、怪しい内容だなって思ったらリンクを開いてネタ元を確認できます。

(5) マルチモーダル

Bing検索とCopilotはマルチモーダルなインターフェースを持っており、テキスト入力だけでなく、音声入力や画像入力などができます。

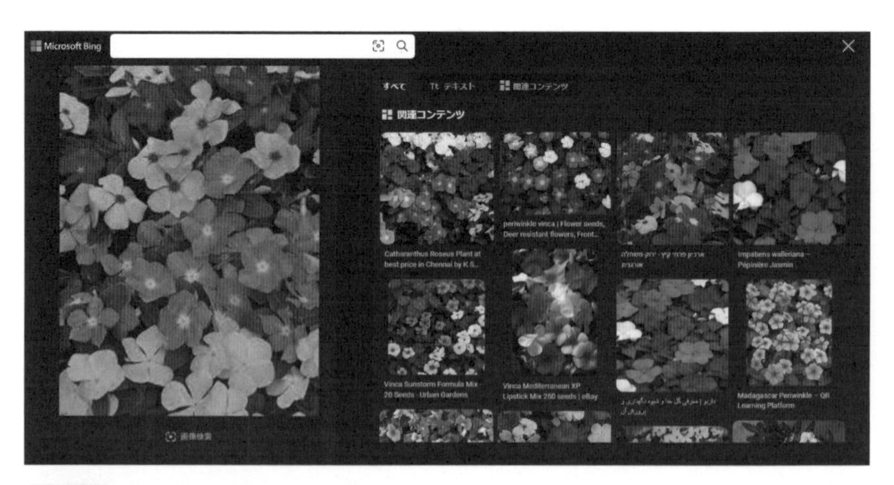

図4-2 Bing検索に画像ファイルを入力

NOTE

マルチモーダル

マルチモーダル（multi-modal）とは、複数のモードの意味です。初期の生成AIの入出力はテキストだけでしたが、現在はテキストや画像、音声などさまざまなデータを入出力できるマルチモーダルAIに進化しています。

・Bing検索で画像入力

図4-2は、Bing検索に画像（ニチニチソウの写真）を入力したときのアウトプットです。自動的に右側の関連コンテンツ欄にニチニチソウの写真を拾い集めて表示してくれます。

これらの画像は2つの技術を組み合わせてアウトプットされています。1つは入力画像から画像認識（image to text）技術で花の名前を取得し、その花の名前を使って検索する技術です。さらに、入力画像そのものをもとにして、視覚的に類似（色、形、模様など）した画像を検索する技術も利用しています。そのため、同じような色合いの画像が表示されているのです（Google検索でも同じ類似画像検索ができています）。

・Copilotで画像入力

Copilotの方は、画像を入力した上でプロンプトを付け加えることができます。**図4-3**は、ニチニチソウの画像を入力した上で「この花の名前は？」と質問したものです。 これに対し、Copilotが花の名前や情報を回答してくれています（ChatGPT-4oやGoogle Geminiでも同じことはできます）。

自分

この花の名前は？

Copilot

✓ 画像を分析しています: プライバシーを保護するために顔がぼやける可能性があります

✓ 回答を生成しています…

この花は**ニチニチソウ**（学名: Catharanthus roseus）です。日本語では「日々草」とも呼ばれます。白、ピンク、赤などの色があり、5枚の花弁が特徴です[1][2]。

ニチニチソウは観賞用として人気があり、また、薬用植物としても知られています。例えば、抗がん剤のビンクリスチンやビンブラスチンの原料として利用されています[1][2]。

図4-3 Copilotに対して画像ファイルを使った問い合わせ

- **音声入力**

音声モードを使う場合はマイクアイコンをクリックします。音声認識AIにより、さまざまな言語に対応した音声入力で問い合わせすることができます。

(6) マルチデバイス

生成AIが登場するまで、私は調べたいことがあったらひたすらGoogle検索を使っていました。ところが現在はもっぱらChatGPT Plusを利用しています。もちろん、ChatGPT Plusは有料なので、BingやGemini、ChatGPT無料版を利用するという選択もアリだと思います。

これらのAIサービスは、PC用だけでなくモバイルアプリも提供されているので、外出先で使ったり、PCを持たない層でも身近に使える時代となりました。

プロメテウス（Prometheus）

新Bingは、従来からあるBing検索エンジンにGPT-4を組み合わせたプロメテウス（Prometheus）という機能を搭載しています。**図4-4**を使ってこの仕組みを説明しましょう。

・ **Bing Orchestrator**

Bing Orchestratorは、Microsoftの自然言語処理フレームワークです。ユーザーからの検索クエリを受け取り、Bingの検索エンジンの情報（インデックス、ランキング、アンサー）と背後にあるGPT-4の回答を組み合わせてユーザーに回答します。

両者の役割の違いは、GPT-4はチャットや文章生成など高度な自然言語処理ができる汎用モデルであり、Bing Orchestratorはユーザーの質問応答や情報検索などのタスクに特化したモデルということです。

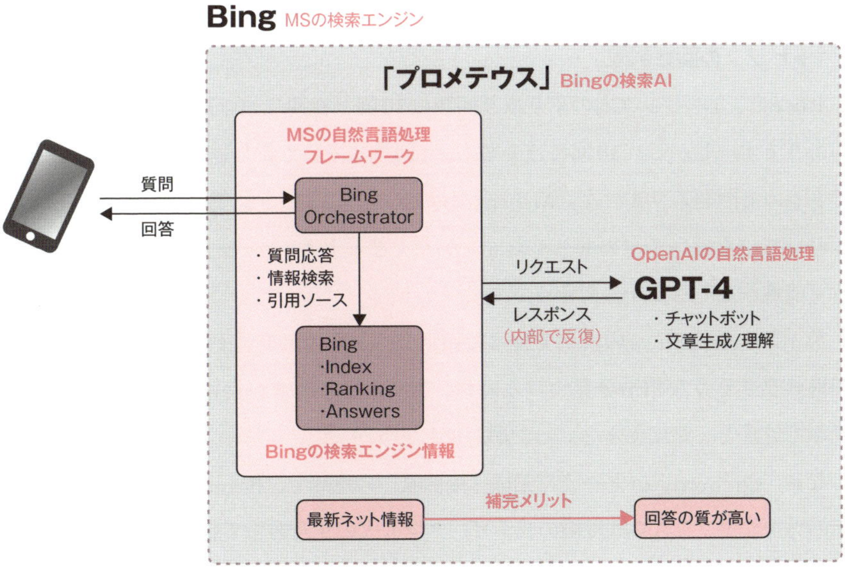

図4-4 Bingの検索AI「プロメテウス（Prometheus）」

・Grounding

Bing OrchestratorとGPT-4で数回やり取りして回答を作る方法は、Groundingと呼ばれており、Bingがネット検索で得た最新情報（Answers）を提供し、高度な自然言語処理能力を持つGPT-4との間で複数回やり取りして、不正確さを減らすことができます。

・補完関係のメリット

Bing OrchestratorとGPT-4を組み合わせた補完関係のメリットは2つあります。1つはBingの回答の質を大幅に向上させることができた点です。従来のBingのAnswerに比べて、優れた言語モデルであるGPT-4がさらに高度な内容を返してくれるので、これまでに比べて格段に満足度の高い応答が得られるようになりました。

もう1つは、GPTシリーズがある時点のトレーニングデータしかネタがないという弱点をカバーできることです。GPT-4のトレーニングデータは少し前のものですが、Bingはインターネット上の最新データを利用できるので、ユーザーからの検索に対してきちんと新しい情報を使って回答できます。

・1トピックの回数制限

Bingは、1トピック内のやり取り回数に30回（初期は20回でした）という制限があります。しかし、30回に達しても、1回クリアして新しいトピックとして質問できるので問題ありません。Microsoftのブログによると、これはケチケチしているわけではなく、チャットセッションが長くなるとAIチャットの回答精度が下がる可能性が高くなるからだそうです。

第3章のAttentionの説明で使った婚活イベントの例で言えば、ステージ上から相性の良さそうな相手を見つける時に、200人だと効率が良いが、2000人だと多過ぎて見落としが増えるといった感じでしょうか。

なお、Orchestratorという言葉は「編曲家」の意味で、Prometheusはギリシャ神話の男神です。こちらは漫画のワンピースでも火の化身として登場していますね。

NOTE

Chromeなど他のブラウザでBingを利用

私が最初に利用していたブラウザは、MicrosoftのInternet Explorer（本当はその前のNetscape Navigatorですが）で、検索サイトはYahoo!検索でした。やがて彗星のようにGoogleが現れ、検索の優秀さからGoogle検索に切り替え、動作の速さからブラウザもgoogleのChromeに切り替えて現在に至っています。

世界のシェアを見ても、この最強タッグは長らくトップシェアを維持しており、このまま揺るぎないものと思われました。

しかし自分でも驚きなのですが、現在、私は検索の主役をChatGPTに切り替え、これまで敬遠していたEdgeも併用しています。一発で回答が返ってくるので、検索結果で表示されるページを見て回る手間が省けて重宝しています（ハルシネーション対策としてChatGPTとGeminiを並べて使っています）。

Microsoftは長い間、Google検索＆Chromeブラウザペアに苦渋を飲まされ続けていましたが、Open AIを味方につけてようやくBing検索&Edgeブラウザペアにも逆転のチャンスが来たようです。

実は、Edge＆BingではなくChrome＆Bingという組み合わせでもBingを利用することもできます。私は自宅ではChromebookを使っているので、「Bing Chat for All Browsers」というChromeの拡張機能でBingを使っています。

Bingの追い上げ状況

生成AIを武器にGoogle検索に挑んだ新Bingは、目論見通り検索エンジンのシェアを獲得できたのでしょうか。興味が湧いたので「statcounter」で調べてみました。**図4-5**は、次の集計条件で検索エンジンのシェア推移を表したものです。

期間：2023年2月～2024年12月までの1年半
エリア：Worldwide（全世界）
対象：デスクトップ

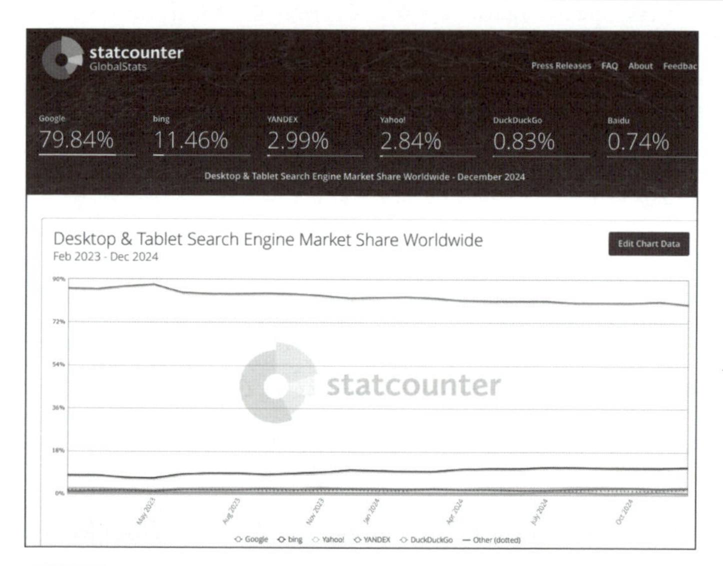

図4-5 検索エンジンのシェア（statcounter）

これによると、2023年2月のBingシェアが7.95%なのに対し、2024年12月は11.46%に向上しています。劇的ではないですが、1年10ヶ月で3.51%UPしているので、一定の成果はあったというところでしょうか。（Googleは86.07%から79.84%にダウンしています）。ただ、GoogleもGeminiを無償提供していますので、この先シェアをさらに伸ばすのはなかなか大変かも知れません。

Copilotシリーズ

MicrosoftのAIサービスは、上記「Copilot」のほかに「Copilot Pro」や「Copilot for Microsoft 365」があります。3つのサービスの違いを**表4-2**を使って説明しましょう。

表4-2 Copilotサービスのラインナップ

	Copilot	Copilot Pro	Copilot for Microsoft 365
公開日	2023/9/26	2023/11/1	2023/11/1
類似サービス	「ChatGPT」「Gemini」	「ChatGPT Plus」「Gemini Advanced」	「Gemini for Google Workspace」
用途	生成AIサービス	365連携AIサービス（個人）	365連携AIサービス（組織）
利用料（月額・人）	無料	3,200円	4,500円 年間契約のみ
マルチデバイス（Web、モバイルアプリ）	○	○	○
マルチモーダル（テキスト、音声、画像）	○ 画像は1日15ブースト	○ 画像は1日100ブースト	○
GPT-4/GPT-4 Turboの利用	○ ピーク時は制限あり	○	○
カスタムGPTの作成	△ 検索のみ	○ Copilot GPT Builder限定	○ Copilot Studioも利用可
Microsoft 365サポート（Excel、Word、Powerpointなど）		○ TeamsやLoopはアクセス不可	○
Microsoft Graphデータへの接続			○
組織データの高度なセキュリティ管理			○
入力データを学習目的に使用しない	○	○	○
Microsoft 365 Chat			○
Copilot Lab			△

「Copilot」と「Copilot Pro」の違い

無料の「ChatGPT」と有料の「ChatGPT Plus」は、GPT-4が使えるか使えないかというわかりやすい違いがありました（最新版ではChat GPTでも制限付でGPT-4oを使えるようになりました）。

一方、無料の「Copilot」と有料の「Copilot Pro」は、制限の違いはありますがどちらもGPT-4やGPT-4 Turboを利用できるので、エンジン面で大きな違いは感じられません。

では、何が違うかというと365製品へのアクセスが可能かどうかです。「Copilot Pro」は、ExcelやWord、PowerPoint、Onenote、Outlookなどの365製品に対してアクセスできるので、例えばExcelのデータを読み取ってPowerPointのドラフトを作ってもらうなどの作業をAIに依頼できます。

「Copilot Pro」と「Copilot for Microsoft 365」の違い

この2つの違いは、「Copilot Pro」が個人利用を想定しているのに対し、「Copilot for Microsoft 365」は、企業内での利用を想定していることです。前者が個人の365データにアクセスして利用できるのに対し、後者はGraphデータを通じて組織で共有している365データを活用できるようになっています。この目的の違いによりCopilot Proは、Teamsなどのコミュニケーションツールにはアクセスできません。

また、そもそもCopilot for Microsoft 365は、企業がMicrosoft 365（Business/Enterprise）にサブスクリプション契約してなければ購入できません。

NOTE

Copilot Proの価格

「Microsoft Copilot Pro」は、ベータ版として提供されていた企業向けの「Bing Chat Enterprise」が正式リリースされたサービスです。「Bing Chat Enterprise」の利用料は月5ドルでしたが、「Copilot Pro」は「ChatGPT Plus」と同じ月22ドルに値上げされています。

Copilot for Microsoft 365

Microsoftは、新Bingを発表した1か月後の2023年3月16日に「Microsoft 365 Copilot」を発表しました。これはMicrosoft GraphやMicrosoft 365アプリケーションに大規模言語モデル（LLM）を利用した自然言語インターフェースを搭載して、365をより便利に活用しようというものです。2023年11月から一般公開されましたが、その1か月後にBingで提供するCopilotの公開に合わせて、「Copilot for Microsoft 365」に名称変更しています。

Copilot for Microsoft 365の構成と役割

Copilotは、GPT-4の学習データにプラスしてWeb上の情報を利用できます。一方、Copilot for Microsoft 365は、GPT-4の学習データにプラスして企業内に蓄積されている365データを利用できます。また、Copilotが汎用のチャットサービスなのに対して、CopilotはMicrosoft 365の利用をチャットというUIで支援する役割も担っています。**図4-6**にCopilotの全体構成をまとめました。これを使って主なポイントを説明しましょう。

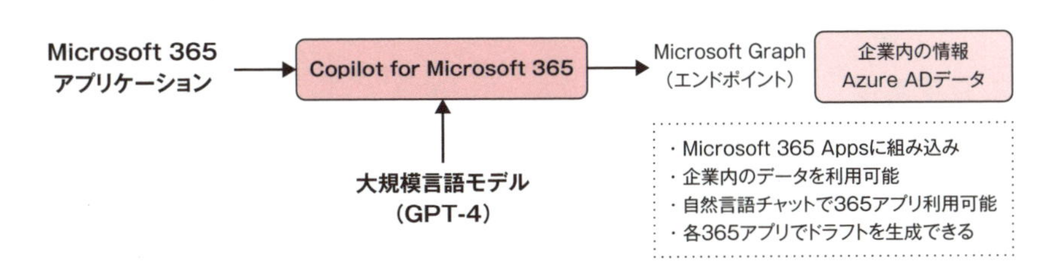

図4-6 Copilot for Microsoft 365

- **Microsoft Graph**

Microsoft Graphは、Microsoft 365データを含むAzure AD（Actiive Directory）のデータにアクセスできるエンドポイントです。ユーザーはMicrosoft Graphを利用して、Microsoft 365サービス全体に保存されているデータにアクセスできます。また、ユーザーのシステムからも利用できるように、Microsoft

Graph APIも用意されています。

- **エンドポイント**

エンドポイントは、ネットワーク通信の終点を指す言葉です。例えばWebサービスやRESTful APIにおいては、そのURLがエンドポイントとなり、そこを通じてサービスやデータにアクセスできます。

Copilot for Microsoft 365の支援内容

実際、Word、Excel、PowerPoint、Outlook、TeamsなどのMicrosoft 365アプリケーションにCopilotが組み込まれると、どのようなことができるようになるのでしょうか。

(1) チャットUI

1つは、チャットUIを活かしたアプリケーションに対する操作です。例えば、Excelに「1行目を固定して」「この表でグラフを作って」などとチャットで指示できるので、操作方法を熟知していないユーザーの作業がかなり楽になります。また、日常的にアプリケーションを使っている人にとっても、普段の自分では考えつかないような便利な方法を教えてもらう機会が増えるでしょう。

(2) 作成支援

もう1つは、生成AIの創造性を活かした文章作成やアイデア創出です。例えば、要点をプロンプトで伝えて報告文書を生成してもらったり、プレゼンの構成を提案してもらったり、パワーポイントのドラフトを作成してもらったりできます。ドキュメント作成の手間を大幅に削減できるほか、普段の自分では考えつかないようなアウトプットを見せてくれます。

(3) チャットの利点

システムや機械に「テキストや音声で指示」というUIはこれまでにも見られましたが、チャットAIの特徴は指示が1回とは限らない点です。Copilotが提案したドラフトに対して、「もっとこうして」「こういう要素も入れて」などとやり取りすることができます。さらに、企業内データを活用しながら完成度を高めることができるので、自分ではとても作れないような質の高いドキュメントを仕上げることが可能です。

Copilot for Microsoft 365の利用イメージ

図4-7をもとにCopilotの利用イメージの一例を紹介しましょう。

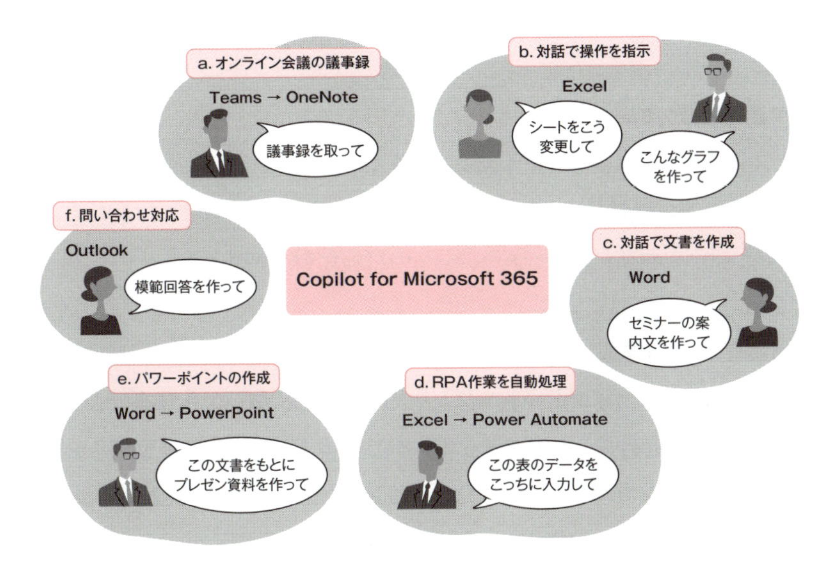

図4-7 Copilot for Microsoft 365の利用イメージ

a.オンライン会議の議事録

「会議の議事録を取って」と指示することで、Teamsのオンライン会議内容を元に議事録を取ってもらえます。だらだらと続く会話の要点をまとめてリアルタイムにOneNoteなどに表示してくれるほか、掘り下げて「こういう質問をした方が良い」というようなリコメンドも出してくれます。

b.対話でアプリに操作指示

Excelなどに対話形式で操作指示を出すことができます。自分で操作する場合と比べて、あっという間に操作が行われるだけでなく、普段の自分が思いつかないような便利な機能を使ってくれるので、大幅に操作効率がアップします。

c.対話で文章を作成

Wordなどに要点を伝えてドラフトを作成してもらったり、長文を要約してもらったり、アイデアを提案してもらったり、さまざまな目的でCopilotに文章を作成してもらえます。操作だけでなく、生成に関しても自分では思いつかないようなアイデアを提案してくれますし、それを対話形式で高めていけます。

d.RPA作業を自動作成

自動化ツールPower AutomateもMicrosoft 365の1つです。RPAの難点は自動化を設定する作業が大変というところですが、チャットUIを通じて複数のアプリケーションを組み合わせたPower Automateの自動化を作成できます。

e.パワーポイントの作成

要点を伝えてパワーポイントのドラフトを作成したり、製品の仕様書（Word）を元にプレゼン資料を作成したりできます。パワーポイントの作成はデザイン力も必要になりますが、自分ではできないような創造性の高い資料を対話しながら作成できます。

f.メールの模範回答の作成

チャットAIに役割を与えると、その役になりきって会話をします。例えば、Copilotにカスタマーサポートの役割を与えて、ユーザーからの問い合わせに対する回答の作成を依頼すると、企業内のデータを活用して模範回答を作成してくれます。

Bingに Excelの行の固定のやり方を聞くと、**図4-8**のようにわかりやすく答えてくれます。これだけでもありがたいのですが、CoPilotを使えば、指示するだけで操作まで自動的に実行してくれます。

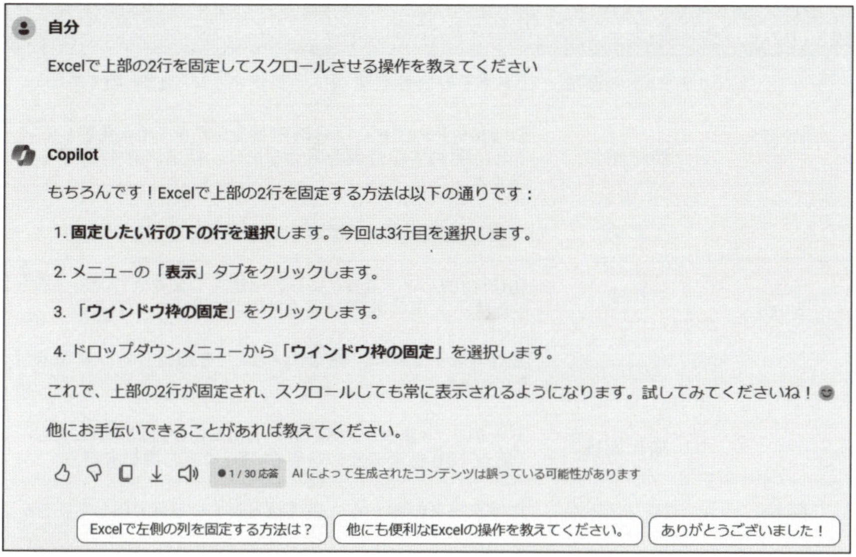

自分

Excelで上部の2行を固定してスクロールさせる操作を教えてください

Copilot

もちろんです！Excelで上部の2行を固定する方法は以下の通りです：

1. **固定したい行の下の行を選択**します。今回は3行目を選択します。
2. メニューの「**表示**」タブをクリックします。
3. 「**ウィンドウ枠の固定**」をクリックします。
4. ドロップダウンメニューから「**ウィンドウ枠の固定**」を選択します。

これで、上部の2行が固定され、スクロールしても常に表示されるようになります。試してみてくださいね！😊

他にお手伝いできることがあれば教えてください。

● 1 / 30 応答　AI によって生成されたコンテンツは誤っている可能性があります

Excelで左側の列を固定する方法は？　他にも便利なExcelの操作を教えてください。　ありがとうございました！

図4-8　BingにExcelの使い方を質問

表4-3は、Copilot for Microsoft 365が、Microsoft 365 Appsに対してどのようなことができるかを、アプリケーションごとに示したものです。例えば、Copilot in Outlookでは、電子メールの下書きをしてもらったり、カレンダーからCopilotに問い合わせするようなことができます。またCopilot in Teamsでは、チャットの会話を整理してまとめてもらったり、通話しながら参考になる情報をリアルタイム表示してもらうこともできます。

表4-3　Microsoft 365 Copilotが365 Appsに対してできることの例

Copilot in	作業例	作業の内容
Outlook	要約	電子メールスレッドを要約してもらう
	下書き	メールの文章の下書きを依頼
	会議問い合わせ	参加できなかったTeams会議の議事内容をカレンダーからクリックでフォローし、内容についてCopilotに問い合わせる

Copilot in	作業例	作業の内容
Teams	チャットの整理	これまでの会話を整理し、重要ポイントをまとめてもらう
	即時記録	Teams Phoneでの通話内容をリアルタイム要約して、それに関連する情報を表示したり、話す内容の示唆を表示する
Word	要約	文章を要約したり、概要を箇条書きにしてもらう
	作成	OneNoteのメモをもとに目的を伝えて文章を作成してもらったり、文章の範囲を選んで内容を表にしてもらう
	リライト	文体（カジュアル、格調高くなど）を指定して、文章をリライトする
Excel	操作支援	データのフィルタリング、並べ替えなどの処理を行ったり、「値が100未満のセルを赤くする」などの操作を行う
	クレンジング	文字データの中から、例えば日付だけを取り出したりする
	分析	実績データをもとに予測データを作成してもらったり、それをグラフで表示してもらったりする
OneNote	要約	文章を要約したり、概要を箇条書きにしてもらう
	質問	「このプロセスの長所と短所を箇条書きにして」と質問する
	作成支援	チャットの回答をコピペするのではなく、直接イベントの計画を書いてもらったり、ブログを書いてもらったりする
	リライト	書かれているメモの内容を書き換え、書式設定、重要な部分を強調、視覚的なコンテンツを追加など
Stream	要約	ビデオの要約や結論をまとめてもらったりする
	検索・質問	キーワードでビデオを検索、ビデオの内容に関して質問
	移動	人やトピックなどをもとに、登場シーンにジャンプする
Whiteboard	提案	内容を伝えていくつか提案してもらい、ブレストした結果をホワイトボードに書いてもらう
	整理・分類	ホワイトボードに書かれている付箋をカテゴリーを付けて分類してもらう
	要約	ホワイトボードに書かれている内容を要約して、Loopコンポーネントに記載してもらう

Copilot in	作業例	作業の内容
Power BI	レポート作成	レポートを作成してもらう
	DAX生成	DAX（Data Analysis Expressions）を生成してデータ解析
	質問	データに対して質問して洞察を得る
Power Apps	アプリ作成	会話を通じてアプリを構築・編集する
	Chatbot追加	Chatbotコントロールをキャンバスアプリに追加する

Copilot for Microsoft 365のプラグイン

Copilot for Microsoft 365では、プラグインが利用できます。プラグインとは、サードパーティが提供する拡張機能で、一時ChatGPTシリーズで利用されていたものです。Open AIのプラグインは、カスタムGPTという機能にリプレースされました（第5章で解説します）が、Copilotでは、プレビュー公開ではありますが、今でも利用できています。

プラグインを使うことで、企業内のAzure ADデータだけでなく外部データにアクセスできるようになります。例えば、ERP、CRM、タスク管理ツールなどのアプリケーションとプラグインを通して連携することで、Copilotの利用の幅がぐっと広がります。

NOTE

300ライセンス制限の撤廃

Copilot for Microsoft 365は、2023年11月1日にGA（General Availability）となりましたが、その際は大企業向けのMicrosoft 365 E3とE5（EはEnterpriseの意味）ユーザーだけで、かつ300ライセンス以上の購入が必須という制限が付いていました。

これはサービス提供の初期段階の負荷集中を懸念したものと思われま

すが、「大企業でないと使えない」という失望の声も非常に多く上がりました。

2024年1月15日にこの制限は撤廃されて、Microsoft 365 Business StandardまたはBusiness PremiumのライセンスでもCopilotを1ライセンスから利用できるようになりました（**表4-4**）。ただし、PersonalやFamilyといった個人・家庭用ライセンスのユーザーはCopilot for Microsoft 365は利用できず、365アクセスを使いたいならCopilot Proを選ぶことになります。

表4-4 Microsoft 365の主なライセンス

対象企業	Microsoft 365 ライセンス
個人・家庭	365 personal／365 Family
中小企業（300人以下）	365 Business Standard 365 Business Premium
大企業	365 E3／365 E5

入力データのAI学習への利用

Microsoftは、無料のCopilotを使った場合でも、ユーザーとの会話内容は機密保持のためにAIの学習データには使わないとしています。一方、ChatGPTの無料版は、デフォルト設定では使用される可能性があります。これは、前章で述べたように、OpenAIはGPTモデルを改善・進化させるミッションを持つのに対し、Microsoftはそのエンジンを搭載する側という立場の違いもあるでしょう。

この章のまとめ

本章では、以下の内容について学習しました。

◎Microsoft Bingは、GPT-4を搭載し、検索とチャットを切り分けて使える
◎Bingは、プロメテウスという仕組みにより、最新情報をうまく利用した回答をしてくれる
◎Bingは、ネタ元のリンクや追加質問のためのサジェスチョンも表示してくれる
◎Copilot Proは、個人の365活用を支援するAIサービス
◎Copilot for 365は、組織の365活用を支援するAIサービス
◎Copilot for 365を使って、Graphを通じて企業内365のデータを活用できる
◎Copilotとの会話内容は、機密保持のためにAIの学習データには使われない

本章では、MicrosoftのBingとCopilot、Copilot Pro、Copilot for Microsoft 365の違いを解説しました。生成AIはさらに進化していくため、「ネット検索」だけでなく、「AIチャット使い」に慣れておくと良いでしょう。

上記の説明で、Copilotはプラグインを使えるが、ChatGPTではプラグインがカスタムGPTに置き換わっているとお伝えしました。カスタムGPTとは何で、なぜプラグインが廃止されたのか。次の第5章では、ChatGPTのプラグインとカスタムGPTを試しながら、この疑問にお答えします。

第5章

プラグインとカスタムGPT

ChatGPTは優れた大規模言語モデルですが、OpenAI社単独でやれることには限りがあります。そこで活用方法を拡張するために、プラグインという仕組みが用意され、その後カスタムGPTというサービスに発展しています。本章では、プラグインという仕組みを知った上で、その後継となるカスタムGPTの仕組みと作成方法を理解します。さらに、GPTストアで公開されているカスタムGPTを2つほど紹介しますので、自分のニーズに合ったものを使いこなすイメージを身に付けましょう。

ChatGPTのWeb Browsing機能

OpenAIは、2023年3月23日に「プラグイン」、5月23日に「Webブラウジング」という2つの機能を、有料サービスである「ChatGPT Plus」ユーザーにベータ版リリースしました。現在では、プラグインは「カスタムGPT」というサービスに置き換わり、ブラウジングは「リアルタイム検索機能」として標準実装となっています（執筆時点ではどちらも有料版にのみサポートされています）。

NOTE

最初はつまづいたブラウジング機能

ブラウジング機能は、当初「Browse with Bing」という名前のオプションで実装されました。これはチャットの際にBingを使ってWebページの最新情報にアクセスするもので、既にMicrosoft Copilotがプロメテウスを使って実装している機能の逆輸入でした。

しかし、ある問題が生じたため、OpenAIは2023年7月3日にこのサービスを停止しました。

ある問題とは、ChatGPTのブラウジング機能がpaywalled content（有料会員のみアクセスできる保護されたコンテンツ）の情報を表示してしまったことです。これに気づいたユーザーが6月末にXで知らせてくれたことで発覚したのです。

この問題はBingチャットでは対策済みだったそうです。OpenAIはMicrosoftの協力を得てこの問題を解決し、2023年9月に「リアルタイム検索」という名称で正式リリースされています。

カスタム指示（Custom instructions）

ChatGPTをうまく操作するためのプロンプトの工夫として、「自分の立場を明確に伝える」と「どのように回答して欲しいかを伝える」ことが重要と言われています。ただし、これらのプロンプトを毎回忘れずに書いた上で何かを依頼するのは面倒です。そのため、あらかじめ固定のプロンプトを登録しておく「カスタム指示」という機能が用意されました。

当初は、有料版の「ChatGPT Plus」でのみ可能でしたが、2023年8月10日から無料版でも利用可能になっています。簡単に登録できるので、ChatGPTを使っている方は、是非、設定しておいてください。

カスタム指示の設定場所

ChatGPTにログインして、右上の自分の画像をクリックして表示されるメニューの中から「ChatGPTをカスタマイズする」を選ぶと、カスタマイズ設定画面が表示されます。**図5-1**は私の設定例です。

2つの指示

(1) 質問者について

図の上の項目は、ChatGPTが質問者であるあなたについて知るための情報です。ここで「ITに詳しくない」と伝えれば、ChatGPTはできるだけわかりやすい言葉でITについて教えてくれますし、私のように「ITエンジニア」と伝えておけば、専門用語を使って詳しい内容を返してくれることが期待できます。

(2) どのように回答して欲しいか

下の項目は、ChatGPTの出力形式のリクエストです。例えば、「プログラミングの例を示す場合はJavaにする」と指定すると、黙っていても（プロンプトで指定し忘れても）PythonでなくJavaで例文を出してくれるようになります（100%ではないですが）。私は「日本語で」「応答は詳しく」「箇条書きや具体例を示して欲しい」などとリクエストしています。

ChatGPT をカスタマイズする

カスタム指示

回答を向上させるために、自分について ChatGPT に知っておいてほしいことは何ですか？

・私は日本に住んでいる。
・私の仕事はITエンジニア
・私は生成AIの仕組みについてエンジニアとして知りたい。
・私は日本国民のITリテラシー向上に貢献したい。
・Figmaで業務SaaSのデザインを行っている

105/1500　ヒントを非表示にする

どのように ChatGPT に回答してほしいですか？

・最初にプロンプトを復唱する必要はない
・ステップバイステップで考えて回答する
・日本語で応答する
・応答は長くてもいいので詳しく。
・できるだけ箇条書きや表を使う。
・具体例を示す

91/1500

ChatGPT の機能

ウェブ検索　DALL·E　コード　キャンバス

新しいチャットで有効にする　キャンセルする　保存する

図5-1 カスタム指示の設定画面

2つの情報を登録しておくと、次回からはいちいちプロンプトに入れなくても、その内容を考慮してChatGPTが自分好みの回答をしてくれるようになります。

4つの機能

下側にChatGPTの機能という欄があります。ここでの機能はCapabilitiesのことで、「能力」という意味です。ChatGPTが実行できるタスクや能力の範囲を表しており、現時点では次の4つのスキルセットが選択できます。

(1) ウェブ参照（Web Browsing）

これがリアルタイム検索機能です。ChatGPTは、Bingを使ってインターネット上の情報をリアルタイムで検索したり、指定されたURLから必要な情報を取得したりできます。例えば、「最近注目されているテクノロジートレンドを、セミナーのタイトルに入れて」と言えば、最新のテクノロジートレンドをネットで検索してタイトルに盛り込んでくれます。

プロジェクト管理のセミナーをテーマに試してみたところ、「生成AIが変える未来のプロジェクト管理」とか「クラウドが実現する新時代のコラボレーション」など興味深いタイトルをいくつか提案してくれました。

(2) DALL-E画像生成（DALL-E Image Generation）

画像生成AI「DALL-E」を使い、オリジナルの画像を生成してくれる機能です。例えば、「生成AIが変える未来のプロジェクト管理というセミナーの案内ページに、楽しくオンラインセミナーを受講している画像を挿入したいので作成して」と依頼すると「DALL-E」が図5-2のような画像を作ってくれます。

図5-2　DALL-Eが作成したAIセミナーの画像

(3) コードインタープリターとデータ分析 (Code Interpreter)

コードインタープリターは、ユーザーが提供したPythonなどのプログラミングコードを実行して結果を出力する機能です。これには、データをアップロードして、データ分析を行うAdvanced Data Analysis（ADA）機能も含まれています。

この拡張機能を使うことで、例えば、セミナーの参加者データを処理して、参加者の業界や職種、会社規模を分析したり、セミナーのアンケートを集計して、参加者の満足度を円グラフで表示させたりすることができます。

(4) キャンバス (Canvas)

プログラミングコードや長い文章を作成・編集する際に有効な機能です。通常のChatGPTとはレイアウトが異なり、チャットのやり取り欄とは別にキャンバスというエリアが設けられます。そして、キャンバス上に生成されたコードや文章を常時表示しながら、コードの変更や文章の手直しを指示するスタイルで成果物を完成させていけます。

ChatGPTのプラグイン機能

ChatGPTには、「カスタムGPT（最初はGPTsと呼んでいた）」という便利な拡張機能があります。この仕組みについて説明する前に、その前身となる「プラグイン（Plugin）」という機能について理解しておきましょう。

プラグインは、サードパーティが作成して提供し、ChatGPTの利用規約に準拠しているか、正常に動作するかなどが審査されたのちに、プラグインストアに公開される拡張サービスでした（**図5-3**）。

ユーザーがChatGPT Plusにログインしてプラグインストアを開くと、**図5-4**のように、さまざまなサードパーティが作成したプラグインが表示されます。ユーザーは、この中から使いたいものを選んでインストールして使います。

2023年3月の公開時点は70個ほどでしたが、その後、急速に増えていき、最終的には1000を超えるプラグインが提供されていました。

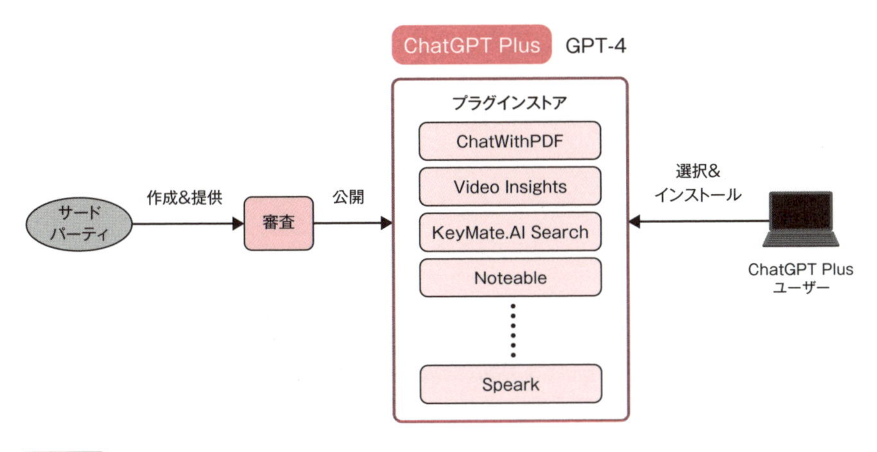

図5-3 ChatGPTのプラグイン

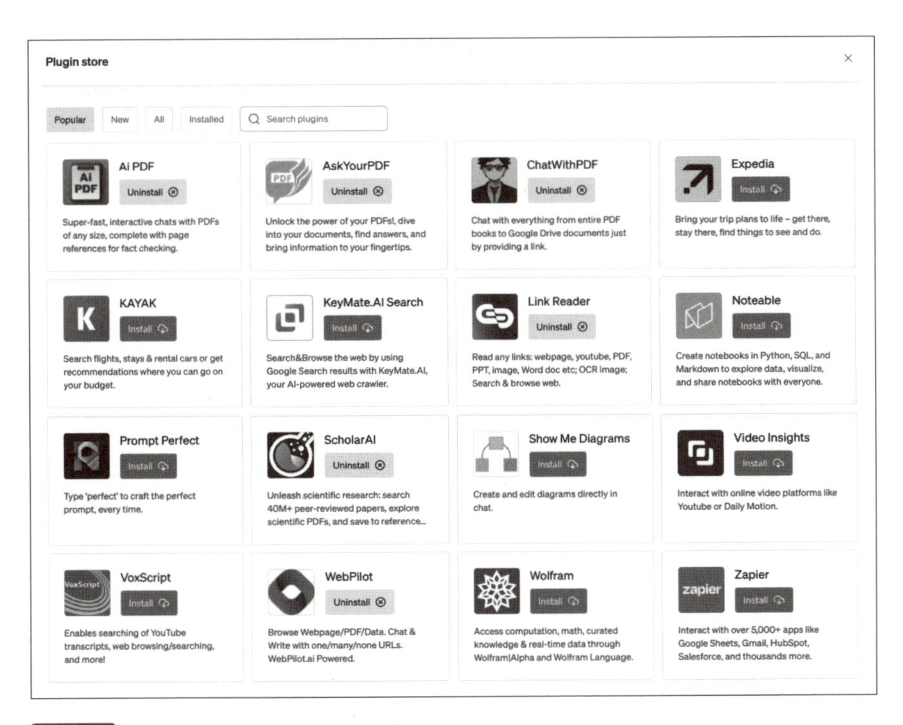

図5-4 プラグインストア(現在は非表示)

Popularタブのプラグイン

プラグインストアの上部タブ「Popular」には、人気プラグインが掲載されています。プラグインとはどのようなものだったのかを知るために、これらの役割を表5-1にまとめてみました。

表5-1 人気の高かったプラグイン

プラグイン名	役割
AskYourPDF	PDFファイルから必要な情報を抽出し質問に答えられる
Ai PDF	PDFファイルを編集できる
ChatWithPDF	PDFファイルから必要な情報を抽出し質問に答えられる
Link Reader	Webページのリンク先を自動的に開くことができる
WebPilot	Webページの情報を自在に操作できるChatGPTのプラグイン
ScholarAI	学術論文を検索し分析できる
Video Insights.io	YouTubeの動画に関する分析情報を提供する
Expedia	旅行に関する情報を提供するプラットフォーム
Zapier	異なるアプリケーションを自動的に連携できる
Prompt Perfect	英語の文章を自動的に修正できる
Wolfram	数学や科学に関する情報を提供するプラットフォーム
KAYAK	旅行に関する情報を提供するプラットフォーム
VoxScript	音声認識技術を利用してテキストに変換できる
Noteable	メモやToDoリストなどの情報を管理できる
KeyMate.AI Search	検索エンジン
Show Me Diagrams	図表を作成できる

当時のChatGPTは、マルチモーダル対応が不十分でした。入出力がテキスト主体だったので、特に外部コンテンツへのアクセスを支援するプラグインの人気がありました（図5-5）。表の中にもそのような接続支援のプラグインが7つ含まれています。

PDFやWebページ、Youtube動画などのコンテンツのURLを示してプロンプトを投げると、ChatGPTがプラグインの助けを借りてコンテンツの要約や内容検索を行ってくれます。また、PDFをプラグインに読み取ってもらい、その内容をもとにブログを作成したり、Q&Aに答えてもらったりすることもできます。

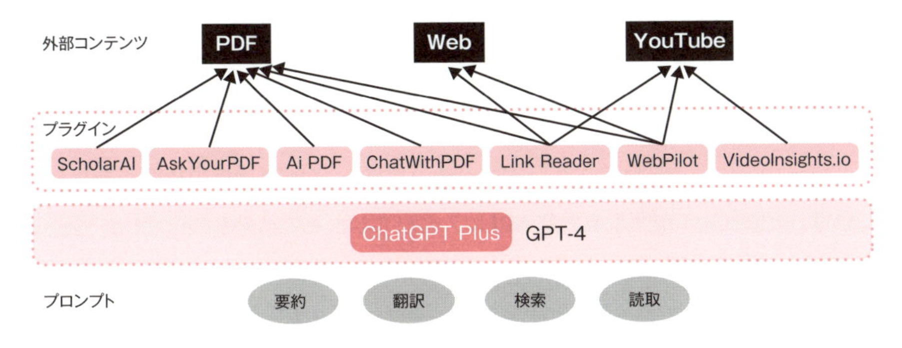

図5-5 外部コンテンツへのアクセスを支援するプラグイン

ChatGPTとプラグインの役割分担

プラグインとChatGPTの役割分担についても説明しておきましょう。**図5-6**は、ChatWithPDFを使ってPDFの要約を依頼した際の処理です。ChatWithPDFは、PDFドキュメントからテキストを取り出し、その中からユーザーの要求に関連ある主要部分をChatGPTに送ります。

このときChatGPTは、NLP（自然言語処理）の部分を担当します。すなわち、ユーザーからのプロンプトを解析してChatWithPDFに指示を渡し、ChatWithPDFから返される主要テキストをもとに要約して、ユーザーに回答するのです。

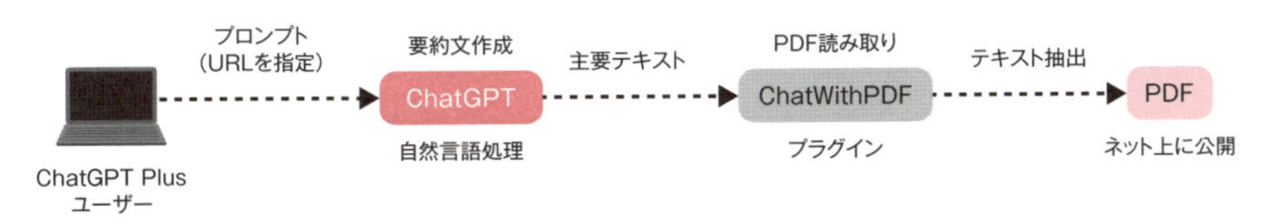

図5-6 プラグインとChatGPTの役割分担

この場合、プラグインが要約やブログ作成など依頼した内容を実行しているわけではありません（それはChatGPTの役割です）。かと言って、読み取ったテキストを丸ごとChatGPTに渡すだけでもなく、プラグインなりの価値（この例では主要テキストの抽出）を提供しているのです。

Function Calling機能

ChatGPTには、関数呼び出し（Function Calling）という拡張機能があります。これは、ChatGPTが関数や外部APIにアクセスし、その結果をユーザーに返すことができる機能です。実は、プラグインChatWithPDFやカスタムGPTも、このFunction Calling機能を使って外部リソースにアクセスしています。PDF読み取り処理におけるFunction Callingを例に説明しましょう。

関数とインターフェースとAPI定義

図5-7は、Function Callingの仕組みを表したものです。PDFファイルを読み取って要約する処理を、次の3つの要素に分けて設定します。

(1) 関数の作成

APIを利用してPDFの要約を返却する関数を定義します。例えば、入力はPDFのパス、　出力は要約テキストという関数を作成して登録します。ChatWithPDFは、関数でPDFを読み取るライブラリを使っていると思われますが、ここではPDFの読み取りは外部サービスを利用するイメージにしています。

(2) インターフェース（スキーマ）の設定

ChatGPTが上記の関数を呼び出すためのインターフェースを、JSON形式で定義してChatGPTに登録します。これにより、ChatGPTはユーザーからパスを受け取り、適切な関数を呼び出して、結果をユーザーに返すことができます。

(3) API定義

関数の中で、PDFファイルを読み取って要約を返してくれるサービス向けの

APIを呼び出します。

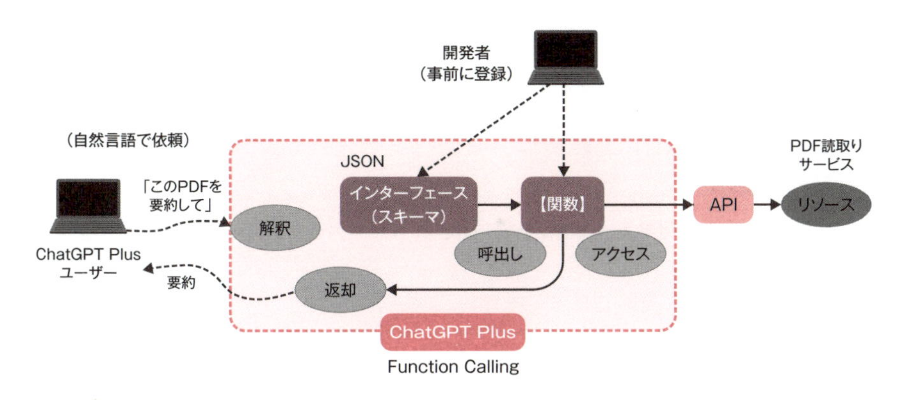

図5-7 Function Calling でPDF の要約を取得

Function Callingの処理

(1) 事前登録

FunctionCallingを使う場合は、開発者はあらかじめインターフェースと関数をChatGPTに登録しておきます。

(2) チャットの解釈

ユーザーがチャットを入力すると、ChatGPTはその意図を解釈して何を求めているか解析します。

(3) 関数を呼び出し

ChatGPTはインターフェースを利用して、どの関数を使うかという選択やそれに必要な引数などを決定し、関数を呼び出します。

例えば、要約以外に、検索、キーワード抽出、分析、フォーマット変換など、処理ごとに関数が登録されている場合は、チャットのリクエストに応える最適な関数を選びます。また、1つの関数でこれらの処理を切り替えて実行できる場合は、適切な引数をセットして最適な処理を実施してくれます。

(4) 外部APIにアクセス

関数から外部APIを呼び出します。ここでは、PDFからテキストを抽出する外部サービスのAPIにアクセスし、その結果を関数に返します。

(5) 結果の返却

ChatGPTは、関数から結果を受け取り、ユーザーが理解しやすい形に整えて返却します。

ChatGPT-4oのoはマルチモーダルを意味しますが、執筆時点ではどんな外部リソースでも対応できるわけではありません。例えば、URLを指定してそのページの情報を読み取ることはできますが、公開されているPDFのURLを直接指定してファイルの内容を読み取らせることはできません（ファイルをダウンロードしてからアップロードすれば読み取れます）。このような場合にFunction Callingを使えば、ChatGPTの弱点を拡張できるのです。

NOTE

Function CallingとCode Interpreter

関数呼び出しとコードインタープリターは、どちらもユーザーのリクエストにもとづいてタスクを処理する手段です。両者の違いは、前者が外部APIや外部システムと連携してタスクを実行するのに対し、後者は外部に依存することなくPythonを使ったプログラムでデータ処理や分析などを行うことです。

プラグインとカスタムGPTの違い

プラグインは、2024年4月9日に役目を終了して、カスタムGPTという新しい機能に置き換わりました。現在は、プラグインストアも消えています。1000を超えるプラグインが作られ、プラグインストアというマーケットプレイスで流通していたのに、カスタムGTPに置き換わったのはなぜでしょうか。

図5-8は、プラグインとカスタムGPTの違いを表したものです。どちらもサードパーティ（OpenAI自身も）が提供する拡張機能で、ストアという場所で流通する点は同じです。主な違いは、プラグインが特定のタスク（主に外部サービスとの連携）を実行する外部エージェントの役割なのに対し、カスタムGPTは特定の目的のためにChatGPT自体をカスタマイズしたものであるという点です。

具体的には、次のような点でカスタムGPTの方が優れていると判断されたことにより、主役交代となったのです。

(1) 単一機能か目的を持つアプリか

基本的にプラグインは、単一の機能をGPT-4の外部アドオンとして利用する仕組みがほとんどでした。そのため、ユーザーが“ある目的を実現する”ためには、複数のプラグインを試した上で、それらを組み合わせたプロンプトを、自ら工夫して作成する必要がありました。

一方、カスタムGPTは、“ある目的を実現する”ために複数のタスクを組み合わせて作られています。ユーザーからみると、チャットインターフェースを備えたアプリのようなものです。そのため、ユーザーは高度なプロンプトを駆使することなく、シンプルに目的を実現できます。

(2) プラグインの機能を包含

カスタムGPTは、プラグインの多くが利用していたFunction Callingという仕組みを踏襲しており、プラグインの機能をほぼ包含しています。プラグインからカスタムGPTへ簡単に変換できるようになっているので、プラグインはカスタムGPTに変換されて提供されています。そのため、プラグインの利用を停止してもそれに代わるカスタムGPTを利用できます。

例えば、上記で紹介した「Link Reader」というプラグインのリンク機能は、同名の「Link Reader」というカスタムGPTでも提供されています。

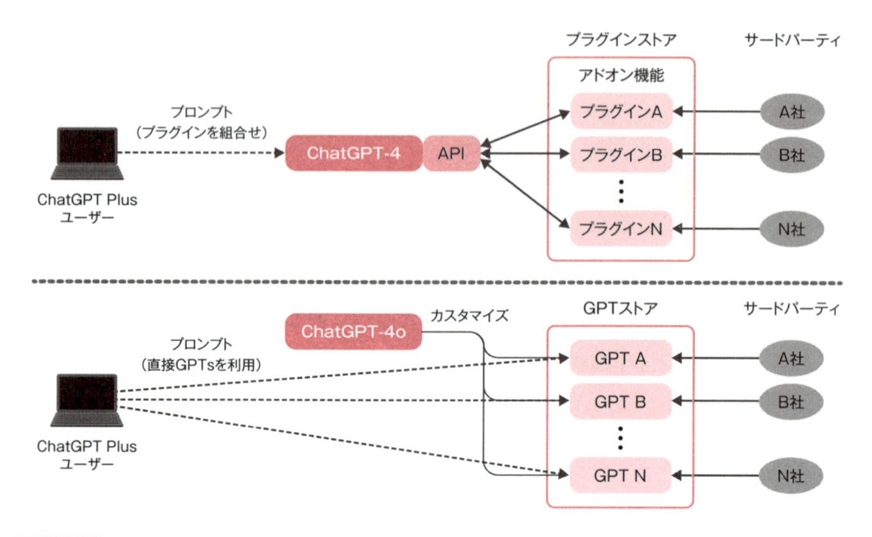

図5-8 プラグインとカスタムGPTの違い

(3) データの分散と責任の所在

複数のプラグインを利用すると、さまざまなサードパーティに分散してデータが保存されます。これに対して、カスタムGPTは1社で提供するものなので、データセキュリティの責任の所在が明確になります。また、ユーザーが複数のプラグインを組み合わせた場合に予想外のことが起こる可能性があるのに対し、カスタムGPTでは機能を組み合わせた動作を提供者が保証してくれます。

GPTストア

ChatGPT Plusの左列にある「GPTを探す」をクリックすると、図5-9のような「GPTストア」が表示されます。提供開始から約3ヶ月で300万を超えるカスタムGPTが登録されたと発表されました（現在は登録数は非公開です）。プラグインが1000強だったのに対し、300万とはすごいですね。しかし、これは玉石混合であることも理解しておきましょう。

プラグインの多くは、プログラミングコードを記述して外部にアドオン機能として作り込むものなので、相応の技術が必要でした。一方カスタムGPTは、

OpenAIが2023年11月に提供した「GPT Builder」を使って、プログラミングコードを書かなくても誰でも簡単に作成できます。そのため、試しにちょこちょこっと作成したものも登録されてしまっているのです。

実際、私が新しく登場したこの機能を確認するために10分くらいで作成した「子ども食堂ITアドバイザー」というマイGPTがあります。それから1年経った今、これを検索すると、図の右のように（お恥ずかしながら）登録されたままでした。GPTストア上部の「マイGPT」をクリックすると自分が作ったGPTの一覧が表示され、ここで編集や削除ができます。なお、現在は玉石混交対策として、ほったらかし状態のカスタムGPTは検索しても表示されないように改良されており、こども食堂で検索しても表示されなくなりました（更新したら表示されました）。

図5-9　「GPTストア」に登録されたカスタムGPT

カスタムGPTの構成

図5-10にカスタムGPTの構成を示します。実は、カスタムGPTという名前ですが、ChatGPTのコードをごりごりカスタマイズしたものではありません。ある目的を実現するために、「Custom Instructions」や「Function Calling」「Web参照」「画像生成」「Code Interpritor」など、以前からある機能を集結して利用できるようにしたものです。

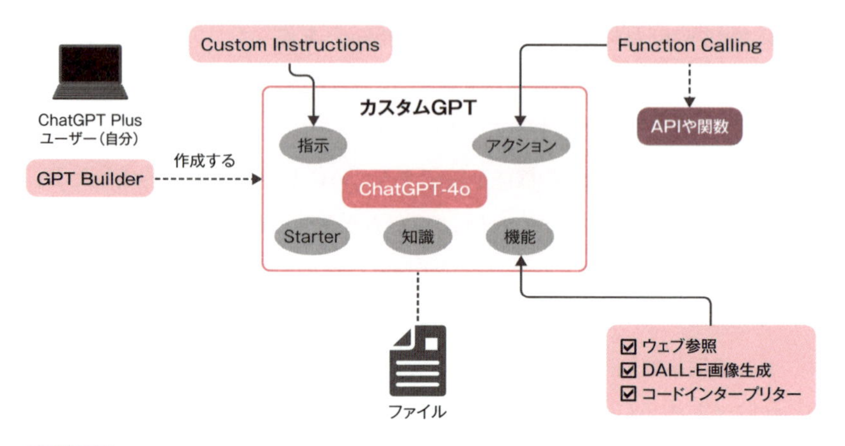

図5-10 カスタムGPTの構成

GPT BuilderでカスタムGPTを作成

カスタムGPTがどのようなものかを理解するために、**図5-10**を参照しながら「セミナーの企画と実施を支援するGPT」を作ってみましょう。

MY GPT「Seminar Planner」の作成

GPTストア上部の「＋作成する」ボタンをクリックすると、「GPT Bulder」が立ち上がります。「What would you like to make?」という問いかけに対し、「セミナーの企画と実施を支援するGPT」というメッセージを送信すると名前の候補を提示してくれます。こちらで名前を付けて「Semminar Planner」と回答すると、次はプロフィール画像の候補を作成してくれます。その画像でOKと伝えると、その後もいくつかの質問をした上で「MY GPT」が作成されます。**図5-11**のように構成タブに切り替えて、名前、説明、指示、会話の開始者、知識などを入力します。

(1) 名前と説明(Description)

他のユーザーが利用する場合にわかりやすい名前と説明を付けましょう。今回は名前を「Seminar Planner」とし、説明は「セミナーの企画と実施を支援するGPT」としました。

(2) 指示（Instructions）

指示とは、先ほど説明したカスタム指示（Custom instructions）のことです。例えば、本書の第1章で料理のレシピを提案してもらう際に、“あなたが主婦だとして”というプロンプトを入れています。これは、この指示により、生成AIが手間のかからない日常のレシピを提案してくれることを期待しています。

一方、凝った料理を勉強したい場合には、“フランス料理店のコックだとして”と指示するといった要領です。これらを都度入力するのではなくあらかじめ設定しておくと、実際にやり取りする際に暗黙的にプロンプトが伝えられるのです。

特にカスタムGPTは、幅広い層のユーザーが利用します。そのため、各ユーザーが適切な指示プロンプトを入力しなくても、どのように振る舞って欲しいか、どのような回答が欲しいか、何をしてはいけないか、など期待する応答を指示するわけです。ここでは、次のような指示を登録しておきます。

- **セミナー実施目的と集客対象**

なぜセミナーを開催するか、どのようなユーザーを集客したいかを理解してください。その情報がない場合は尋ねてください

- **セミナーのタイトルと概要**

一目で興味を引くタイトルと、参加したくなるような概要を作成してください

- **応答のスタイル**

応答は日本語で行い、必要な情報があれば積極的に尋ねてください

- **依頼したいこと**

セミナーのタイトルと概要の作成
セミナー案内のWebページ作成
セミナー実施後のアンケート案の作成

図5-11 GPT Builder でMY GPT を作成

・ **セミナー案内のWebページ**

　画像入りのポップなイメージのページを作成してください

　申込みフォームも用意してください

⑶ 会話の開始者（Conversation starters）

会話の開始者って何のことって思わず首をかしげますが、これは日本語訳がイマイチなんです（たぶん修正される？）。正しく訳すなら「会話のきっかけ」というところでしょうか。ここには、このGPTを利用する人が最初に何を入力していいか分からないことを想定して、いくつかチャットの例を設定します。

NOTE

Conversation startersの例

会話のきっかけは、GPTの振る舞いに応じて設定します。よくあるパターンをいくつか紹介します。

・タスク実行型

「○○を作成してください」

・対話型

「もし○○だったら、何が欲しいですか」

・情報収集型

「○○のメリットとデメリットは何ですか」

・ロールプレイ型

「あなたが○○だとして、話をしましょう」

今回は、次の4つをConversation startersとして設定しておきます。

- セミナーの開催目的、ターゲット、テーマは○○です。タイトルと概要を作成してください。
- セミナーの日時と場所は○○です。セミナー案内のWebページを作成してください。
- セミナーのアンケートは○問くらいです。ドラフトを作成してください。
- セミナーを使って販促したい製品ページのURLは○○です。

(4) アイコン

上部の画像はデフォルトで作ってくれたものです。クリックすると、新たな写真をアップロードするか、DALL-Eを使って別の画像を作ってもらうかを選べます。

(5) 知識 (Knowledge)

知識では、MY GPTに必要な情報を提供します。アップするファイルは、ある情報を与えて、その内容を使って回答させるIn-Context Learning（次の第6章で解説）のための資料です。

例えば、ChatGPTに社内規定に関する質問に回答させるとしましょう。汎用AIであるChatGPTは、自社の社内規定を知らないので、最初に社内規定集を読んでもらいます。ChatGPTは、その直後に質問をすればきちんと社内規定に沿った回答をしてくれます（文量が多いと誤答が増えますが）。

カスタムGPTは、このような資料を知識として与えておくことができます。セミナーの開催支援という汎用的なテーマであれば、わざわざ資料を読ませなくても優秀な案を出してくれそうですが、特定の情報にもとづいたGPTを作成する際は、その情報を読んでもらう必要があるのです。

(6) 機能 (Capabilities)

機能は、このGPTが実行できるタスクや能力の範囲を表しており、次の4つのスキルセットが選択できます。お分かりのように、これらはGPTのカスタマイズで解説した4つの機能と同じです。

- ・ウェブ検索（Web Browsing）
- ・キャンバス（Canvas）
- ・DALL-E画像生成（DALL-E Image Generation）
- ・コードインタープリターとデータ分析（Code Interpreter）

(7) アクション (Actions)

上記はいずれもChagGPTがもともと持つ機能を活用するための設定であり、

コードを記述しなくてもできるカスタマイズです。一方、例えば外部APIと連携してデータを取得したり、外部リソースと入出力するような処理は、Actionを使ってFunction Callingを実装します。

設定内容を見てみましょう。「新しいアクションを設定する」ボタンをクリックすると、**図5-12**のようなアクション追加画面が表示されます。今回はアクションは使いませんが、設定項目について簡単に説明しておきましょう。

図5-12 アクション追加画面

- **認証**

APIキー（識別キー：パスポートのようなもの）やOAuthトークン（許可証：デジタル身分証明書のようなもの）など、外部APIにアクセスするために必要な認証情報を登録します。

・ **スキーマ**

Function Callingに指示するインターフェース（スキーマ）の情報です。GPTが実行するタスク（アクション）の詳細（何をどのように実行するか）をJSONやYAMLなどのフォーマットで記述します。

スキーマの例を見てみましょう。**図5-13**は、ChatGPT-4oに「天気予報を取得する」というアクションのスキーマ例を示してもらったものです。

```
{
 "name": "GetWeatherForecast",
 "parameters": {
  "type": "object",
  "properties": {
   "location": { "type": "string" },
   "date": { "type": "string", "format": "date" }
  },
  "required": ["location"]
 },
 "responses": {
  "200": {
   "content": {
    "application/json": {
     "schema": {
      "type": "object",
      "properties": {
       "location": { "type": "string" },
       "forecast": {
        "type": "object",
        "properties": {
         "temperature": { "type": "string" },
         "conditions": { "type": "string" }
        }
       }
      }
     }
    }
   }
  }
 }
}
```

図5-13 カスタムGPTのスキーマの例（天気予報を取得）

実際はDescriptionを記述したり、400（失敗時）の出力データも記述したりと長くなるのですが、ここでは最低限の内容（アクション名、入力パラメータ、出力データ）のみ定義しています。

```
name:アクション名
GetWeatherForecast
parameters:入力パラメータ
location: 場所（都市名や座標を指定）
date: 日付
responses:出力データ
200: 成功時（場所、日付、気温、状態など）
```

- **プライバシーポリシー**

このGPTをユーザーが安心して利用できるように、プライバシーポリシーを設定します。

マイGPT「Seminar Planner」の表示

左欄で上記のような設定を行うと、リアルタイムに右のキャンバス上に**図5-14**のようなプレビュー表示に反映されます。

4つ表示されている会話のきっかけを参考にして、下記のような最初のメッセージを入力してみます。

> 「セミナーの開催目的は自社製品OBPM Neoの販促です。ターゲットはIT企業でプロジェクト管理に興味のある方、セミナーのテーマはアジャイル開発におけるプロジェクト管理です。」

これだけでさっと**図5-15**のような素案を作ってくれます。この後、チャットでやり取りして、望み通りのアウトプットを得ることになります。

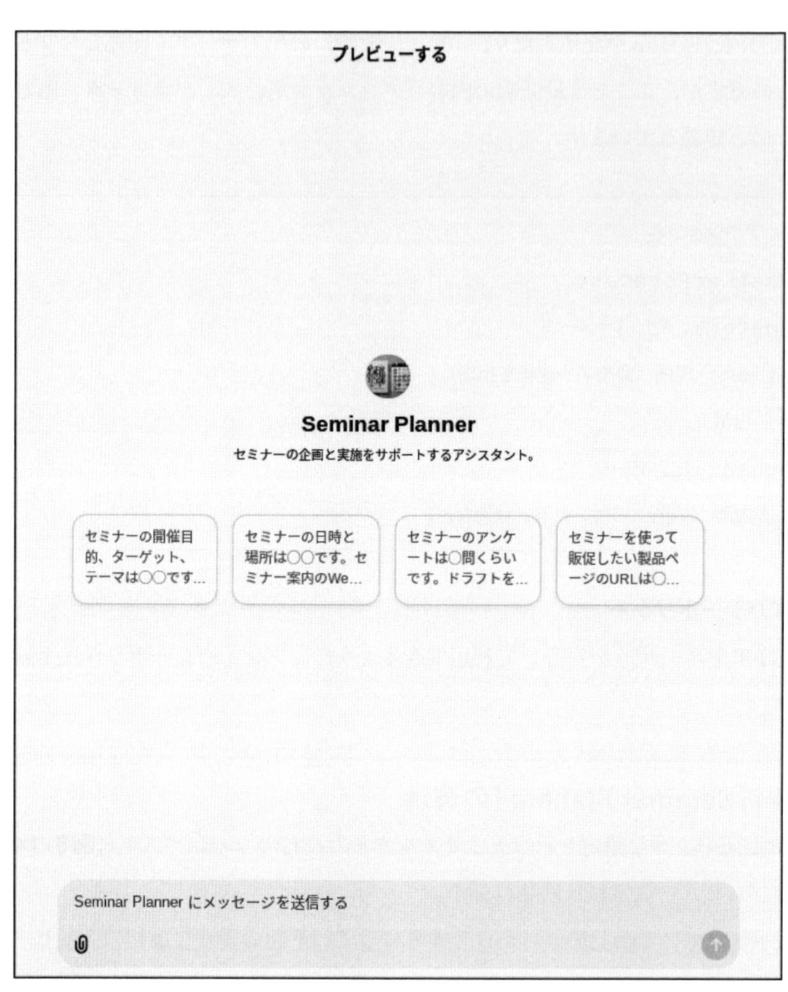

図5-14 マイGPT「Seminar Planner」の表示

セミナーの開催目的は自社製品OBPM Neoの販促です。ターゲットはIT企業でプロジェクト管理に興味のある方、セミナーのテーマはアジャイル開発におけるプロジェクト管理です。

セミナーの開催目的とターゲットを理解しました。ありがとうございます。それに基づいて、セミナーのタイトルと概要を作成いたします。

セミナータイトル

「アジャイル開発時代のプロジェクト管理術：OBPM Neoで実現する効率化と品質向上」

セミナー概要

アジャイル開発が主流となる現代において、プロジェクト管理はこれまで以上に複雑化しています。本セミナーでは、IT企業のプロジェクト管理者やチームリーダーの方々を対象に、アジャイル開発に適したプロジェクト管理手法について解説します。
特に、自社製品である「OBPM Neo」を活用し、プロジェクトの効率化と品質向上をどのように実現できるかを具体的な事例を交えてご紹介します。
この機会に、アジャイル開発におけるプロジェクト管理の最適解を見つけて、チーム全体のパフォーマンスを飛躍的に向上させましょう！

主な内容:

- アジャイル開発とは？その基本と利点
- アジャイル開発におけるプロジェクト管理の課題
- OBPM Neoを使ったプロジェクト管理の実践方法
- 成功事例紹介：OBPM Neoで実現するプロジェクト管理の効率化と品質向上

対象者:

- IT企業のプロジェクト管理者
- アジャイル開発に携わるプロジェクトリーダーやチームリーダー
- プロジェクト管理の効率化と品質向上に興味のある方

開催日時・場所:

- 日時：〇〇年〇〇月〇〇日（〇）〇〇:〇〇～〇〇:〇〇
- 場所：〇〇（オンライン参加も可能）

参加費: 無料

申し込み方法:
お申し込みはこちらから（リンクは仮）

この内容で問題ないか、または追加や修正したい点があればお知らせください。セミナー案内のWebページ作成に進む準備も整っています。

図5-15 「Seminar Planner」の最初の回答

厳選カスタムGPT

GPTストアの上部タブを見ると、「厳選」「ライティング」「生産性」などカスタムGPTの分類分けがされています。有用なものを探すのに、プラグインストアでは「人気」というカテゴリーだったのですが、カスタムGPTは玉石混合なので、ここが「厳選」という名称に変わっているところが面白いですね。この中から1つピックアップして機能と使い方を確認してみましょう。

Website Generator

Website Generatorは、チャット指示でホームページを作ってくれるGPTです。厳選タブのProgrammingカテゴリーにある「Website Generator」をクリックし、「子ども食堂のホームページを作ってください」と依頼すると、子ども食堂の名前と簡単な説明を求められます。

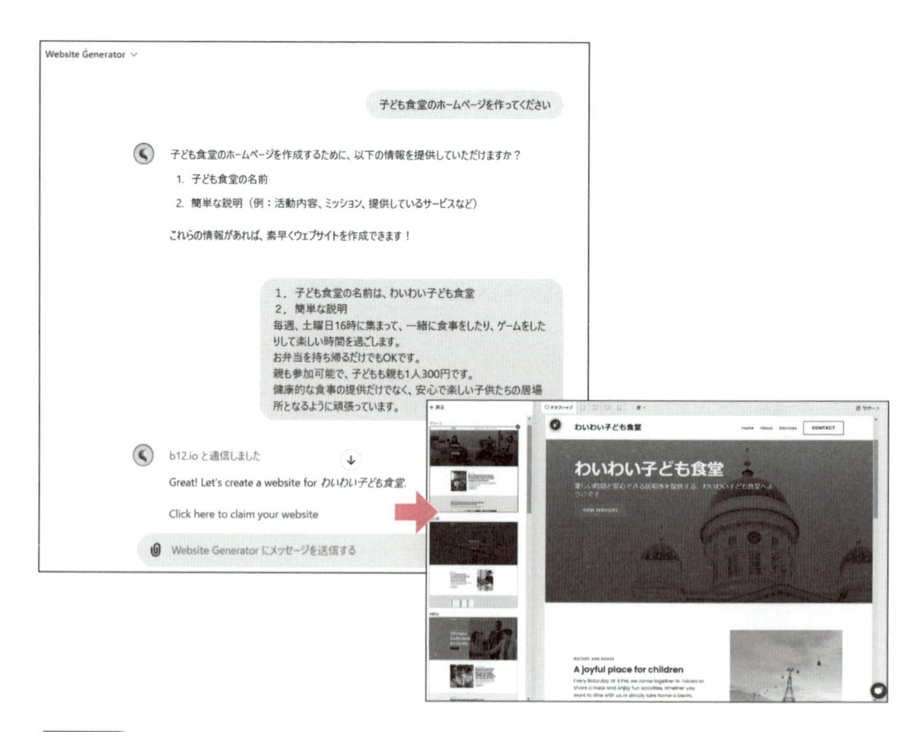

図5-16 カスタムGPT「Website Generator」

ここで名前と説明を追加で答えると、それだけで**図5-16**のようにホームページの素案を作成してくれます。この後もやり取りしながら、思い通りのデザインや内容に改善していけるのがチャットの利点です。プログラミング知識がまったくなくても、チャットだけで自分好みのホームページを作ることができるのです。

もちろん、汎用のChatGPT-4oでもプロンプトを工夫して類似のことはできます。しかし、こちらはホームページ作成専用GPTなので、よりわかりやすく作成できる利点があるのです。

この章のまとめ

本章では、以下の内容について学習しました。

◎ChatGPTのWeb Browsingは、最新情報についてはBing検索する機能であり、現在はリアルタイム検索機能として標準になっている
◎ChatGPTに固定のプロンプトを登録できる「カスタム指示」を設定しよう
◎プラグインは、GPTの用途を拡張するためにサードパーティが外部アドオンしたものであったが、現在はカスタムGPTに置き換わっている
◎カスタムGPTは、目的に応じてGPTをカスタマイズしたモデルで、プラグインの機能をほぼ包含している
◎目的に合致したカスタムGPTがあるなら、汎用GPTに対してプロンプトを駆使して目的を果たす代わりにカスタムGPTを使う方が便利
◎誰でも簡単にGPT Builderを使ってノーコードでマイGPTを作成できるが、Function Callingを使う場合はアクションを作成する
◎既にGPTストアに300万個以上登録されているが、玉石混合である

これから生成AIを使いこなすには、汎用的なAIのChatGPTに対するプロンプト技術を高めることが大切です。ただ、ニーズの高い用途では便利なカスタムGPTが続々と誕生しており、アプリ感覚で活用するのも良いアプローチでしょう。

次章では画像生成AIを解説します。「リアルな画像を作れる」と驚嘆される一方、

実は思い通りの絵はなかなか描いてくれません。画像生成の仕組みやトレーニング方法を理解すれば、得意分野と課題が見えてきます。

第6章

カスタムGPTと画像生成AI

カスタムGPTは、多くのサードパーティやユーザーが提供しています。OpenAI自身もカスタムGPTを提供しているので、その中からいくつか紹介しましょう。後半は、画像生成AIについて解説します。これまで主流だったGANsとどう違うか、どのような学習をするか、などを理解した上で、いろいろな画像生成AIを使って画像を比較してみます。現時点の画像生成AIの苦手なことがあるので、その原因についても知っておきましょう。

ChatGPTチームが作成したGPT

GPTストアを下にスクロールすると、**図6-1**のように「ChatGPTチームが作成したGPT」が表示されています。前章でカスタムGPTは玉石混合とお伝えしましたが、ChatGPTチームが提供しているGPTはちょっと興味がありますね。執筆時点（2024年12月）で公開されているものを**表6-1**にまとめたので、この中からいくつか紹介しましょう。

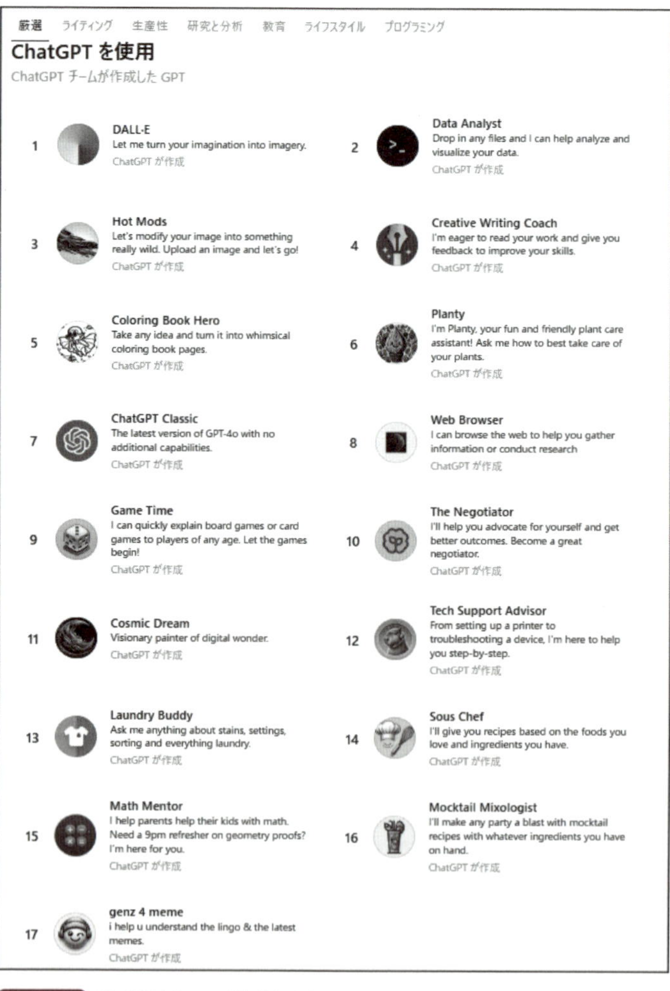

図6-1 ChatGPTチームが作成したGPT

表6-1 ChatGPTチームが作成したGPT

GPTs	サービス内容	説明
DALL-E	画像生成	文章で指示された特徴をもとに画像を生成する
Data Analyst	分析・グラフ化	データファイルを読み込んでグラフ化や分析を行う
Hot Mods	画像編集	画像をアップロードして編集できる
Creative Writing coach	書き方コーチ	文章を入力すると、より良くするための指摘をする
Coloring Book Hero	塗り絵作成	子ども向けの塗り絵を作成してくれる画像生成GPT
Planty	植物の世話	植物の最適な世話の仕方を教えてくれる
ChatGPT Classic	ノーマルGPT-4	特定用途用のGPTsではない、ノーマルなGPT-4
Web Browser	ウェブ閲覧	ウェブを閲覧して情報収集や調査をサポート
Game Time	ゲーム説明	ボードゲームやカードゲームの説明に特化
The Negotiator	アイデア壁打ち	対話を行う中でヒントや気づき、提案を与えてくれる
Cosmic Dream	画像生成	文章で指示された特徴をもとに画像を生成する
Tech Support Adviser	技術サポート	機器の設定やトラブル対応などIT技術に特化
Laundry Buddy	洗濯・洗浄知識	汚れのこと、洗濯のことなどに特化
Sous Chef	料理レシピ提供	食材を入力するとレシピを紹介してくれる
Math Mentor	数学のメンター	親が子どもたちに数学を教えるのを手伝う
Mocktail Mixologist	モクテルレシピ	材料をもとにモクテル（ノンアル）のレシピを作成
genz 4 meme	第4世代ミーム	ミーム（最新流行語）や専門用語を教えてくれる

Data Analyst

Data Analystは、ExcelやGoogle Spreadsheetなどのデータファイルを読み込んでデータ解析や統計分析をすることができ、グラフやチャートを作成してもらうこともできます。実際に利用してみましょう。

・分析対象データ

総務省統計局のホームページに、「各月1日現在人口」という人口統計表が、PDFファイルで毎月公開されています。**図6-2**は、令和6年8月報のPDFファイルのP1に書かれている「年齢（5歳階級）、男女別人口」の表です。このデータを読み込んでグラフの作成依頼をしてみましょう。

令和６年８月20日
総務省統計局

人口推計

― 2024年（令和６年）８月報 ―

【2024年（令和６年）８月１日現在（概算値）】
＜総人口＞　１億2385万人で、前年同月に比べ減少　▲59万人　（▲0.48%）

【2024年（令和６年）３月１日現在（確定値）】
＜総人口＞　１億2400万３千人で、前年同月に比べ減少　▲56万５千人（▲0.45%）
・15歳未満人口は　1402万９千人で、前年同月に比べ減少　▲33万８千人（▲2.35%）
・15～64歳人口は　7374万人で、前年同月に比べ減少　▲27万４千人（▲0.37%）
・65歳以上人口は　3623万３千人で、前年同月に比べ増加　４万８千人（0.13%）
うち75歳以上人口は　2038万９千人で、前年同月に比べ増加　71万４千人（3.63%）
＜日本人人口＞　１億2079万２千人で、前年同月に比べ減少　▲83万９千人（▲0.69%）

年齢（5歳階級）、男女別人口
Population Estimates by Age (Five-Year Groups) and Sex

年齢階級	Age groups	2024年8月1日現在（概算値）（令和6年） August 1, 2024 (Provisional estimates) 総人口 Total population			2024年3月1日現在（確定値）（令和6年） March 1, 2024 (Final estimates) 総人口 Total population			日本人人口 Japanese population		
		男女計 Both sexes	男 Male	女 Female	男女計 Both sexes	男 Male	女 Female	男女計 Both sexes	男 Male	女 Female
		人口（単位 万人） Population (Ten thousand persons)			人口（単位 千人） Population (Thousand persons)					
総数	Total	12385	6025	6359	124,003	60,321	63,682	120,792	58,699	62,093
0 ～ 4歳	years old	397	203	193	4,022	2,060	1,962	3,935	2,015	1,920
5 ～ 9		474	243	231	4,788	2,452	2,335	4,700	2,407	2,293
10 ～ 14		519	266	253	5,220	2,674	2,545	5,142	2,634	2,508
15 ～ 19		548	281	267	5,481	2,812	2,669	5,362	2,750	2,612
20 ～ 24		624	322	302	6,210	3,201	3,010	5,741	2,943	2,797
25 ～ 29		650	335	316	6,492	3,340	3,153	5,945	3,031	2,914
30 ～ 34		637	328	310	6,353	3,263	3,090	5,924	3,025	2,900
35 ～ 39		690	352	338	6,983	3,561	3,422	6,674	3,399	3,274
40 ～ 44		764	388	377	7,701	3,906	3,795	7,451	3,790	3,661
45 ～ 49		881	446	434	8,960	4,541	4,420	8,767	4,456	4,311
50 ～ 54		975	492	483	9,698	4,895	4,803	9,520	4,823	4,697
55 ～ 59		846	424	423	8,369	4,188	4,181	8,224	4,130	4,093
60 ～ 64		754	374	380	7,493	3,714	3,779	7,386	3,670	3,716
65 ～ 69		729	355	374	7,297	3,552	3,745	7,223	3,521	3,702
70 ～ 74		829	392	438	8,547	4,035	4,513	8,493	4,010	4,483
75 ～ 79		780	353	427	7,626	3,442	4,184	7,588	3,425	4,163
80 ～ 84		612	255	357	6,015	2,506	3,509	5,990	2,497	3,494
85 ～ 89		394	144	250	3,965	1,447	2,519	3,951	1,442	2,510
90 ～ 94		209	60	149	2,069	594	1,475	2,064	593	1,471
95 ～ 99		64	13	51	622	127	494	621	127	494
100歳以上	and over	9	1	8	91	11	80	91	11	80
（再掲）	Regrouped									
15歳未満	Under	1390	712	678	14,029	7,186	6,843	13,778	7,056	6,722
15～64	years old	7369	3741	3628	73,740	37,420	36,321	70,994	36,017	34,977
65歳以上	and over	3626	1573	2053	36,233	15,715	20,518	36,021	15,626	20,395
75歳以上	and over	2068	826	1242	20,389	8,128	12,261	20,305	8,094	12,210
85歳以上	and over	675	218	457	6,747	2,179	4,568	6,727	2,173	4,554
		割合（単位 %） Percentage distribution								
15歳未満	Under	11.2	11.8	10.7	11.3	11.9	10.7	11.4	12.0	10.8
15～64	years old	59.5	62.1	57.1	59.5	62.0	57.0	58.8	61.4	56.3
65歳以上	and over	29.3	26.1	32.3	29.2	26.1	32.2	29.8	26.6	32.8
75歳以上	and over	16.7	13.7	19.5	16.4	13.5	19.3	16.8	13.8	19.7
85歳以上	and over	5.5	3.6	7.2	5.4	3.6	7.2	5.6	3.7	7.3

図6-2 人口推計PDFファイルの表

- **「Data Analyst」でグラフを作成**

カスタムGPT「Data Analyst」は、URLを指定してPDFを読み取ることはできないので、いったんPDFファイルをダウンロードしてからアップロードし、次のプロンプトを投げます。PDFに書かれたデータを分析して、**図6-3**のようなグラフを作成してくれました。

```
「このPDFのP1の表を用いて棒グラフを作成してください。X軸は年齢階級、Y軸は2024年8月1日現在（概算値）の男女計の人口（単位 万人）です。」
```

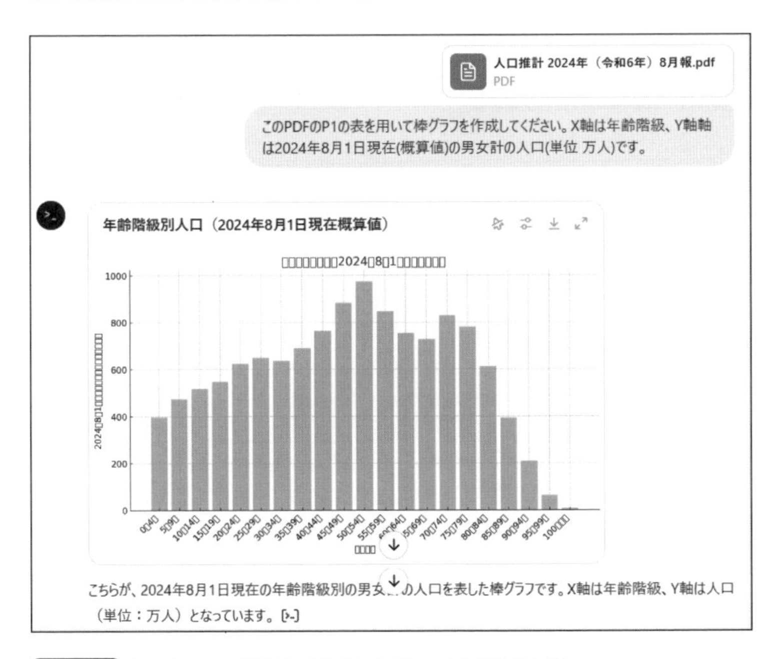

図6-3 Data Analystが解析して作成したグラフ（文字化けあり）

PDFファイルのP1を認識し、そこに並んでいるさまざまな数値の中からグラフに必要な数字だけ解析して、見事に指示通りのグラフが作成されていますね。ただ、残念ながら「タイトル」「軸ラベル」「目盛り」が文字化けしています。

- **日本語フォントを与えて文字化け解消**

海外生まれのChatGPTは、現在、急速に進化しつつある途上なので、グラフやチャート、画像生成などで文字化けを起こすことがよくあります。これは、これらのアプリケーションがデフォルトで使用するフォントが英語などの文字セットであり、日本語の文字コードがサポートされていないからです。このような場合は日本語フォントを与えると文字化けを解消することができます。

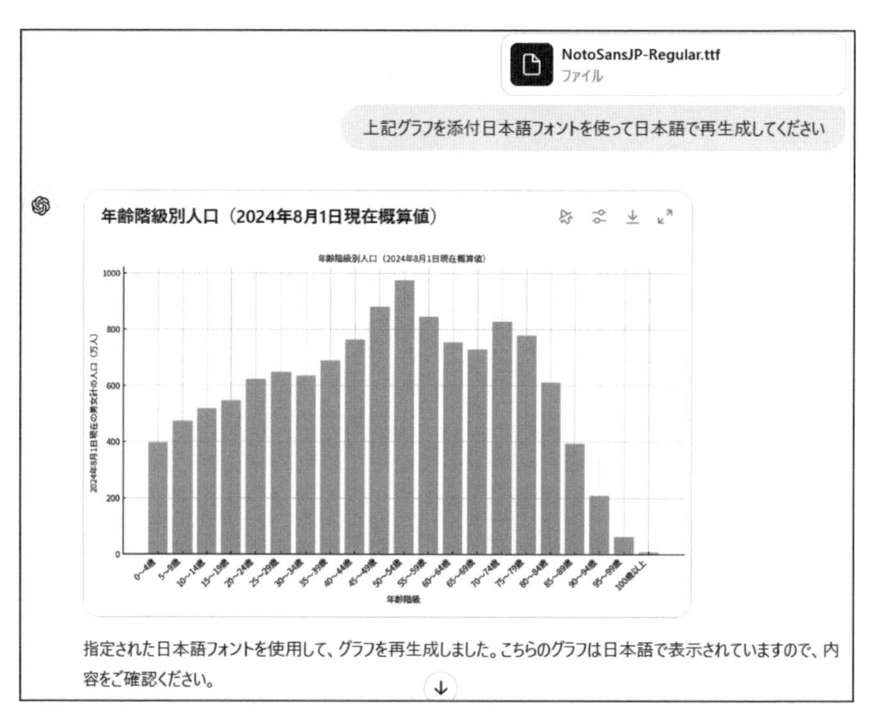

図6-4 Data Analystが解析して作成したグラフ（文字化け無し）

図6-4のプロンプトを見てください。Googleの提供する日本語フォント「NotoSansJP-Regular.ttf」をダウンロードし、そのファイルを添付した上で「上記グラフを添付の日本語フォントを使って再生成してください」と依頼しています。今回作成されたグラフは、きちんと日本語で表現されていますね。

NOTE

ttfファイルの入手方法

ttfはTrueType Fontの略で、フォントデータが格納されたファイル形式です。ネットからダウンロードして入手することも可能ですが、PC内にもあります。

例えばWindowsの場合、スタートメニューから「フォント」を検索し、**図6-5**のフォントファイル一覧の中から「Noto Sans JP」や「メイリオ」「游ゴシック」などの日本語ファイルを展開し、フォントをコピーして任意のフォルダに貼り付ければOKです。

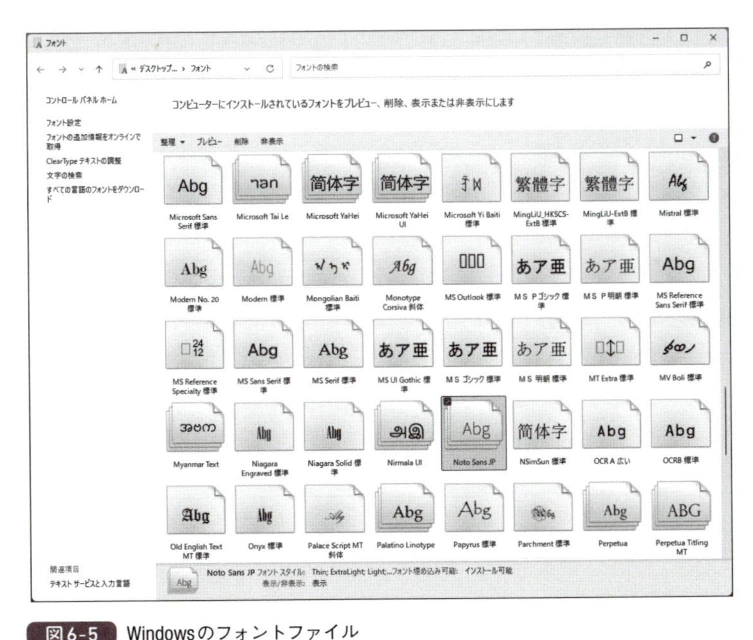

図6-5 Windowsのフォントファイル

GameTime

次はGameTimeです。これは、ボードゲームやカードゲームなどについて教えてくれるGPTです。ヒントとして、「このボードゲームのセットアップ方法は?」「私たちは（ゲームの）ルールについて議論していますが、誰が正しいですか？」「このゲームの遊び方を教えて！」「（このゲームには）何かバリエーションがありますか？」などが例示されていますね。

画像も読めるようなので、「カタンの開拓者たち」の画像をアップロードして「このゲームの遊び方を教えて！」と聞いてみると、図6-6のように教えてくれました。

この程度なら素のChatGPTやGeminiに聞いても教えてくれるので違いがよくわからないのですが、使い込んでみるとゲームに特化したという真価が見えてくるのでしょうか。

このゲームは「カタンの開拓者たち」というボードゲームで、非常に人気があります。ゲームの基本的な流れと遊び方を簡単に説明しますね。

ゲームの目的

カタンの開拓者たちでは、プレイヤーはカタン島の開拓者となり、資源を集めて開拓地や都市を建設し、最初に10点の勝利点を獲得することを目指します。

ゲームのセットアップ

1. **ボードの配置**: 画像のように、六角形の地形タイルを組み合わせて島を作ります。タイルの上に数字チップを置きます（2から12まで）。
2. **各プレイヤーのスタート位置**: 各プレイヤーは順番に、自分の開拓地を2つと道路を2本配置します。これらはボード上の交差点（タイルの角）に配置します。
3. **資源カードの配布**: 各プレイヤーは、最初に配置した2つの開拓地に隣接するタイルの種類に応じて、資源カードを受け取ります。

ターンの進行

1. **ダイスの振り**: 各ターンの最初に2つのサイコロを振り、その合計数と一致する数字が書かれたタイルから資源が生産されます。隣接する開拓地や都市を持っているプレイヤーが、その資源を得ます。
2. **資源の取引と建設**: 資源を使って、次のアクションを行えます。
   - **道路の建設**: 木材とレンガを使います。
   - **開拓地の建設**: 木材、レンガ、小麦、羊毛を使います。
   - **都市の建設**: 小麦と鉱石を使います（開拓地を都市にアップグレード）。
   - **発展カードの購入**: 小麦、羊毛、鉱石を使います。
3. **勝利点の獲得**: 開拓地や都市の建設で勝利点が増えます。また、特定の条件を満たすとボーナスポイントが得られる場合もあります（例：最長交易路、最大騎士力）。

勝利

最初に10点を獲得したプレイヤーが勝者となります。

図6-6 Game Timeに「カタン」の遊び方を聞く

ちなみに「夫婦2人で楽しめるボードゲームのおすすめを5つ教えて」とお願いしたところ、「パッチワーク」「ロストシティ」「コードネームデュエット」「セブンワンダーデュエル」「アズール」を紹介してくれました。この手の質問は人によって答えが違うので、ChatGPT-4oとGeminiにも聞いたところ、表6-2のような回答でした。生成AIの面白いところは、クリアしてもう一度同じ質問をすると1度目と異なる回答になることです（信念ないんかい？）。今回は2回ずつ尋ねましたが、どの生成AIも1回目と2回目で別の回答を返してきました。

表6-2 夫婦2人で遊ぶボードゲームのおすすめ5つ

ボードゲーム	Game Time		ChatGPT-4o		Gemini	
(1回目と2回目)	①	②	①	②	①	②
パッチワーク(Patchwork)	1	2			2	1
ロストシティ(Lost Cities)	2	4				
コードネーム デュエット(Codenames Duet)	3		5			
セブンワンダーデュエル(7 Wonders Duel)	4	3	4	4	1	5
アズール(Azul)	5		3	5		
パンデミック(Pandemic)		5	1			
カルカソンヌ(Carcassonne)		1	2	2	4	
ジャイプール(Jaipur)					3	2
森の狐(The Fox in the Forest)					5	
カタンの開拓者たち(Catan)				1		
ラブレター(Love Letter)				3		
クアルト(Quarto)						3
ガイスター(Ghost)						4

※数値は順位、質問は2回(①回目と②回目)

The Negotiator

The Negotiatorは、意見やアイデアをまとめたりする際に壁打ち相手になってくれる仮想トレーナーです。話のきっかけのヒントとしては、「給与交渉のロールプレイをしてくれますか?」「私がBATNA(最善の代替案)を見つけ出すのに付き合って」「車を買う交渉の準備をさせて」「交渉の際はどのように感情をコントロールすれば良いですか?」などが例示されています。

プレゼンの準備やセミナーの練習など幅広い用途で使えそうなGPTですが、ここでは株主総会の想定問答のシミュレーションを行ってみましょう。The Negotiatorに対して、次のような頭出しで会話を始めてみます。

「株主総会の想定問答の練習相手になってください。私は東証プライムに上場している会社の社長です。1週間後に株主総会があります。業績は前年比で売上120%、利益108%と堅調なのですが、1か月前に北海道支社で飛ばしの不正が発覚してテレビや新聞などのニュースになっています。」

The Negotiatorが会話をリードしてます。まずは一人目の発言として「不正に対して社長としてどのように対応し、再発防止策を考えているか」とありそうな質問をしてくれます。

（最初）

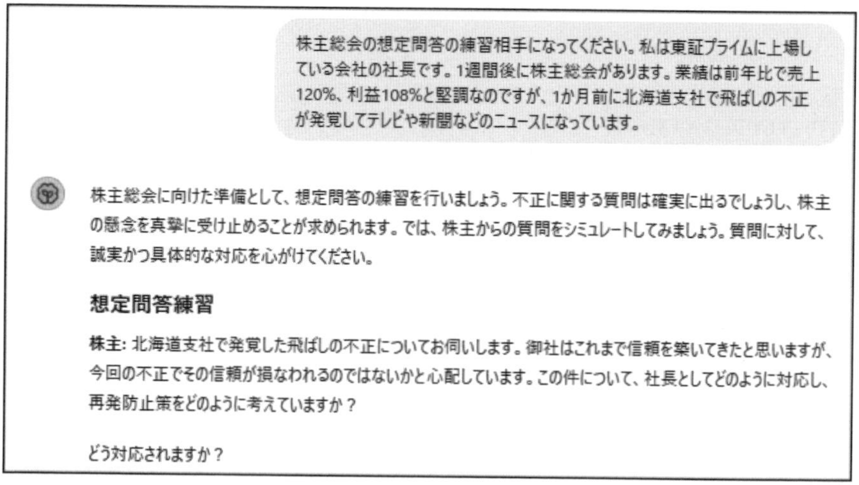

株主総会の想定問答の練習相手になってください。私は東証プライムに上場している会社の社長です。1週間後に株主総会があります。業績は前年比で売上120%、利益108%と堅調なのですが、1か月前に北海道支社で飛ばしの不正が発覚してテレビや新聞などのニュースになっています。

株主総会に向けた準備として、想定問答の練習を行いましょう。不正に関する質問は確実に出るでしょうし、株主の懸念を真摯に受け止めることが求められます。では、株主からの質問をシミュレートしてみましょう。質問に対して、誠実かつ具体的な対応を心がけてください。

想定問答練習

株主: 北海道支社で発覚した飛ばしの不正についてお伺いします。御社はこれまで信頼を築いてきたと思いますが、今回の不正でその信頼が損なわれるのではないかと心配しています。この件について、社長としてどのように対応し、再発防止策をどのように考えていますか？

どう対応されますか？

図6-7 The Negotiatorで株主総会の想定問答（1/2）

(次)

社内に調査委員会を設置して原因を究明しているところです。その結果を持って、再発防止対策を立てようと考えています。

良い対応の方向性ですが、株主総会ではより具体的な情報や株主の不安を取り除く姿勢が求められます。株主は再発防止策が確実に実行されるかどうかを気にしていますので、さらに具体的な内容を含めると良いでしょう。

改善ポイントと模範回答の例

1. **調査の具体性と透明性を強調する:** 調査委員会がどのように調査を進めているのか、透明性を確保するための取り組みを説明することで、株主の信頼を維持できます。
2. **再発防止策の進捗状況を共有する:** 再発防止策については、現段階での進捗や具体的な検討内容を示すことで、株主に安心感を与えることができます。

模範回答の例

「ご心配をおかけしていることに対し、まずは深くお詫び申し上げます。今回の不正発覚を受け、直ちに社内に調査委員会を設置し、外部の専門家も含めた客観的な視点から徹底した原因究明を進めております。現在、調査は最終段階に入っており、既にいくつかの組織的課題が明らかになっています。

再発防止策に関しては、調査結果を基に、より具体的な対策を講じるため、内部統制の強化や支社間の監査体制の見直し、社員教育の徹底など、複数の方策を検討しています。また、再発防止策の実施状況を定期的に株主の皆様に報告することで、透明性を高め、信頼回復に努めてまいります。

今後も引き続き、株主の皆様の信頼にお応えできるよう、全社一丸となって取り組んでまいります。」

このように、具体的な進捗状況や今後の計画を共有することで、株主に対して誠実な姿勢を示し、安心感を与えることができます。練習を続け、他の可能性のある質問にも備えていきましょう。

図6-7 The Negotiatorで株主総会の想定問答(2/2)

この質問に回答すると、その答弁の至らない点を指摘し、改善ポイントを挙げ、模範回答も作ってくれます。日本企業では、事務方がせっせと「想定問答集」を準備することが多いようですが、決算短信を読み込ませた上で、こんなふうに実践方式で予習する方が効果的かも知れません。

Creative Writing Coach

Creative Writing Coachは、あなたの書いた文章を読んで、ライティングスキルを向上させるためのフィードバックを返す“書き方コーチ”です。公開されているファイルを使って試してみましょう。

I　予算概算要求の概要

◆ 本年６月に閣議決定された「デジタル社会の実現に向けた重点計画」及び、デジタル行財政改革会議決定された「国・地方デジタル共通基盤の整備・運用に関する基本方針」に定めるデジタル化施策を推進。

✓ マイナンバーカードの利便性向上、行政サービス等の拡充及び民間サービスとの連携を推進。

✓ 準公共各分野のデジタル化を推進、デジタル原則を踏まえた規制の横断的見直しの実施。

✓ 各府省庁が共通で利用するシステム・ネットワークの整備、各府省庁の政府情報システムの最適化、地方公共団体の基幹業務システムの統一・標準化移行に係る技術的な支援、マイナポータルの利便性向上・利用拡大、公的基礎情報データベース（ベース・レジストリ）の整備等を推進。

◆ デジタル社会の実現を推進・牽引していく立場から、デジタル庁に求められる業務に適した体制を構築。

<令和7年度予算概算要求額総括表>

（単位：百万円）

事　項	令和6年度 当初予算額 A	令和7年度 概算要求額 B	うち要求額	うち要望額	対前年度増減額 C=B-A
デジタル庁　合計	496,407	596,043	465,871	130,172	99,636
デジタル社会形成の推進に関する経費	1,034	1,275	595	680	241
うちマイナンバー制度の推進等に係る経費	403	406	286	120	3
うち準公共・相互連携分野デジタル化推進に係る経費	299	414	0	414	116
うちデジタル法制推進に必要な経費	91	86	28	58	△ 5
サイバーセキュリティ対策等に係る経費	127	135	128	8	8
情報システムの整備・運用に関する経費	480,327	579,012	450,250	128,762	98,685
デジタル庁の運営に関する経費	15,046	15,756	15,026	730	710
うち人件費	11,072	11,786	11,786	-	714
うちデジタル人材	4,294	4,285	4,285	-	△ 9

（注）各々の計数において百万円未満を四捨五入している。

図6-8　デジタル庁の予算概算要求の概要
データソース：デジタル庁ホームページの公開PDF　https://www.digital.go.jp/

図6-8は、デジタル庁のホームページに掲載されている「令和7年度予算概算要求・機構定員要求および税制改正要望の概要」というPDFファイルのP1です。一般にお役所の文書は冗長でわかりにくいものですが、この文章をWriting Coachが読んでどう評価するか試してみましょう。

このPDFのP1の文章を読んで、書き方を日本語で指導してください

PDFの最初のページに書かれている内容は、令和7年度の予算概算要求や機構定員要求、税制改正要望に関する概要です。主にデジタル化施策の推進に関する内容が記されています。

評価

この文章は非常に官僚的で、具体的な政策の詳細や数値が多く含まれており、専門性が高いです。全体的に読み手に対して明確で精密な情報を提供することを目的としていますが、非常に形式的で、文章が硬くなりがちです。

改善点と指導

1. **分かりやすさの向上**： 専門用語や数値が多いため、一般の読者にとって理解しづらい部分があります。例えば、「デジタル行財政改革会議決定された『国・地方デジタル共通基盤の整備・運用に関する基本方針』に定めるデジタル化施策を推進。」という文は、やや冗長で理解が難しいです。これを「デジタル化を進めるため、国と地方の共通基盤整備に取り組みます。」のように簡潔にすることで、読みやすさが向上します。
2. **簡潔さ**： 文章が長く複雑になりがちです。例えば、「各府省庁が共通で利用するシステム・ネットワークの整備、各府省庁の政府情報システムの最適化、地方公共団体の基幹業務システムの統一・標準化移行に係る技術的な支援、マイナポータルの利便性向上・利用拡大、公的基礎情報データベース（ベース・レジストリ）の整備等を推進。」という部分は、多くの項目が列挙されています。これを「政府と地方のデジタル基盤を整備し、行政サービスの利便性向上を目指します。」と簡略化することで、要点が伝わりやすくなります。
3. **読者を意識した表現**： 対象読者が誰かを意識して書くと良いです。例えば、一般市民を対象とする場合は、専門用語を避け、簡単で平易な言葉を使うとよいでしょう。逆に、専門家向けの文書であれば、具体的なデータや専門用語を適切に使い、精度の高い情報を提供することが求められます。
4. **段落構成**： 段落ごとに一つの主題に集中し、それを明確に述べることで、情報が整理され読みやすくなります。今の文章は、1つの段落に複数の情報が詰め込まれているため、内容が混乱しやすいです。

以上の点を意識することで、文章がより伝わりやすくなり、読み手にとって理解しやすい内容になるでしょう。

図6-9 Creative Writing Coachによる書き方指導

図6-9がCreative Writing Coachの評価と指導です。やはり“非常に官僚的”、“非常に形式的で文章が硬くなりがち”という印象で、「わかりやすさの向上」「簡潔さ」「読者を意識した表現」「段落構成」などの指導をフィードバックしてくれています。

これを反映して、改善の上作成してもらった文章が**図6-10**です。何を言っているのかわからなかった冒頭3行が、読者を意識したわかりやすい表現に置き換わっていますね。また、4つのポイントにも見出しが付き、平易な言葉で伝わりやすくなっています。

上記P1の文章部分を改善した文章を作成してください

以下に、上記のPDFのP1部分の文章を簡潔で分かりやすく改善したバージョンを作成しました。

令和7年度 予算概算要求・機構定員要求・税制改正要望の概要

I 予算概算要求の概要

令和7年度の予算要求では、「デジタル社会の実現に向けた重点計画」と「国・地方デジタル共通基盤の整備・運用に関する基本方針」に基づき、以下の施策を推進します。

- **マイナンバーカードの利便性向上**：行政サービスや民間サービスとの連携を強化し、マイナンバーカードの利便性と利用シーンを広げます。
- **準公共分野のデジタル化**：デジタル原則に基づき、規制の見直しを進め、デジタル化を推進します。
- **政府システムの整備**：各省庁が共通で利用するシステムの最適化や、地方公共団体の業務システムの統一・標準化を支援し、効率的な行政運営を目指します。
- **マイナポータルの利用拡大**：オンライン申請機能の充実やスマートフォンへの対応を図り、利便性を向上させます。

また、デジタル庁の業務を支えるため、体制を強化し、効率的なデジタル社会の実現に向けた基盤整備を進めます。

図6-10 Creative Writing Coachが改善してくれた文章

文章が苦手という方は、ぜひ、プライベートコーチとしてCreative Writing Coachを活用してみてください。ドキュメントを作成するたびに指導してもらうのを習慣にすると、みるみるライティングスキルが高まると思います。

画像生成AI

ここからは、「画像生成AI」について解説します。テキスト入出力が主体だったChatGPTがマルチモーダルとなり、その中でも画像の読み込みと画像生成は生成AIの用途をぐっと広げる機能となっています。得意なことと苦手なことがありますので、なぜ得意不得意があるか仕組みを理解しておきましょう。

GANsに続いて生成AIモデルが台頭

AIが画像を生成する技術は、2018年のAIブームの際はDeep Learning技術を使った敵対的生成ネットワーク（GANs: Generative Adversarial Networks）が主流でした。フェイク画像やフェイク動画の多くはこの技術をベースにしており、「これからの時代は本物か偽物か見分けが付かなくなりそう」と心配する声も多く聞かれました。

一方、最近ブームとなっている生成AI（Generative AI）も、実は画像生成の達人です。Transformer技術を使って言語を極めていくにつれて、文章だけでなく、プログラミングコードや音楽、画像なども生成できることが発覚しました。生成AIの画像生成は、DALL-Eなどのようにテキストを入力するだけで画像を作ってくれるのが特徴で、誰でも簡単に扱える魅力があります（**図6-11**）。

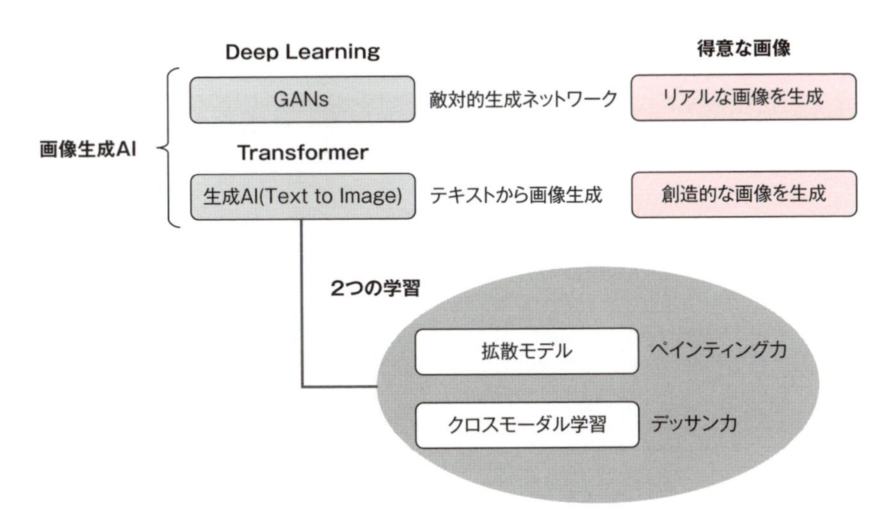

図6-11 画像生成AIの 2 方式

GANs Vs. 生成AI

表6-1に、GANsと生成AIの比較をまとめました。以降でこれを説明します。

- **ベースとなる技術と内容**

GANsの技術は、Deep Learingがベースです。GANsは生成器（Generator）

と識別器（Discriminator）が敵対的関係で学習する技術で、よく泥棒と警察に例えられます。

基本的な仕組みを説明しましょう。生成器（泥棒役）が本物に似せた画像を生成し、識別器（警察役）が本物か偽物かを見分けます。識別器の判定結果が間違った場合（生成器の作ったものを本物と判断）は識別器を改良し、正解だった場合（生成器の作ったものを偽物と判断）は生成器を改良します。このトレーニングを繰り返すことで、識別器の識別能力が上がると同時に、生成器の偽物作り技術も上がります。つまり生成器と識別器が切磋琢磨して互いにレベルアップすることで、最終的に生成器が"本物そっくり"を作れるようになるのです。

一方、生成AIの技術は、第2章で解説したTransformerです。GANsが生成器と識別器のコンビの技術なのに対し、こちらのコンビはエンコーダーとデコーダーです。

表6-1 画像生成におけるGANsと生成AIの比較

	GANs	生成AI
ベースとなる技術	Deep Learning（GANs）	Transformer
技術の内容	生成器と識別器が切磋琢磨しながらリアルに近いものを生成する能力を高める	クロスモーダル学習でテキストに関連した画像要素を順番に生成していく
代表的なプロダクト（提供元）	StyleGAN2（NVIDIA） ProGAN（NVIDIA） BigGAN（DeepMind）	DALL-E3（OpenAI） Stable Diffusion（Open Source） Midjourney（Midjourney.inc）
適用分野	（リアリスティック） 高解像度のリアルな画像生成	（創造的、アート分野） デザインやイラストなどのクリエイティブ分野
ユーザー層	一般ユーザー	一般ユーザー、クリエイター

・代表的なプロダクト

GANsは世界中で研究されていて、種類が非常に多くあります。表ではNVIDIAのStyleGAN2やDeepMind社のBigGANを代表的なプロダクトとして挙げています。

もう一方の生成AIも、いろいろなプロダクトが次々とリリースされている状況です。

ここでは、OpenAIのDALL-E3や、オープンソースのStable Diffusionなどをピックアップしました。

- **適用分野とユーザー層**

GANsは、本物そっくりの画像や動画を作成することがありますが、トレーニングは専門家が行う必要があります。実行時は、ユーザーがアップロードした画像にそっくりの画像を作成したり、メガネをかけたり、服を着せたりなどの操作が行えます。

生成AIのクロスモーダルトレーニングも、専門家が大量のデータをもとに学習させる必要がありますが、実行時は、ユーザーが指示したテキストにもとづいた画像を簡単に生成できます。テキストで自由に欲しい画像をリクエストするだけなので、GANsに比べて応用範囲が広く、ここに来て急速に利用が拡大しています。

生成AIが画像を生成できるわけ

ところで、"次の単語予測名人"である生成AIが、単語ではなく画像も生成できるのはなぜでしょうか。実は人間が絵の勉強するのと同じように、ちゃんと絵を描く勉強を行っているからです。

生成AIの2つの学習

人間が絵を上手く描くためには、色彩や筆遣いなどのペインティング力を身に付けた上で、デザインや構図などを創造するデッサン力を磨く必要があります。

生成AIも同じで、これらの能力をそれぞれ高めるために2つの学習を行います。1つは拡散モデルという学習で、これは絵を描く基礎となるペインティング力（色彩感覚、筆遣い、素材の理解、表現力など）を高める学習です。

もう1つはクロスモーダル学習（テキストと画像をペアで学習）で、こちらはデッサン力（デザイン感覚、構図、コンセプト力、ストーリー性など）を磨く学習です。

NOTE

画像生成AIのネーミング

Deep Learningを使った画像生成技術をGANsと呼びましたが、それに対してTransformerを使った画像生成技術（実はこっちもDeep Learningも使っている）を何と呼ぶかがちょっと悩ましいところです。上記では生成AIという名前を使いましたが、広義ではGANsも生成AIなのでへんてこな感じなのです。

敢えて呼ぶなら、一番の特徴に着目して「テキストから画像生成モデル（Text to Image Model）」というくらいでしょうが、これも幅の広い言葉なので、本書では生成AIという名前を使っています。

拡散モデル（Diffusion Model）

拡散モデルは、描画の基礎力を身に付ける学習モデルです。何事も基礎力を付けるには地道な勉強を繰り返すことが重要ですが、拡散モデルもまさにそのような勉強を繰り返しています。

・2つのプロセスを繰り返し実行

拡散モデルは、**図6-12**に示す2つのプロセスを延々と繰り返して、描画力を高める学習モデルです。

前処理（フォワードプロセス）では、元の画像に対して徐々にノイズを加えて行きます。ノイズを加え続けると元の画像は少しずつ変化していき、最終的には完全にランダムなノイズ（ぐちゃぐちゃ）になります。

後処理（リバースプロセス）では、ノイズを段階的に除去して元の画像に近づけていきます。最初のうちは、まだ十分に訓練されていないのですぐに復元を断念します。これ以上無理かどうかは、損失関数（元の画像と今の画像との誤差）が収束したことで判断します。そして、また最初の画像からノイズの付加を始めます。これを延々と繰り返すと、次第にノイズを除去して元の画像に近づける能力がアップするのです。

・**2つのプロセスで何を学習するか**

拡散モデルは、この賽の河原のようなプロセスを繰り返して何を学ぶのでしょうか。

フォワードプロセスでは、数百から数千回もこのプロセスを繰り返すことで、画像の変化パターンのバリエーションを学びます。こんな感じでノイズを加えるとこんな画像になるというパターンを経験するのです。

一方、リバースプロセスでは、ノイズを除去して元の画像に近づけていくテクニックを学習します。バリエーションを学んだからこそテクニックが向上し、ノイズを効率的に除去する能力が高まって行きます。この元の画像に近づけていくテクニックこそが、ペインティング力（こんなふうに塗るとこうなる）強化になるのです。

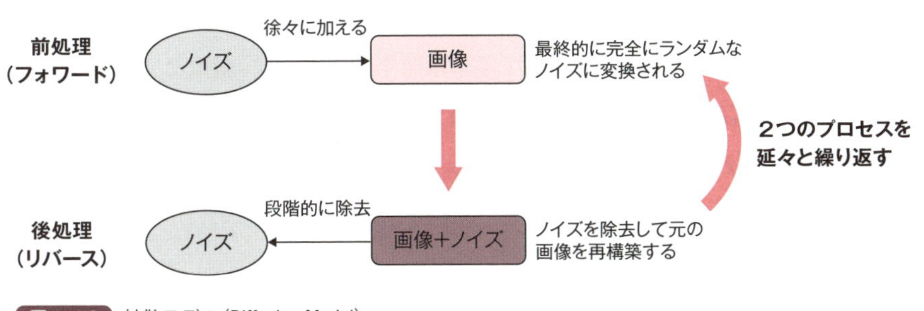

図6-12 拡散モデル（Diffusion Model）

クロスモーダル学習

拡散モデルは描画テクニックを高めることができますが、与えられたテキストをもとにした絵を創造する能力は別のものです。街角の絵描きさんでしたら、筆遣いがどんなにうまくても、「空を駆けるペガサスを描いて」と言われて、驚嘆してもらうような図柄が描けなければ商売になりません。

このデッサン力を付けるのがクロスモーダル学習です。実は、この仕組みが次の単語を予測する生成AIと共通なので、生成AIは画像を生成することができるのです。**図6-13**を参考にしながら解説しましょう。

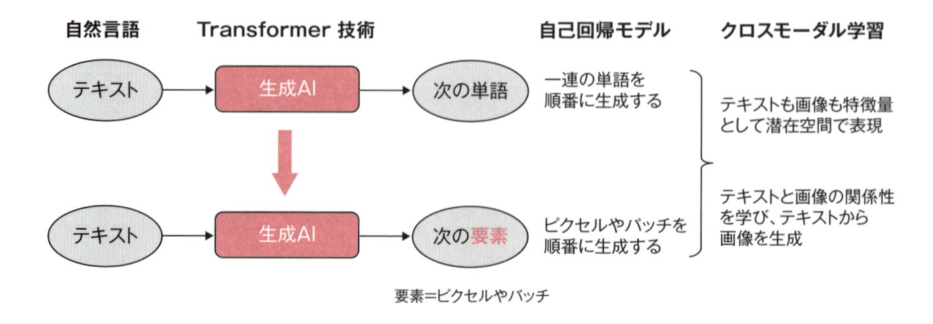

図6-13 クロスモーダル学習

・**自己回帰モデル**

生成AIが画像を生成するのは、次の「単語」ではなく、次の「要素」を予測するという概念です。ここでの要素とは画面のピクセルやパッチ（複数のピクセルの集合）です。

原理は次の単語予測モデルと一緒です。単語予測モデルは、膨大な文章を学習し、あるテキストから次の単語を順番に予測生成する自己回帰モデルです。この単語を画像に置き換えて学習します。膨大な文章と画像のペアを学習して、あるテキストから次の要素（ピクセルやパッチ）を順番に予測生成するわけです。

・**特徴量と潜在空間**

AIの世界では、テキストはテキストのままでは扱えません。テキストは特徴量としてベクトル化されて多次元空間（潜在空間）の位置で表現されます。つまり、潜在空間において次元ごとのベクトル情報でどのような単語かが決定されます。

この仕組みは、画像でも同じです。各ピクセルの色情報（RGB値）、形状、テクスチャ（見た目など）などが次元であり、画像は特徴量としてベクトル化されて多次元空間（潜在空間）の位置で表現されます。

・**クロスモーダル学習**

画像生成では、テキストと画像をペアでトレーニングするクロスモーダル学習が使われます。例えば、「犬がソファで丸くなっている」というテキストと、そのシーンを表す画像のペアを大量に学習することで、テキストと画像の関係性を理解します。これはテキストと単語の関連性のAttentionと同じで、クロスモーダルAttentionと言います。　その結果、テキストを入力すると、それに適合した画像を生成できるようになるわけです。

主な画像生成AI

現在、よく利用されている画像生成AIは何でしょうか。ChatGPT-4oとGeminiに挙げてもらいましょう。

表6-3は、この2つの生成AIに対して、次のようなプロンプトで、現在よく利用されている画像生成AIを挙げてもらったものです。

> 「現在、生成AIを使った画像生成AIでよく使われているものを、8つくらいランキングを付けて表にまとめてください。名前と提供元と特徴を示してください。」

今回の質問は1回だけです。特徴は両方が挙げてくれたものを私が短くまとめています。こんなふうに、「何が人気があるか」「何が流行っているか」などの質問は、複数の生成AIに尋ねると違った回答が得られて、判断の幅が広がります。

画像生成AIの作品鑑賞

どのみちアウトプットは画像なので、論より証拠ということで実際に生成してもらった作品を見比べてみましょう。**図6-14**はいろいろな画像生成AIに下記の同じプロンプトでイラストを作成してもらったものです。複数生成してくれた場合は、私が一番良さそうなものを選んでいます。

表6-3 主な画像生成AI

画像生成AI	提供	特徴	ChatGPT	Gemini
Midjourney	Midjourney, Inc.	アートやデザイン分野で人気が高い。	1	2
DALL-E3	OpenAI	リアルな画像からアート作品まで幅広い表現に対応	2	3
Stable Diffusion	Stability AI	オープンソースの画像生成モデル。	3	1
Leonardo.AI	Leonardo.AI	ゲームアートやキャラクターデザインに特化。	4	
Runway ML	Runway, Inc.	映像や3Dなど画像以外にも対応し、リアルタイムの生成が可能。	5	5
DreamStudio	Stability AI	Stable Diffusionを利用したWebアプリ。	6	
Artbreeder	Artbreeder, Inc.	ジェネレーティブアートと写真の合成に特化。	7	
Craiyon	Hugging Face	DALL-Eのオープンソースバージョン。	8	6
Adobe Firefly	Adobe	Adobe Stockの画像を活用でき、著作権の懸念がない		4
NightCafe Studio	NightCafe Studio	さまざまなアートスタイルを模倣した画像生成が可能。		7
Artbreeder	Artbreeder	画像を組み合わせて新しい画像を生成する遺伝的アルゴリズムを採用。		8
Imagen3	Google	テキストレンダリングができる画像生成AI。生成された画像にはAI生成画像とわかるように電子透かしが自動的に埋め込まれる		

※ 数値は順位

「漫画イラストを作成してください。28歳の女性が暖かそうな服を着て高層マンションのリビングルームにあるソファでくつろいでいます。傍らには2歳になるコーイケルホンディエが寄り添って尻尾を振っています。窓の外は雪が降っています。」

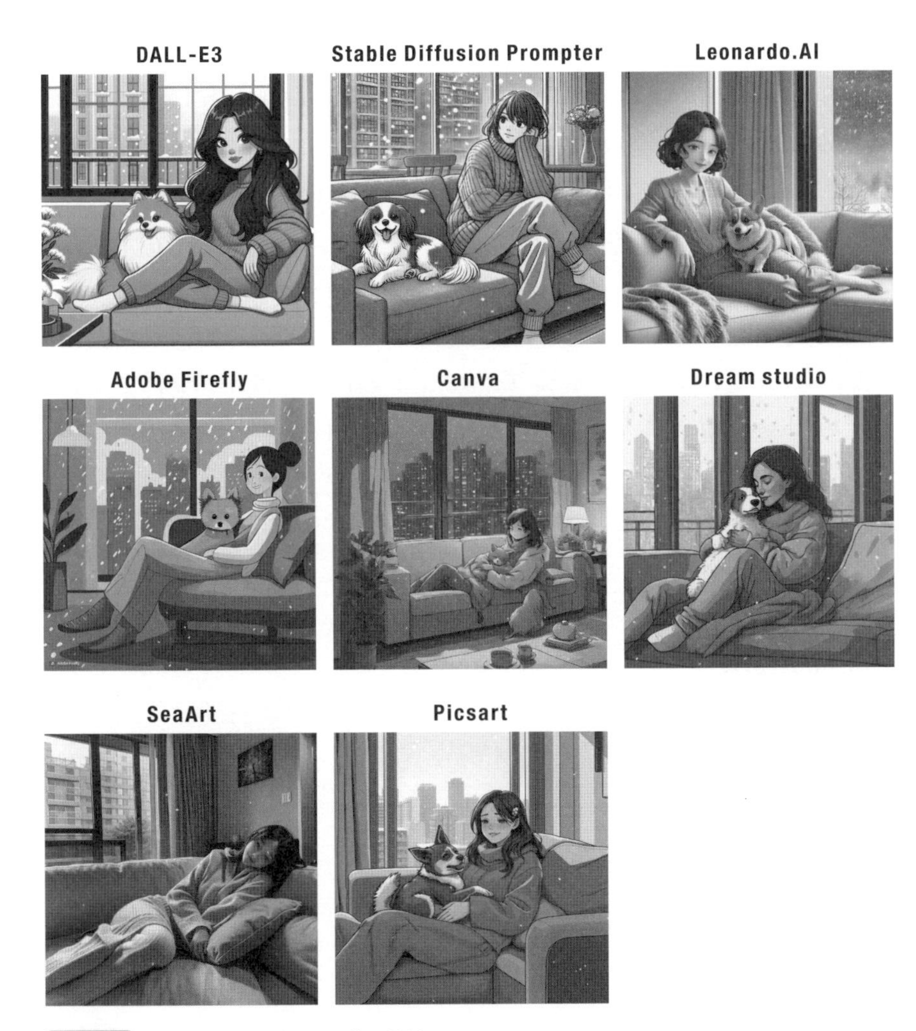

図6-14 画像生成AIで生成した画像の比較

DALL-E3

ChatGPT-4oはマルチモーダルなので、上記のプロンプトを発行すると背後にあるDALL-E3を使って画像を生成してくれます。DALL-E3はリアルな画像が得意ということもあって、単に「イラスト」と指定しても写真っぽいものが作成されます。そこで、**図6-14**のようなイラストが欲しい場合には、「漫画イラスト」と指定するのがコツです。

Stable Diffusion Prompter

ChatGPTのカスタムGPTに、Stable Diffusion Prompterがあります。これはStable Diffusionをモデルとし、プロンプトを構造化して理解しやすくしているものです。これが作成してくれた画像は、ちょっと部屋の中にも雪が舞っていますが、なかなか柔らかい雰囲気のイラストだと感じました。

Leonardo.AI

Leonardo.AIは、ホームページでアカウントを作成して無料で利用できます。プロンプトを投げたところ、なかなか艶っぽい4つのイラスト画像を生成してくれました。デザイナーさんと仕事をしていると、複数のデザイン案を作成してくれることが多いのですが、画像生成AIもそのように複数作成してくれるタイプが多いようです。

Adobe firefly

Adobe fireflyは、Photoshopやillustratorなどのサービスを提供するAdobe社の画像生成AIです。業界トップクラスであるAdobe Stockから利用許可されている画像を使っているため、著作権トラブルの心配がないメリットがあります。このイラストの作風は、昭和の漫画っぽい感じになっていて面白いです。

Canva

Canvaは、オーストラリアのCanva Pty社が提供するデザインプラットフォームです。ビジュアルなビジネス文書を作成したり、画像や動画を編集できる総合デザインツールで、ブラウザやアプリで利用できます。たくさんある機能の1つとして画像生成AIのMagic Media機能が搭載されました。こちらはコーイケルホンディエを知らないようでしたが、画像だけでなく短い動画を簡単に生成できる機能もあります。

NOTE

出来不出来のばらつき

図6-14の画像には、「犬がいない」「犬種が違う」「部屋の中に雪が降っている」「漫画イラストでなく実写っぽい」など、プロンプトの指示通りでないものもあります。しかし、この画像だけを見て生成AIの出来不出来を判断するのは早計です。同じ生成AIに同じプロンプトを再発行しても、そのたびに生成される画像は毎回異なり、犬が子供になったり、ちゃんと雪が外に降ったりとばらつきが生じます。

通常、デザイナーさんに依頼する場合、何枚か作成してくれた案に「ここをもう少しこうして」という感じで注文を付けます。必ずしも一発でイメージ通りのものが上がってくるわけではないのですが、相手が人なので何度も依頼しにくい面もあります。AIならば遠慮なく繰り返し指示して、自分のイメージに近いアウトプットを待つこともできます。

ただし、現時点の生成AIは、「ここをもう少しこうして」というように作成してくれた画像に対する編集指示は苦手です。毎回、イチから作り直しという感じになるので、なかなかイメージ通りのものを作ってくれません。じきにそのような編集能力も強化されるでしょうが、その暁には、デザイナーの役割もプロンプトデザイナー的なものに変わっていくのかも知れません。

Dream Studio

Dream Studioは、以前は日本語プロンプトに対応していなかったため、プロンプトを英語に翻訳してから投げる必要がありました。しかし、今回試してみると、日本語のプロンプトを自動的に英語に変換して画像を生成してくれました。

画像生成AIは世界中で急速に増え続けており、日本語プロンプトに対応していないものも多くあります。しかし、入力したプロンプトを前処理で英語に翻訳してから投入するだけなので、早晩、各サービスともこのようにマルチ言語対応になっていくでしょう。

SeaArt

SeaArtは、シンガポールにある若いスタートアップ、STARCLUSTERPTEが提供する生成AIです。日本語対応しており、クオリティの高い画像を生成するということで人気があります。今回のプロンプトにおいては、"漫画のイラスト"や"コーイケルホンディエが寄り添って"という指示がスルーされていますが、どちらかというと萌える系の人物やアニメキャラに特化している印象です。こちらも生成された画像をもとに動画を生成することもできます（ショートバージョンとロングバージョンを指定可能）。

Picsart

Picsartは、2011年に米国フロリダで設立されたPicsart社の画像編集ツールです。アプリですがブラウザからでも利用可能で、機能の1つとしてAI画像ジェネレータが搭載されました。以前試したときは犬がいませんでしたが、今回はちゃんとコーイケルホンディエを理解してくれています。

Imagen3

Imagen3（イマジェン・スリー）は、Googleが開発した画像生成AIで、2024年10月からGemini Advanced（Geminiの有料版）でも利用可能となりました。ChatGPT PlusのDALL-3と同じように、対話のなかで画像生成を依頼すると、Imagen3が起動して画像を生成してくれます。

図6-15は、Gemini Advancedに依頼して作ってもらったイラストです。この画像も完成度が高いですね。Geminiの無料版では使えませんが、AI Test Kitchen

というサイトにアクセスすると、Image-FXというサービス名で、無料で画像を生成してくれます（執筆時点ではプロンプトを英語にする必要があります）。

ここではイラストですが、実はリアル写真と見紛うほどのきれいな画像を生成できます。また、プロンプトの理解が上手などの特徴のほか、吹き出しや文字を自然に組み込むテキストレンダリングに優れていると言われています。

図6-15 Imagen 3 で生成した画像

さて、みなさんはどの画像が気に入りましたか。どの生成AIも、もっと漫画っぽくとか、もっと柔らかくとか注文すると、みるみるタッチを変えてくれるので、いろいろな画像を試しに作ってみてください。

画像の編集の実践

上記のNoteで画像生成AIは、「画像の編集は苦手」と書きました。実際、どれくらいの実力なのかDALL-E3を使って試してみましょう。

似た画像を作成依頼

図6-16は、ChatGPT-4o（DALL-E3）に画像を入力して似たようなイラストを生成してもらったものです。画像を見比べてください。雰囲気は似ていますが、元の画像とはだいぶ違いますね。

DALL-Eは、画像の編集（Edit）はできないので、入力された画像をいったん画像認識（Image Recognition）により解析し、読み取ったテキストをもとに画像を生成しています。

【プロンプト】下記のようなイメージのオーロラのイラストを生成してください

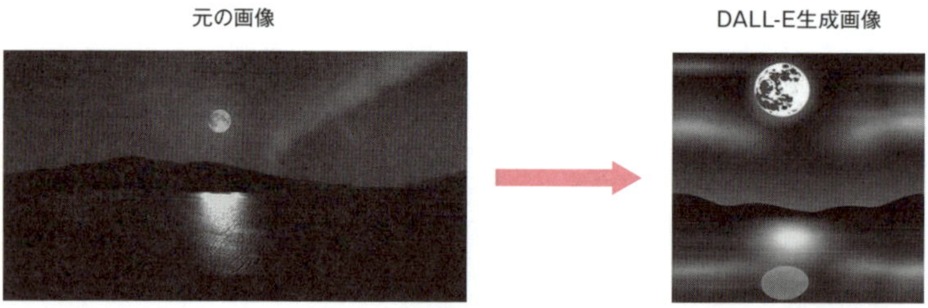

元の画像

DALL-E生成画像

図6-16 DALL-Eに画像を入力して画像を生成

入力した画像をどのように画像認識しているのでしょう。直接聞くのが手っ取り早いですね。「この画像はどのような光景ですか?」というプロンプトで尋ねてみると、AIがどのように画像を解析しているかが伺えます。

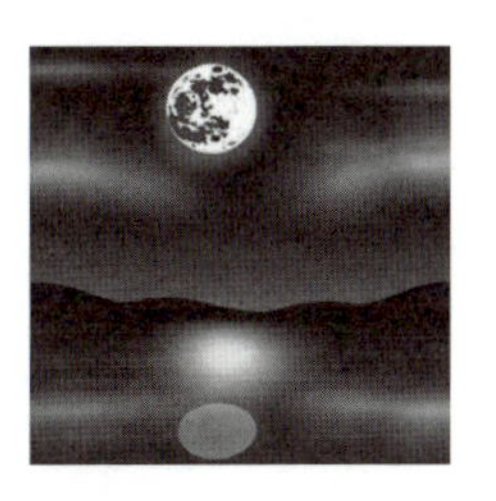

AIが認識している
画像の内容

【プロンプト】この画像はどのような光景ですか？

この画像は、夜の風景を描いた美しい自然の光景です。暗く静かな夜空には満月が輝き、その光が湖面や海面に反射して柔らかな輝きを放っています。満月の周囲には、淡いオーロラの光が空を横切っており、神秘的な雰囲気を醸し出しています。
湖や海の水面は、静かに波打ち、その上に月の光が銀色の光となって映えています。背景には暗い山々のシルエットが浮かび上がり、夜の静けさが強調されています。周囲には人工物が一切見当たらず、手つかずの自然が広がっていることが伺えます。
全体的に、冷たさと静寂さを感じさせる光景であり、満月とオーロラが織りなす幻想的な美しさが際立っています。北極圏や北欧のような高緯度の地域で見られる、特別な夜の風景だと思われます。

図6-17 AIが認識している画像の内容

AIの回答は、**図6-17**のとおりで、要約すると次のような光景になります。

> 「暗く静かな夜空には満月が輝き」「満月の周囲には淡いオーロラの光」「光が湖面や海面に反射」「背景には暗い山々のシルエット」

AI内部ではもっと情報は多いと思われますが、このような解釈に沿って忠実に画像が生成されていることがわかりますね。

このような解釈をもとに画像を生成していると知ることは、画像生成AIを使いこなすヒントになります。プロンプトをどのように描写すると、どのような画像が生成されるのか、その関係を掴むことができます。

図版の作成

もう1つ残念なケースも紹介しましょう。手書きで書いた図を良い感じで図版に起こしてくれるととても助かりますね。ChatGPT-4oがマルチモーダルになって、

DALL-E3を使って直接画像生成ができるようになったのでトライしてみます。

図6-18のような図を書いてスマホで撮影したファイルをアップし、下記のプロンプトで作図を依頼してみました。日本語フォントも忘れずに添付しています。

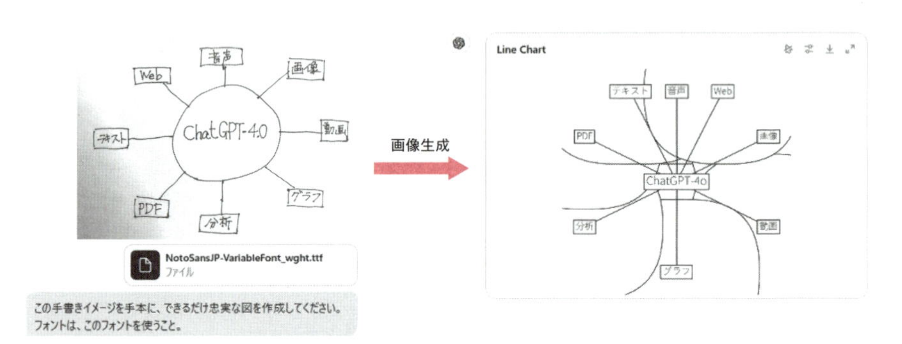

図6-18 手書きイメージをもとにした図版の作成

> <依頼プロンプト>
> 「この手書きイメージを手本に、できるだけ忠実な図を作成してください。
> フォントは、このフォントを使うこと。」

結果は、**図6-18**の右のような図が作成されてしまいました。う〜ん、これでは使えないので、何回かやり取りして手直しさせたのですが、なかなか期待したものを作ってくれません。DALL-E3が画像編集はできないのと同じく、ChatGPT-4oによる図版起こしも、まだ発展途上というところなのでしょう。

画像生成AIの限界

現時点では、画像生成AIは図起こしや画像の編集が苦手です。あれほど上手な画像を創作することができるのに、単純な図一つ作れないっていうのは首を傾げたくなりますね。なぜ、不得意なのか要因を説明しましょう。

図起こしが苦手

図起こし（図や表、グラフの描画）が苦手なのは、主に次の要因があります。

(1) 描画方式の違い

図や表、グラフは、人物や風景の画像と異なり、数値データや座標にもとづく構造的な要素で正確に描く必要があります。画像生成AIは、大量の画像データで描画の学習をしていますが、構造的データ要素で描くトレーニングは不足しているので、図表やグラフを正確に表現するのが難しいのです。

NOTE

表やグラフの作成

「画像生成AIは表やグラフの作成が苦手」と言いましたが、生成AIを使って表やグラフを作成してもらうことは普通にできます。同じ生成系のAIなのに、苦手と得意があるのは不思議ですが、これは生成する方式が違うからです。

画像生成AIは、人間が絵画を描くように“視覚的イメージにもとづいて”グラフや表をピクセル単位で生成します。一方、一般の生成AIは、Pythonなどのプログラミングのアウトプットとして表やグラフを生成しています。表はMarkdown形式、グラフはデータビジュアライゼーションライブラリなどを使っているので、正確な表やグラフが表現されるのです。

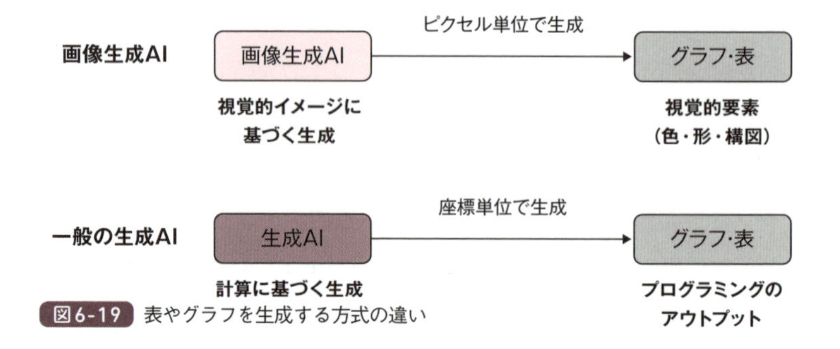

図6-19 表やグラフを生成する方式の違い

(2) 文字と画像の統合

図やグラフには、ラベルやタイトル、単位などの文字情報が含まれます。画像生成AIは、(現時点では）これを正確に配置したり大きさを調整するのが苦手です。

実は、文字は形状やラインの正確さが重要で、少しでも歪むと判読不明になります。画像生成AIは、視覚的イメージでピクセル単位で画像を描くのは得意ですが、文字の精密な形状を正しく表現するスキルは不足しています。これは、外国人が見様見真似で日本語を描くようなものです。フォントを与えてもそれをうまく統合して画像に入れる技術がないので、使い切れずにいます。

(3) 抽象化と一般化

図やグラフを描くには、「抽象化」と「一般化」のスキルが必要です。「抽象化」とは、本質的なパターンや特徴のみを認識することで、「一般化」とは抽象化で見つけたパターンやルールを他のケースに適応する能力です。

例えば、さまざまな犬の画像を学んで犬のパターンや特徴を認識するのが抽象化です。そして、それを一般化することでいろんな犬を犬として認識できるのです。

図やグラフは、数値やデータ、意味合いを視覚的に表したものです。我々は棒グラフの高さや円グラフの割合が数値と連動していることを知っています（抽象化）ので、数値さえ与えられれば、他の棒グラフや円グラフを描くことができます（一般化）。

NOTE

画像生成AIの進化に期待

Transformer技術を使った画像生成AIは、まだ誕生したばかりで急速に進化をしている最中なので、上記のような苦手は、遠からず克服されると思われます。既に画像編集や図形生成に特化した画像生成AIもいくつか誕生しており、生成された図表の後処理（post processing）や微調整を行うアルゴリズムも進化しています。

現在主流の画像生成AIも改良されて、図起こしや画像編集もできるようになると思われます。

一方、画像生成AIは、図やグラフの抽象化が十分にできていないので、いろいろな状況に適合してきちんと図やグラフを描く一般化が難しいのです。

図の編集が苦手

ある画像を編集して画像を作成するのが苦手なのは、主に次のような要因です。

(1) 編集トレーニング不足

画像生成AIの多くは、大量の画像データセットをもとに、指定されたイメージに合う画像を生成するトレーニングを行っているので、「ゼロから画像を生成する」ことは得意です。しかし、画像の一部を指定どおりに描き直すようなトレーニングを十分に行ってはいないので、編集は苦手なのです。

(2) 元の画像の抽象化が難しい

画像編集を行うには、元の画像の抽象化ができていなければなりません。例えば、猫の画像を元に「耳をもっと長くして」と指示した場合、どこが耳で（抽象化）、耳が長いという意味（一般化）を理解していなければ、正しくそのリクエストに応えることができません。

画像生成AIは、“次の要素を当てる”トレーニングで絵を描いているだけなので、こうした抽象化や一般化がきちんとできておらず、結果、ゼロから作り直すことになるのです。

この章のまとめ

本章では、以下のような内容について学習しました。

◎カスタムGPTはサードパーティや個人ユーザーが提供するもののほかに、OpenAI自身が提供するものもある
◎グラフ作成などで文字化けする場合は、日本語フォントを添付すると解消することが多い
◎画像生成AIは、従来からのGANsに加えて、生成AIで画像を作成するモデルが増えている
◎生成AIの学習は、拡散モデルでペインティングの基礎を学び、クロスモーダル学習でデッサンを学ぶ2段階である
◎イラストには写実的なものも含まれるので、漫画チックなイラストが欲しい場合は、漫画イラストと指定するのがコツ
◎画像生成AIは、同じプロンプトを投げても生成される画像が毎回異なり、出来不出来もばらつく
◎画像生成AIは、図起こしや画像編集が苦手であるが、それは抽象化と一般化のトレーニング不足だからである

画像生成AIだけでなく、ChatGPTも改良を続けています。その進化の過程でChatGPT EnterpriseやChatGPT-4o、ChatGPT-4o miniなどのラインナップが増え、これらのチャット版とAPI版もリリースされています。次章では、これらラインナップを整理して、どのような違いがあるのかを解説します。

第7章

ChatGPT-4oとChatGPT Enterpriseとmini

OpenAIは、2024年5月14日に最新モデル「ChatGPT-4o」をリリースしました。これは2023年11月にリリースされた「GPT-4 Turbo」をベースに、マルチモーダルを強化してチャットにも対応したものです。そして、2023年8月29日に企業向けに提供開始した「ChatGPT Enterprise」も、この最新モデルを搭載しています。さらに2024年7月17日には「ChatGPT-4o mini」という軽量モデルもリリースされています。本章では、個人向けの「ChatGPT-4o」「ChatGPT-4o mini」と、企業向けの「ChatGPT Enterprise」の違いを説明し、生成AIが企業で活用されていくイメージを掴みます。また「Chat」と「API」を対比して、生成AIの活用スタイルの違いを理解しましょう。

ChatGPT-4o

GPT-4oのoは「omni（オムニ）」のoで「フォー・オー」と読みます。omniという単語は“すべての”という意味ですが、multi（マルチ）と解釈する方がピンと来ます。10年近く前にeコマース関連でomnichannelという言葉が流行りましたが、これはECサイトやリアル店舗、SNSなど「個別の販売経路だったものを統合する」という戦略でした。GPT-4oのomniも同様の意味で、テキスト、画像、動画、音声、PDF、グラフ、ドキュメントなどと生成AIの「インターフェースを統合したマルチモーダル」を意味します。

「ChatGPT-4o mini」

「ChatGPT-4o mini」は、2024年7月18日にリリースされました。miniという名前の通り、従来モデル（ChatGPT-4o）より軽量なモデルです。リソースの消費が少ないため無料版で使われているほか、APIでも従来モデルの約1/30の価格で提供されています。軽量のため、従来モデルより応答速度が2倍程度速くなっていますが、回答の精度や品質は少し劣ります。

API経由であれば画像認識も可能ですが、通常のチャット利用ではできません。無料ユーザーがChatGPTを使う場合、最初はGPT-4oを使えますが、回数制限に達したときに自動的にGPT-4o miniに切り替わる仕組みとなっています。

GPT-4o miniの特徴

表7-1は、ChatGPT-4oとChatGPT-4o miniの主な特徴をまとめたものです。比較のために前のバージョンのChatGPT-4.0も並べています。この表を使ってChatGPT-4oとChatGPT-4o miniについて説明しましょう。

表7-1 GPT- 4 oの主な特徴

モデル	ChatGPT-4o Mini	ChatGPT-4o	ChatGPT-4.0
リリース	2024年7月	2024年5月	2023年7月
学習データ	2023年12月まで	2023年12月まで	2023年4月まで
無料版での使用	可能	可能（制限あり）	不可
マルチモーダル ・テキスト入力・出力 ・画像入力と・出力 ・動画入力・出力 ・音声入力・出力 ・PDF入力・出力	 ○ × × × ×	 ○ ○ ○ ○ ○	 ○ ○ × ○ ○
リアルタイム検索	なし	可能	可能
メモリ機能	なし	可能	可能
カスタム指示	簡易的に可能	可能	可能
Code Interpreter	なし	可能	可能
Function Calling	なし	可能	可能
カスタムGPT	利用のみ	作成・利用可能	作成・利用可能
多言語対応	対応	対応	対応

(1) 無料プランでも利用可能

GPT-4oの発表で一番驚いたのは、無料プランでも利用可能になったことです。これまで無料プランではGPT-3.5しか提供されず、ユーザーの多くは生成AIの価値をかなり目減りして使っていました。そして、これに飽き足りない人は、ChatGPT Plusを契約してGPT-4を利用していたわけです。今回、無料プランでもGPT-4oが利用可能になったことで、より多くの人が生成AIの本当のすごさを体感できるのです。

NOTE

ChatGPT無料版でChatGPT-4oに切り替える方法

ChatGPT無料版の上部プルダウンには、「ChatGPT」と表示されます。ここで選べるのは「ChatGPT」または有料の「ChatGPT Plus」にアップグレードするかだけで、「ChatGPT4o」か「ChatGPT4o-mini」かは選択できません。

モデルを切り替えるには、プロンプトを1回発行して、出力メッセージの最後の"切り替えアイコン"をクリックする必要があります。Autoにすれば GPT-4oを使ってくれますが、利用制限にかかると自動的にGPT-4o miniに切り替わります。

図7-1 無料版でChatGPT- 4 oに切り替える方法

(2) GPT-4oの利用制限

無料版で一番ひっかかるのは、GPT-4oの利用制限です。執筆時点（2024年12月）では、有料プランの制限は3時間で80件のメッセージ送信回数なので、ほとんど意識しないで使えます。無料プランの制限回数は明記されていませんが、3時間で10件くらいと言われています。ただ、実際に使ってみた感触では、もっと制限が厳しくて、「すぐにひっかかってしまうな」って感じました。

制限を超えると**図7-2**上のように「GPT-4oのFreeプランの制限に達しました」

というメッセージが表示され、しばらくの間はChatGPT4o-miniしか使えません。一定時間後（このメッセージだと約4時間でしたが、もっと長い時もあります）にリセットされます。

ChatGPT-4oの利用制限

GPT-4o. の Free プランの制限に達しました。 制限が 15:37 以降. にリセットされるまで、回答では別のモデルが使用されます。	Plus を入手する	×

GPTの利用制限

GPT 使用の制限に達しました。 ChatGPT Plus にアップグレードするか、22:11 以降.にもう一度お試しください。	Plus を入手する

図7-2 無料版（Free プラン）の利用制限メッセージ

(3) マルチモーダル（Multimodality）

omniと名前に付けているくらいなので当然ですが、GPT-4oは画像の入出力、音声の入出力など、マルチモーダル対応が強化されています。第5章でプラグインやカスタムGPTを使ってPDFや画像、動画、音声、Webページなどマルチモーダルな入出力ができることを解説しました。GPT-4oは、このような拡張機能を使わなくても、直接マルチモーダルなアクセスができるようになっています。一方、miniの方はマルチモーダル対応ができません。

(4) リアルタイム検索

リアルタイム検索は、第5章のカスタム指示で説明した機能です。自分でネット検索するよりも生成AIがいい塩梅でネット検索して答えてくれるので、私は最近の情報に関しても、ネット検索ではなく生成AIで調べることが多くなっています（ガセネタに気をつける必要はありますが）。

Googleの生成AI「Gemini」は無料版でもこのインターネット検索機能を搭載しています。Bing検索ではなくGoogle検索なので、個人的にちょっと安心感があります。例えば「パリパラリンピックで日本が獲った最初の金メダルは何の種目ですか」とGeminiに尋ねると、「2024年パリパラリンピックで日本が最初に獲得した金メダルは、水泳の鈴木孝幸選手でした。」と答えてくれます。一方で、miniはリアルタイム検索機能がないので、この質問に答えられません。

(5) リアルタイム会話(Real-Time Conversational)・感情分析

GPT-4oは、これまでよりさらに人間に近いやり取りができるように対話能力が強化されており、これを「リアルタイム会話」と名付けています。人の会話は、急に話が飛ぶとか黙り込んでしまうとか多々ありますが、GPT-4oはそのような自然な会話への対応力がUPしています。

音声入力への応答時間も短くなり、人間の返答スピードに近づいています。さらに、プラグインで用意されていた感情分析を標準搭載しました。マルチモーダルになると扱うデータが音声や画像に広がりますが、ユーザーの声や顔の表情などを分析して相手の感情を推し測った応答を返すことができそうです。まさに、人間が日々行っているような会話ですね。

(6) メモリ機能

人間同士の場合、お互いがこれまでに会話した事柄のうち印象に残ったり、(無意識に)覚えておくべきと思った内容を記憶しています。この人は、子供好きだけどちょっと恐妻家、子供が2人いる、カレーライスが好きでよく1人で食べ歩いているなど、その人のプロフィールが自然と頭の中に残っています。

ChatGPTのメモリ機能も一緒です。これまでのチャットのやり取りを通じて、私がどのようなキャラクターで、どんなことに関心があるかを記憶していて、その情報を活用して私が好む回答をしてくれます。

メモリ機能はデフォルトがオンです。**図7-3**のようなChatGPTの設定メニューからオフにしたり、メモリごとの管理(削除)をしたり、メモリクリアを行うことができます。

また、ChatGPTに対して「あなたは、どのような内容をメモリしていますか?」と聞くと、職業や関心分野、過去のリクエスト、好む応答スタイル、など記憶している内容を回答してくれます。 メモリ機能はChatGPT4oだけでなくChatGPT4o-miniでも利用できますので、無料版ユーザーでも回答してくれます。

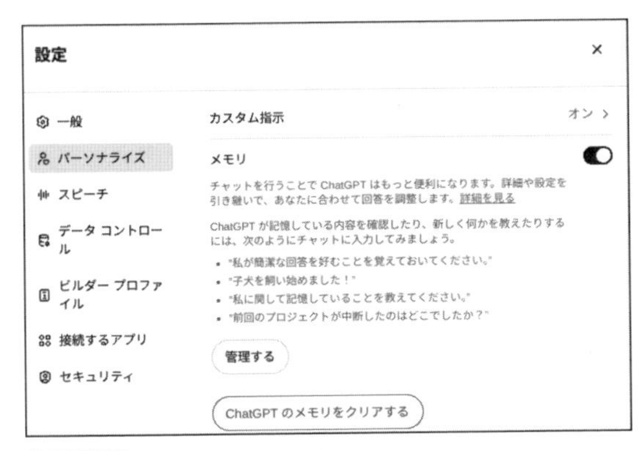

図7-3 ChatGPTのメモリ機能

(7) カスタム指示

無料版でChatGPT4o-miniを使っているユーザーでも、カスタム指示が利用可能です。図7-4は、ChatGPT4o-miniのカスタム指示の設定画面です。有料ChatGPT4oのカスタム指示画面と同じく、「自分について知っておいてほしいこと」と「どのようにChatGPTに回答してほしいか」の設定があります。

図7-4 ChatGPT- 4 o miniのカスタマイズ指示

(8) カスタムGPT

図7-1のChatGPT-4o miniにも「GPTを探す」というメニューがあります。クリックするとカスタムGPTのページが表示され、有料版と同じようにカスタムGPTを検索して利用することができます。

ただし、無料版ではGPTの使用制限にすぐにひっかかります。ちょっと使っているとすぐに図7-2下のようなメッセージが出てきますので注意してください。

(9) 多言語対応・リアルタイム翻訳

GPT-4も多言語対応でしたが、GPT-4oではさらに多くの言語がサポートされ、現時点で100以上の言語に対応したポリグロット（Polyglot）になっています。また、翻訳の品質が向上し、リアルタイム性も強化されているので、音声やテキスト、画像の中の文字を翻訳して自然に対話できるように機能UPしています。

「チャット」と「API」

第1章でGPTシリーズの性能強化に伴って、「チャット」と「API」でそれぞれ進化していることをお伝えしました。ここで両者の違いをおさらいしましょう（図7-5、図7-6）。

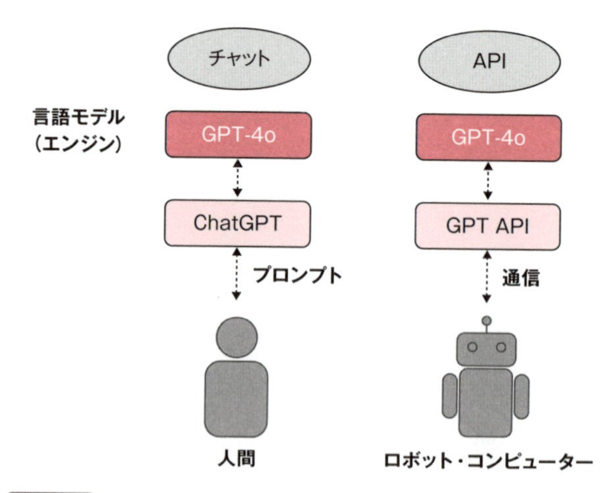

図7-5 チャットとAPI

- **言語モデル**

言語モデルは、大量のデータを使って学習させた大規模言語モデル（LLM）そのものです。　言語モデル（エンジン）　は、GPT3.5→GPT-4→GPT-4 Turbo→GPT-4oと進化しており、最近では軽量版のGPT-4o miniも登場しています。そして、その世代に合わせてチャットとAPIそれぞれで提供されるサービスがバージョンアップされるのです（TurboはAPIだけ提供でした）。

- **チャット形式**

GPT-3.5をベースにチャット形式で世の中に公開した最初のモデルが、2022年11月にリリースされたChatGPTです。無料で公開されていることもあって、これが今回の生成AIブームの火付け役となりました。

GPT-4をベースに2023年2月にリリースされたのがChatGPT Plusで、こちらは月22ドルの有料版です。ChatGPT3.5と比べて格段に優れており、ビジネスで使うならもうChatGPT3.5には戻れないと感じました（月22ドルはそれなりの出費ですが）。

2024年にリリースされたGPT-4oは、無料版ChatGPTでも（回数制限がありつつも）利用可能になっています。Google Geminiの無料版もそれなりの性能を発揮してきているので、個人ユーザーなら有料版を使い続けるかちょっと迷う局面にもなってきました。

- **API形式**

チャットもAPIも、大規模言語モデル（LLM）がエンジンである構造は一緒です。両者の違いはインターフェースで、チャットが「人間がキーボードや音声入力でパソコンと」やり取りするのに対し、APIは「ロボットやコンピューターがAPIを使った通信で」やり取りします。

NOTE

APIとは

API はApplication Programming Interfaceの略で、異なるソフトウェア同士が情報をやり取りするために、サービス側が提供する窓口です。

例えば、気象データを提供するサービスがAPIを公開しているとしましょう。APIで定められているフォーマットに従って、「この場所のいつ時点の天気情報をほしい」というリクエストを通信で送ると、ほしいデータを決められたフォーマットで取得することができます。

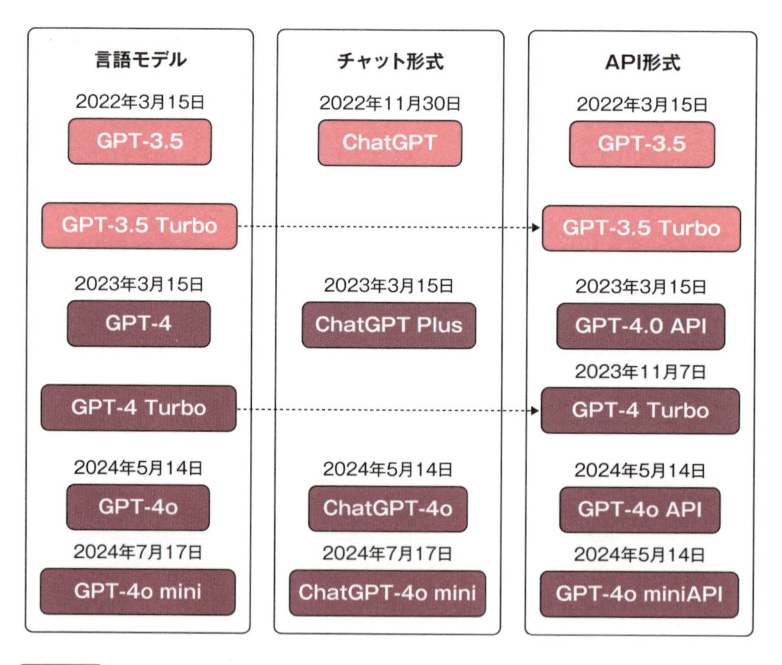

図7-6 チャットとAPIの進化

APIの進化

一般にチャットやAPIのバージョンアップは、エンジンの性能向上だけでなく、付帯するサービスも充実させます。GPT-4oが出るまでのAPI最新版は「GPT-4

表7-2 GPTシリーズのAPIの比較

モデル	GPT-4o Mini API	GPT-4o API	GPT-4 Turbo
初期リリース	2024年7月	2024年5月	2023年11月
学習データ	2023年12月	2023年12月	2023年4月
入力可能トークン数	128,000	128,000	128,000
出力可能トークン数	16,384	16,384	4,096
応答速度	GPT-4oの2倍	Turboの2倍	高速
マルチモーダル ・テキスト ・画像入力・出力 ・動画入力・出力 ・音声入力・出力 ・PDF	 ○ △（認識のみ） × × ×	 ○ ○ × ○ ○	 ○ ○ × ○ ○
リアルタイム検索	なし	可能	可能
多言語対応	多言語対応	多言語対応	多言語対応
料金（コンテキスト） ・入力 ・出力	100万トークン： 0.15ドル 0.6ドル	100万トークン： 2.5ドル 10ドル	100万トークン： 10ドル 30ドル
料金（バッチAPI） ・入力 ・出力	100万トークン： 0.075ドル 0.3ドル	100万トークン： 1.25ドル 5ドル	100万トークン： 10ドル 30ドル

Turbo」でした。これは2023年7月にリリースされた「GPT-4API」を進化させたもので、入力できる文字数や応答速度、マルチモーダル機能などが強化されました。

ChatGPT-4oの登場に伴い、APIの方も「GPT-4o API」がリリースされました。**表7-2**にこれらの比較をまとめました。

これを見ると、「GPT-4o API」は「GPT-4 Turbo」と中身はほぼ同じで、目玉機能であるマルチモーダルやリアルタイム検索、多言語対応などはすでにTurboでも実装されていることがわかります。GPT-4o APIは、これに対して、応答速度が2倍になっているのにコストが大幅に安くなっている嬉しい提供であります。

- **トークン**

トークンは、NFT（非代替性トークン）や暗号通貨トークンなど幅広い使い方をされる言葉です。言語モデルにおいては、トークンは文字や単語の量を表す単位として使われます。

英語の場合は単語単位で、1単語1トークンでカウントされます（カンマやピリオドも1トークン）。一方、日本語の場合は文字単位で、ひらがな1文字が1〜2トークン、漢字1文字が2〜3トークンです。例えば、「あ」や「い」は1トークンですが、「ょ」や「ぱ」は2トークンになります。

仮に1文字平均1トークンとすると、GPT-4 APIの上限は約32,000文字です。1ページ400字で計算すると80ページ相当ということになります。GPT-4o APIのトークン数はこの4倍ですから、だいたい320ページくらいのドキュメントを読めることになります。

なお、トークン数はOpenAIがWebで公開しているトークナイザー（tokenizer）で確認できます。

- **料金**

APIは従量課金で、システムと連携して利用するため、利用コストを意識する必要があります。通常、実現したいアプリケーションでどのくらいトークンが発生するか、シミュレーションしてコスト計算します。その上でアプリケーションのユーザーに利用制限を加えたり、利用量に応じた従量課金などの仕組みを考えるわけです。

128,000トークンで320ページと仮定した場合、GPT-4o APIでのドキュメントを読むコストを計算してみましょう。1M（メガ）＝1,000,000トークンの入力で2.5ドルなので、下記の計算で0.32ドル、レート150円で計算すると48円となります。

320ページの入力：128,000トークン／1,000,000トークン×2.5ドル＝0.32ドル

- **APIの種類**

GPTのAPIは、頻繁に最新版がリリースされ、トークン数や価格が改定されています。OpenAIのModelsというページでさまざまなAPIモデルが公開されているので、利用する際は確認してください。

https://platform.openai.com/docs/models

o1-previewとo1-mini

2024年9月12日に最新モデルの「o1-preview」と軽量版「o1-mini」がリリースされました。有料版「ChatGPT Plus」を使っている場合には、**図7-7**のように上部のモデル切り替えプルダウンメニューに表示されています。

図7-7 モデルの切り替えプルダウン（有料版）

「o1-preview」と「o1-mini」の概要

OpenAIのModelsでは、この2つのモデルを次のように紹介しています。

＜Modelsの紹介文＞

o1シリーズの大規模言語モデルは、強化学習を使用してトレーニングされ、複雑な推論を実行します。o1モデルは、回答する前に考え、ユーザーに応答する前に長い内部思考チェーンを生成します。

現在利用可能なモデルタイプは2つあります。

o1-preview：複数のドメインにわたる困難な問題を解決するために設計された推論モデル

o1-mini：コーディング、数学、科学に特に適した、より高速で安価な推論モデル

興味深いのは、紹介文の中にある「長い内部思考チェーン」というキーワードです。これは、第2章で触れた思考の連鎖（Chain of thought）のことです。思考の連鎖とは、一連の思考が連続的に展開していくことでしたね。特に問題解決や意思決定などにおいて、論理的なステップを順序立てて進めていくのに適しています。第2章で「思考の連鎖」の研究が著しいと書きましたが、ついにo1シリーズとして登場したわけです。

(1) 特徴

- **o1-preview：複雑な問題を解決することを目的**

「o1-preview」は、「思考の連鎖」により長い思考プロセスを経て回答することを目的としたモデルです。そのため、複雑な課題に取り組む場合に適しています。

相性が良いのは、戦略の立案のような意思決定プロセスです。AだからBとなり、そのためCが必要で…などと論理的な組み立てで思考し、その思考の過程も示してくれるので参考になります（この反対が天才のひらめきです）。

また、数学や物理の難解な問題を解く場合にも、1つずつ論理立てて説明することが期待されます（小学校の算数で「答えだけでなく計算の過程も書くこと」という問題があったのを思い出します）。

- **o1-mini：コードの生成やデバッグに特化**

ChatGPTは、広範な世界中の知識で学んだモデルですが、「o1-mini」はプログラミングコードの生成やデバッグに特化したモデルです。軽量なので高速でコスト効率の良いモデルです。

(2) 現状の制限

現時点では、カスタム指示やデータ分析、マルチモーダルなど多くの機能を実装していません。プレビュー（β版と同意）とあるように、とりあえず思考の連鎖の実力を確かめるという実験段階だということを理解してください。

APIでの利用

o1-previewとo1-miniは、APIでも利用可能です。**表7-3**に示すように、学習データや入力可能トークン数は変わりませんが、最大出力トークン数が「o1-preview」で「GPT-4o」の2倍、「o1-mini」は「GPT-4o mini」の4倍に増えています。その反面、料金はだいぶお高い設定になっています。

表7-3 o1-previewとo1-mini

モデル	o1-preview	GPT-4o	o1-mini	GPT-4o Mini
初期リリース	2024年9月	2024年5月	2024年9月	2024年7月
学習データ	2023年12月まで	2023年2月まで	2023年12月まで	2023年12月まで
入力できるトークン数	128,000	128,000	128,000	128,000
出力できるトークン数	32,768	16,384	65,536	16,384
料金（バッチAPI）・入力・出力	100万トークン：15ドル 60ドル	100万トークン：1.25ドル 5ドル	100万トークン：3ドル 12ドル	100万トークン：0.075ドル 0.300ドル

o1-previewの実力を試してみる

第2章で出したなぞなぞをo1-previewにも出してみました。なぞなぞというと変に勘ぐるといけないので、今回はそうと言わずに出題したのですが、結果はどうだったと思いますか。

・なぞなぞの結果

o1-previewの凄そうなところは、これまでのChatGPTと違い最初に時間をかけて考えてくれてから答えを出すところです。さらに、その最中に何を考えているのか時々刻々と示してくれます。

今回は**図7-8**に示すように8秒も考えてから答えてくれたのですが、ものの見事にひっかかってくれました。

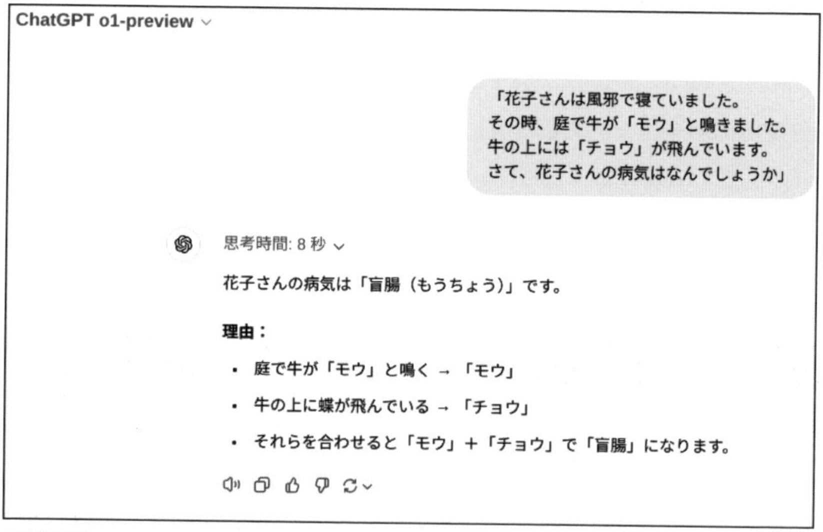

ChatGPT o1-preview

「花子さんは風邪で寝ていました。
その時、庭で牛が「モウ」と鳴きました。
牛の上には「チョウ」が飛んでいます。
さて、花子さんの病気はなんでしょうか」

思考時間: 8 秒

花子さんの病気は「盲腸（もうちょう)」です。

理由：

- 庭で牛が「モウ」と鳴く → 「モウ」
- 牛の上に蝶が飛んでいる → 「チョウ」
- それらを合わせると「モウ」＋「チョウ」で「盲腸」になります。

図7-8 o 1 -previewになぞなぞを出す

・思考の過程

どこで間違ったのかを知りたくて、「なぜ盲腸なのか、思考の過程を教えてください」と聞いて教えてもらった回答が**図7-9**です。

これを見ると、最初に「風邪が原因のように思えますが、実はミスリードかもしれません。」と邪推したことがわかります。なぜ、こんなひねくれた思考をする子に育ったのかわかりませんが（笑)、とにかく最初のボタンをかけ違えたので、その後いくら思考の連鎖をしても無駄だったわけです。

1. 問題の整理：

- **花子さんは風邪で寝ていました。**
  - 花子さんは体調を崩して寝込んでいます。この情報は一見すると「風邪」が原因のように思えますが、実はミスリードかもしれません。
- **その時、庭で牛が「モウ」と鳴きました。**
  - 庭にいる牛が「モウ」と鳴いています。
- **牛の上には「チョウ」が飛んでいます。**
  - 牛の上を蝶（チョウ）が飛んでいます。

2. キーワードの抽出：

- **「モウ」**：牛の鳴き声から得られる音。
- **「チョウ」**：蝶という昆虫の名前。

3. 言葉の組み合わせ：

- **「モウ」＋「チョウ」**を組み合わせると**「モウチョウ」**になります。

4. 言葉の意味確認：

- **「盲腸」（もうちょう）**：
  - 消化器官の一部で、一般的に「盲腸炎」や「虫垂炎」として知られています。

5. 結論：

- 以上のことから、花子さんの病気は**「盲腸炎」**であると推測できます。

図7-9 o1-previewの思考の過程

・りんごの問題で名誉挽回

このままじゃ終われないので、りんごの問題も出してみました。今度は見事に正解です。8秒考えただけのことはありますね。

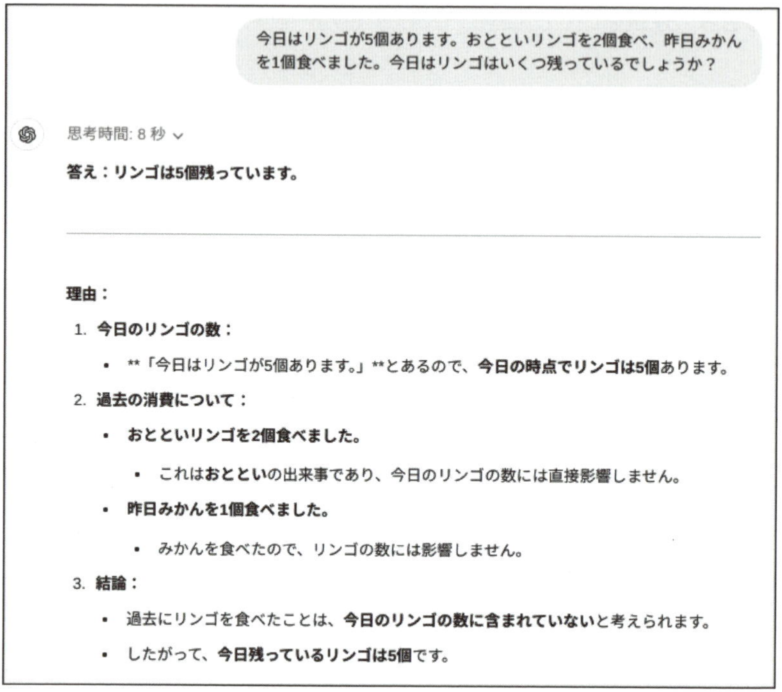

今日はリンゴが5個あります。おとといリンゴを2個食べ、昨日みかんを1個食べました。今日はリンゴはいくつ残っているでしょうか？

思考時間: 8 秒

答え：リンゴは5個残っています。

理由：

1. **今日のリンゴの数：**
   - **「今日はリンゴが5個あります。」**とあるので、**今日の時点でリンゴは5個**あります。
2. **過去の消費について：**
   - **おとといリンゴを2個食べました。**
     - これは**おととい**の出来事であり、今日のリンゴの数には直接影響しません。
   - **昨日みかんを1個食べました。**
     - みかんを食べたので、リンゴの数には影響しません。
3. **結論：**
   - 過去にリンゴを食べたことは、**今日のリンゴの数に含まれていない**と考えられます。
   - したがって、**今日残っているリンゴは5個**です。

図7-10 o1-previewがりんごの問題に正解

こんなショボい問題でなく、もっと高度で複雑な問題だと真価を発揮してくれると思います。私は普段、意思決定の際にChatGPTを利用していますが、これからはo1-previewを使ってみようと思います。

マルチモーダルの実力

マルチモーダルとは、複数の異なるタイプの入力モードを処理することでしたね。マルチモーダルになると、生成AIの利用の幅がぐっと広がります。例えば、ファッションを販売するeコマース事業者が、洋服の画像をインプットして、AIに購買意欲を掻き立てられるような説明文を作成してもらったり、音声出力を使って、バーチャルアシスタントや朗読AIを作るようなことも実現しやすくなります。ただし、画像の入出力や音声合成は、データサイズに応じて追加コストが発生するのでご注意ください。

それでは、ChatGPT-4oのマルチモーダルの実力を試してみましょう。第5章でプラグインやカスタムGPTを使って、PDFや画像、動画、音声、Webページなどマルチモーダルな入出力ができることを解説しました。同様のことを、今度は直接ChatGPT-4oに依頼してみます。

PDFファイルを読み取り、Wordファイルにまとめる

題材として、デジタル庁で公開されている「デジタルの活用で一人ひとりの幸せを実現するために」というPDFを読み取り、「要約」をWordファイルにまとめてもらう作業を行います（**図7-11**）。

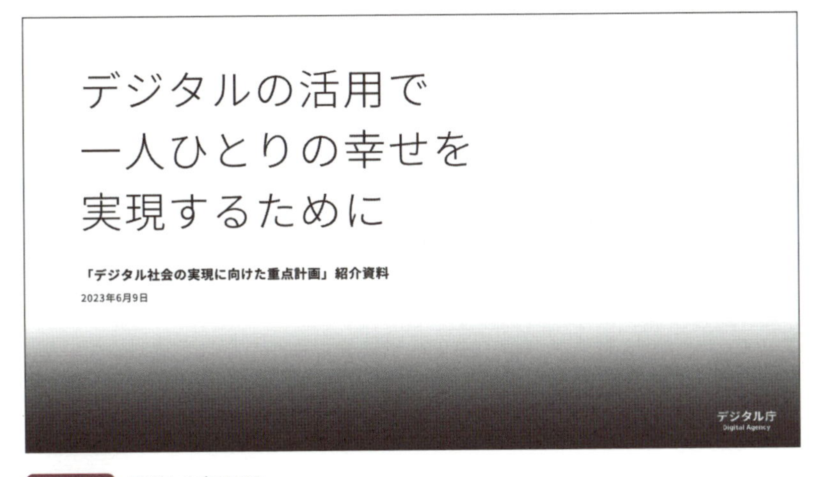

図7-11 デジタル庁のPDF

(1) PDFファイルの読み取り

今回はプラグインを使わず直接ChatGPT-4oからPDFを読み取って、要約をWordファイルにまとめてもらうために、次の依頼プロンプトを投げました（**図7-12**）。

＜依頼プロンプト＞
「このURLを読んで、その内容をもとに1000文字以内で、国民に向けてデジタル庁が頑張っていることを知ってもらう趣旨の文章を作成し、Wordファイルにしてください。」

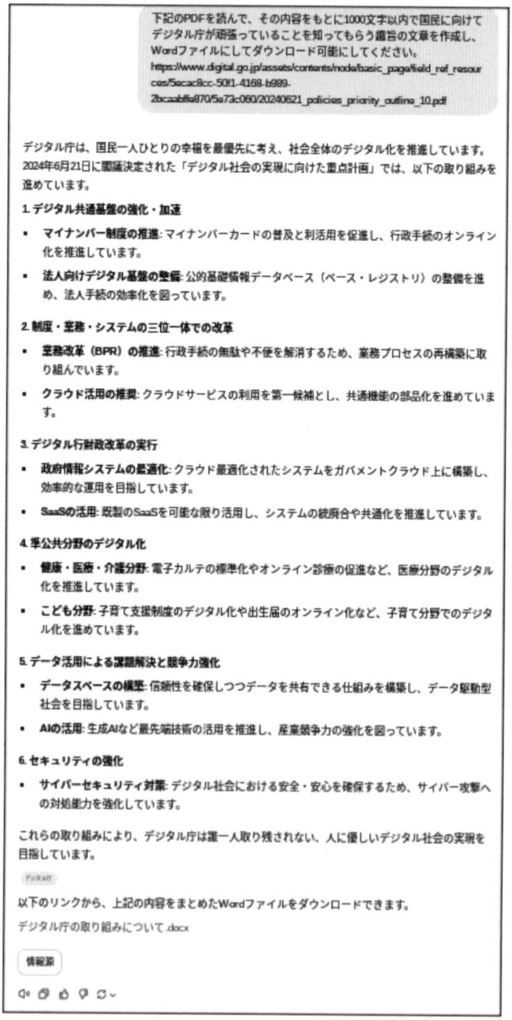

下記のPDFを読んで、その内容をもとに1000文字以内で国民に向けてデジタル庁が頑張っていることを知ってもらう趣旨の文章を作成し、Wordファイルにしてダウンロード可能にしてください。
https://www.digital.go.jp/assets/contents/node/basic_page/field_ref_resources/5ecac8cc-50f1-4168-b989-2bcaabffe870/5e73c060/20240621_policies_priority_outline_10.pdf

デジタル庁は、国民一人ひとりの幸福を最優先に考え、社会全体のデジタル化を推進しています。2024年6月21日に閣議決定された「デジタル社会の実現に向けた重点計画」では、以下の取り組みを進めています。

1. デジタル共通基盤の強化・加速

- **マイナンバー制度の推進**: マイナンバーカードの普及と利活用を促進し、行政手続のオンライン化を推進しています。
- **法人向けデジタル基盤の整備**: 公的基礎情報データベース（ベース・レジストリ）の整備を進め、法人手続の効率化を図っています。

2. 制度・業務・システムの三位一体での改革

- **業務改革（BPR）の推進**: 行政手続の無駄や不便を解消するため、業務プロセスの再構築に取り組んでいます。
- **クラウド活用の推奨**: クラウドサービスの利用を第一候補とし、共通機能の部品化を進めています。

3. デジタル行財政改革の実行

- **政府情報システムの最適化**: クラウド最適化されたシステムをガバメントクラウド上に構築し、効率的な運用を目指しています。
- **SaaSの活用**: 既製のSaaSを可能な限り活用し、システムの統廃合や共通化を推進しています。

4. 準公共分野のデジタル化

- **健康・医療・介護分野**: 電子カルテの標準化やオンライン診療の促進など、医療分野のデジタル化を推進しています。
- **こども分野**: 子育て支援制度のデジタル化や出生届のオンライン化など、子育て分野でのデジタル化を進めています。

5. データ活用による課題解決と競争力強化

- **データスペースの構築**: 信頼性を確保しつつデータを共有できる仕組みを構築し、データ駆動型社会を目指しています。
- **AIの活用**: 生成AIなど最先端技術の活用を推進し、産業競争力の強化を図っています。

6. セキュリティの強化

- **サイバーセキュリティ対策**: デジタル社会における安全・安心を確保するため、サイバー攻撃への対処能力を強化しています。

これらの取り組みにより、デジタル庁は誰一人取り残されない、人に優しいデジタル社会の実現を目指しています。

以下のリンクから、上記の内容をまとめたWordファイルをダウンロードできます。
デジタル庁の取り組みについて.docx

情報源

図7-12 PDFファイルを読み、Wordファイルを作成

(2) 要約

ChatGPT-4oがPDFファイルの内容を読み取って要約してくれます。そして、Wordファイルに書き出す前に、内容をChatGPT-4o上に表示してくれます。

(3) Wordファイルを作成

この文章をWordファイルに書き込み、ダウンロードできるリンクが表示されていますので、クリックしてWordファイルをダウンロードします。

動画の読み取りと要約

今度は動画です。題材としてYoutubeに公開されているテニスの動画「打ち負けない力強い片手バック」を読み取り、この内容の「要約」を作成してみます。

＜依頼プロンプト＞
下記URLの動画は「イメージで変わる、打ち負けない力強い片手バックハンド！」というタイトルのテニスレッスン動画です。このビデオの概要を教えてください。
https://www.youtube.com/watch?v=F5mjOfBQS_g

＜結果＞

図7-13がその結果です。下記3つのポイントをいい感じに要約してくれていますね。

・右足の踏み込み
・テイクバックの位置
・リラックスしたスイング

下記URLの動画は「イメージで変わる、打ち負けない力強い片手バックハンド！」というタイトルのテニスレッスン動画です。このビデオの概要を教えてください。
https://www.youtube.com/watch?v=F5mjOfBQS_g

動画「イメージで変わる、打ち負けない力強い片手バックハンド！」は、テニスコーチのともやん氏が、片手バックハンドの強化方法を解説するレッスン動画です。片手バックハンドで打ち負けないためのポイントとして、以下の点が挙げられています。

1. 右足の踏み込み

- 右足を斜め前方に踏み込むことで、下半身の回転を抑制し、上半身のスイングを加速させる基盤を作ります。

2. テイクバックの位置

- 肘を曲げ、身体の近くにテイクバックすることで、スイング時に腕のしなりを生み出し、力強いショットを可能にします。

3. リラックスしたスイング

- 力みを避け、リラックスした状態でスイングすることで、スムーズな動作とスイングスピードの向上を図ります。

これらのポイントを意識することで、片手バックハンドの安定性と威力を向上させることができます。動画内では、具体的な練習方法やデモンストレーションも紹介されています。

詳細な解説や実演は、以下の動画でご覧いただけます。

情報源

図7-13 YouTubeの動画の読み取り
引用元：「ともやんテニスch」https://www.youtube.com/watch?v=F 5 mjOf BQS_g

(2) 動画処理手順

上記の処理は、どのような処理手順で行われているのでしょうか。**図7-14**に一般的な処理手順を示します。

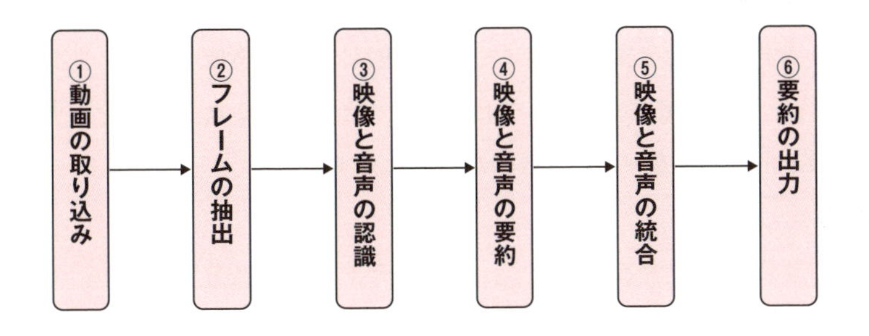

図7-14 動画の要約の処理ステップ

①動画の取り込み

動画ファイルのメタデータ（解像度やフレームレートなど）を取得し、MP4やMKVなどの動画フォーマットで動画データをシステムに取り込みます。

②フレームの抽出

動画はフレームの連続で構成されています。要約なら全フレームを必要としないので、一定間隔のサンプリングでフレームを抽出します。

③映像と音声の認識

映像：抽出した個々のフレームは静止画なので、画像認識モデルを使って内容（場所や何を行っているかなど）を認識します。

音声：音声認識モデルを使って、音声データをテキストに変換します。モデルによっては音声のトーンや感情分析を行うものもあります。

④映像と音声の要約

映像：映像フレームから認識された内容を要約します。例えば学校の屋上の手すりの外側に立って、引きつった顔をしている女子高生とその近くにいる教師の映像をもとに、「学校の屋上で自殺しようとしている女子高生と引き留めようとする男性教師」という要約を作る感じです。

音声：音声から文字起こしされたテキストを、自然言語処理（NLP）技術を使って要約します。例えば、「私はもう誰を信じていいかわからなくなった。」「早まるな！」「いいの、ほっといて」「だめ！絶対だめ！」「止めないで！」というような音声の中から、「絶望している女を男が必死に引き留める」などと要約を作る感じです。

⑤映像と音声の統合

映像の要約と音声の要約を組み合わせて、最終的な要約を構成します。上記のシーンであれば、「学校の屋上で絶望して自殺しようとしている女子高生を、男性教師が必死に引き止めている」という要約が作られます。

⑥要約の出力

あとは、この要約を出力するだけです。普通にテキストで出力するほか、上記のようにWordファイルにしたり、短い動画クリップとして出力することも可能です。

PDFの作成

ChatGPT-4oのマルチモーダルの出力系もチェックしてみましょう。題材として、国産ERP「GRANDIT」の提案書をPDF形式で作成してもらうことにします。本来は、次章で説明する「インコンテキスト学習」を使い、GRANDITの説明資料などを読ませてから指示すべきですが、ここでは省略して、次のプロンプトだけ発行しています。

> ＜依頼プロンプト＞
> 「GRANDITを製造業のお客様におすすめしたいので、その利点を挙げた提案書をPDFで作成してください。」

＜結果＞

あっさりとはしていますが、**図7-15**のような内容を作成してくれました。ただし、日本語フォントが上手く使えないようで、PDFファイルの作成は失敗してしまいました。

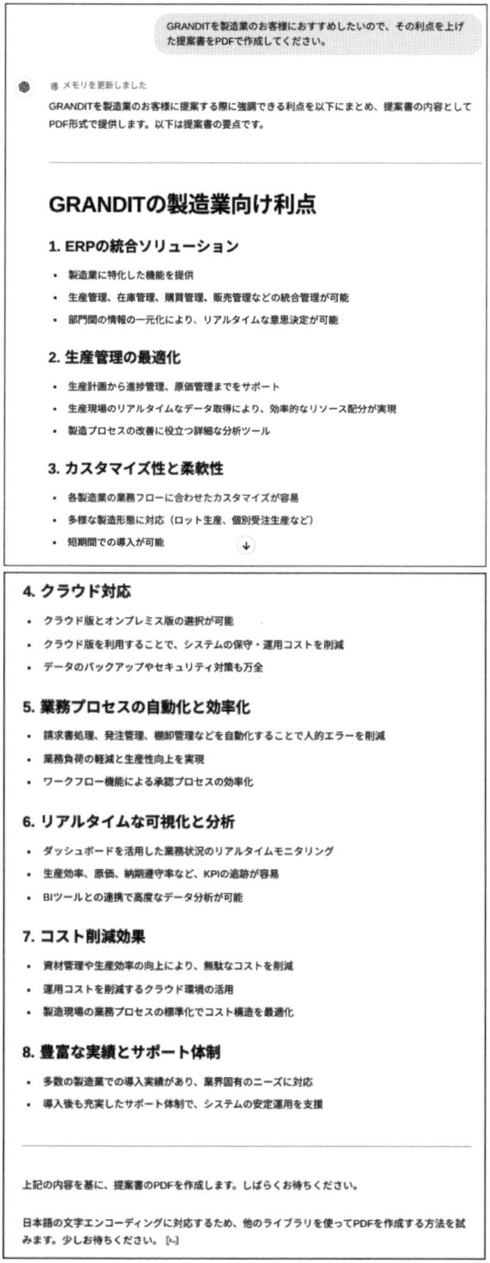

GRANDITを製造業のお客様におすすめしたいので、その利点を上げた提案書をPDFで作成してください。

メモリを更新しました

GRANDITを製造業のお客様に提案する際に強調できる利点を以下にまとめ、提案書の内容としてPDF形式で提供します。以下は提案書の要点です。

GRANDITの製造業向け利点

1. ERPの統合ソリューション

- 製造業に特化した機能を提供
- 生産管理、在庫管理、購買管理、販売管理などの統合管理が可能
- 部門間の情報の一元化により、リアルタイムな意思決定が可能

2. 生産管理の最適化

- 生産計画から進捗管理、原価管理までをサポート
- 生産現場のリアルタイムなデータ取得により、効率的なリソース配分が実現
- 製造プロセスの改善に役立つ詳細な分析ツール

3. カスタマイズ性と柔軟性

- 各製造業の業務フローに合わせたカスタマイズが容易
- 多様な製造形態に対応（ロット生産、個別受注生産など）
- 短期間での導入が可能

4. クラウド対応

- クラウド版とオンプレミス版の選択が可能
- クラウド版を利用することで、システムの保守・運用コストを削減
- データのバックアップやセキュリティ対策も万全

5. 業務プロセスの自動化と効率化

- 請求書処理、発注管理、棚卸管理などを自動化することで人的エラーを削減
- 業務負荷の軽減と生産性向上を実現
- ワークフロー機能による承認プロセスの効率化

6. リアルタイムな可視化と分析

- ダッシュボードを活用した業務状況のリアルタイムモニタリング
- 生産効率、原価、納期遵守率など、KPIの追跡が容易
- BIツールとの連携で高度なデータ分析が可能

7. コスト削減効果

- 資材管理や生産効率の向上により、無駄なコストを削減
- 運用コストを削減するクラウド環境の活用
- 製造現場の業務プロセスの標準化でコスト構造を最適化

8. 豊富な実績とサポート体制

- 多数の製造業での導入実績があり、業界固有のニーズに対応
- 導入後も充実したサポート体制で、システムの安定運用を支援

上記の内容を基に、提案書のPDFを作成します。しばらくお待ちください。

日本語の文字エンコーディングに対応するため、他のライブラリを使ってPDFを作成する方法を試みます。少しお待ちください。

図7-15 GRANDITの提案書をPDFで作成（PDF作成失敗）

日本語フォント問題の解消は、第6章のグラフ生成で使ったテクニックが有効です。日本語フォントNotoSansJPをアップロードして、このフォントを使うことを指示したところ、今度はちゃんとPDFファイルを生成できました（**図7-16**）。まだマルチモーダル対応になって間もないので、もう少し待てば、フォントを与えなくても上手く行くようになるでしょう。

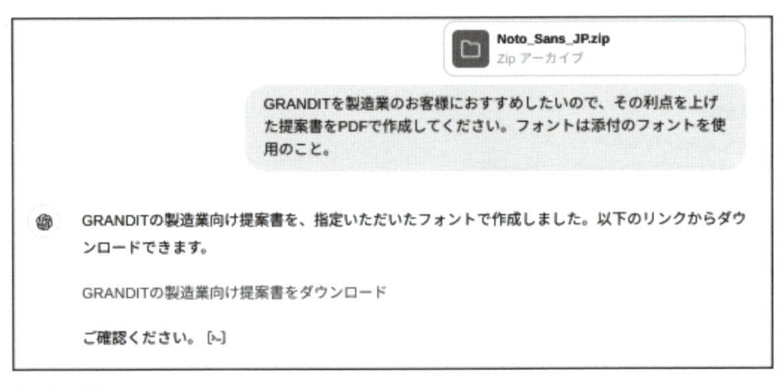

図7-16 日本語フォントを与えて、日本語のPDFを作成してもらう

グラフの作成

第6章では、カスタムGPT「Data Analyst」を使って、総務省統計局が毎月PDFで公開している人口推計データをもとにしたグラフを作成してもらいました。ここではカスタムGPTを使わずに、ChatGPT-4oのグラフ生成能力を試してみます。

<依頼プロンプト>
「このPDFファイルのP1下部の表を使って、5月1日現在の年齢層別（5種類）の男女計のグラフを作成してください。フォントは添付のフォントを使用のこと」

<結果>

図7-17は、ChatGPT-4oが作成してくれたグラフです。日本語フォントを添付したので、文字化けもなくきれいなグラフを作ってくれました。

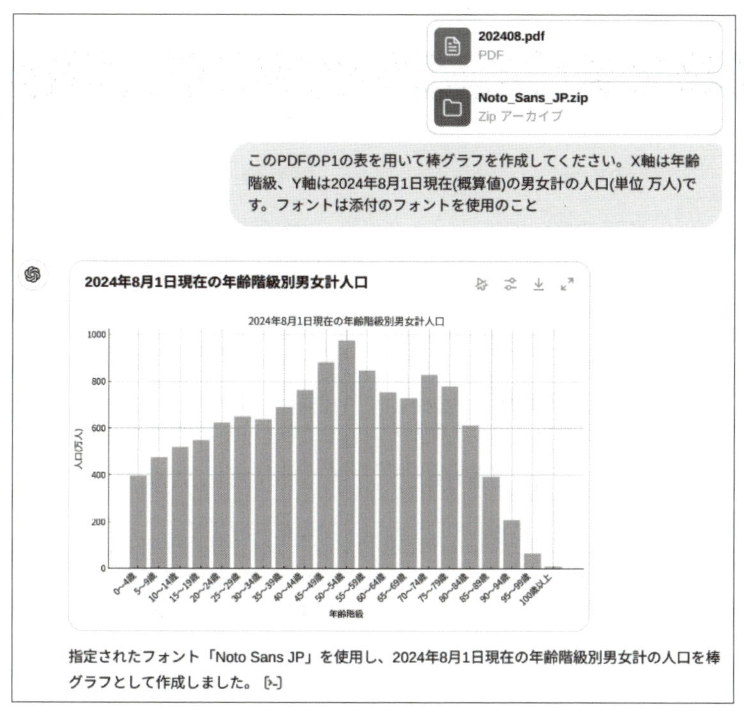

図7-17 統計局のPDFデータをもとにグラフを作成

ChatGPT Enterprise

生成AIは、個人利用のチャットだけでなく、企業における生産性向上、創造性支援などでも急速に用途を拡大しています。こうした企業（Enterprise）向けニーズを背景に、OpenAIは2023年8月29日に、企業向けChatGPT Enterpriseを提供開始しました。これは情報漏洩を危惧する企業をターゲットに、セキュリティ面を強化したものです。

ChatGPT EnterpriseとChatGPT plusの比較

リリース当初は、個人利用のChatGPT-4といくつかの性能で差がありましたが、ChatGPT-4oが登場してからは、性能面の差はほとんどなくなっています。では、どこが違うのか、比較表にまとめてみました（表7-4）。

表7-4 ChatGPT EnterpriseとChatGPT Plusの比較

サービス	ChatGPT Enterprise	ChatGPT Plus
利用対象	企業向け	一般ユーザー向け
モデル	GPT-4o	GPT-4o
コンテキスト	128,000トークン	128,000トークン
使用制限	無制限	3時間ごとに80件
速度	リソースが優先的に割り当てられパフォーマンスが落ちにくい	高負荷の場合にパフォーマンスが落ちる可能性がある
利用料金	企業単位の課金（非公開） APIの無料クレジットあり	月額20ドル/人 API利用は別途課金
音声・画像	音声・画像・動画対応	音声・画像・動画対応
カスタムGPT	作成・利用可能	作成・利用可能
セキュリティ	SOC 2 認証、データはトレーニングに使用されない	学習に利用される可能性あり（指定によりデータ保護可能）
ユーザー管理	利用ユーザー管理 共通チャットテンプレート	個人の利用

ChatGPT Enterpriseの特徴

ChatGPT Enterpriseは、「大規模言語モデル（LLM）としてGPT-4oを使っている」「カスタムGPTなどの拡張機能が利用できる」「優先的にサポートが受けられる」という点は個人向け有料サービスであるChatGPT Plusと同じです。一方で企業向けの特徴としては、次のようなものがあります（図7-18）。

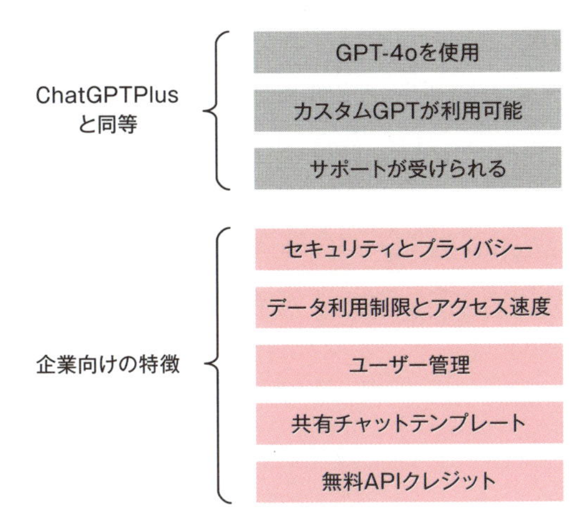

図7-18 ChatGPT Enterpriseの特徴

(1) セキュリティとプライバシー

ChatGPT Enterpriseは、企業でのChatGPT活用をターゲットにしているため、セキュリティや機密保持に対する配慮が大幅に加えられています。ChatGPTに入力されたデータやチャットの内容は、学習データに使われず、転送中も保存中も暗号化されて保護されます。そして信頼サービス基準のSOC 2にも準拠しています。

NOTE

SOC 2

SOC 2（Service Organization Control Type2）とは、米国公認会計士協会（AICPA）が開発したサービスの信頼性に関する基準です。サービス提供者がユーザーのデータをセキュアな方法で処理するために、「セキュリティ」「プライバシー」「可用性」「機密性」「処理の完全性」という5つの観点でトラストサービスの原則を定義しています。クラウドサービスがSOC 2コンプライアンスを達成しているか判定することで、サービスの安全性を監査する際にも役立ちます。

(2) データ利用制限とアクセス速度

ChatGPT Enterpriseは、GPT－4oへ無制限（使用量の上限なし）にアクセスできます。また、リソースの割当が優先的なので、安定したアクセス速度で利用でき、マニュアルなど一定量のデータを読み込ませやすくなります。

さらに、第6章で説明したCode Interpreter（コードインタプリター）にも制限なくアクセスできるので、制限を気にすることなくコード処理やデータ分析を行うことができます。

(3) ユーザー管理

ChatGPT Enterpriseは、SSO（シングルサインオン）に対応しています。また、企業の社員が利用する想定なので、ユーザーを追加・削除したり、一人ひとりの利用状況を一括管理・分析できる管理コンソールが提供されます。

(4) 共有チャットテンプレート

ChatGPTを使いこなすには、プロンプトが重要です。ChatGPT Enterpriseは複数人が使う企業ユースのため、最適なプロンプトをテンプレートとして社員で共有して利用できるようになっています。例えば、コードインタプリターに対するプロンプトをテンプレート化したり、データに対する問い合わせをテンプレート化したりすることで、企業内における生産性向上に役立てることができます。

(5) API無料クレジット

チャットによるやり取りで一定の効果が見出せるようになると、ChatGPT APIを使った自動処理に拡張したいものが出てきます。APIの利用はサブスクのような定額ではなく利用回数や利用量で決まる従量課金なので、最初にどれくらい料金がかかり、どれくらい効果があるかを検証する必要があります。このため、APIの新規利用時には、OpenAIから18ドル相当の無料クレジットが提供されています。ChatGPT Enterpriseを新規契約した場合も、この無料クレジットがもらえます。

ChatGPT Enterpriseの料金は、今のところ営業から個別に見積もりをもらう方式です。ホームページの「Contact Sales」をクリックし、会社名や会社の規模、業界などの情報を入力して問い合わせを行います。

ChatGPT EnterpriseとCopilot for Microsoft 365の対比

OpenAIとMicrosoftは、ChatGPTをベースにして密接な協力関係にありますが、それぞれ独自に自分たちのサービスを拡充しています。**図7-19**に、OpenAIとMicrosoftのLLMサービスのラインナップを対比させてみました。

OpenAIは、一般ユーザー向けの「ChatGPT」と、有料の「ChatGPT Plus」と、企業向けの「ChatGPT Enterprise」の3本立てになっています。一方Microsoftは、一般公開している「Copilot」と、有料の「Copilot Pro」と、企業向けの「Copilot for Microsoft 365」の3種類のサービスを提供しています。

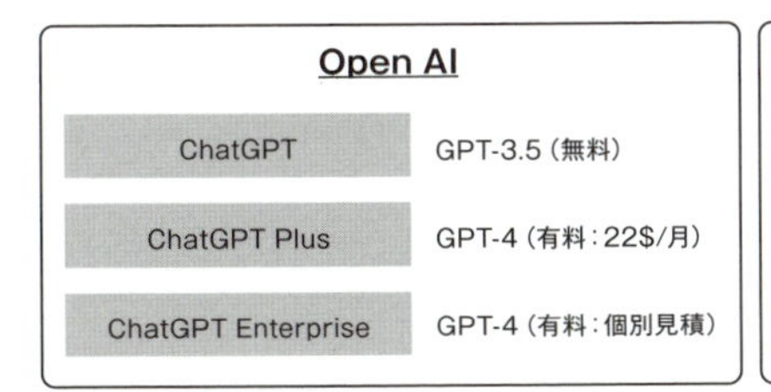

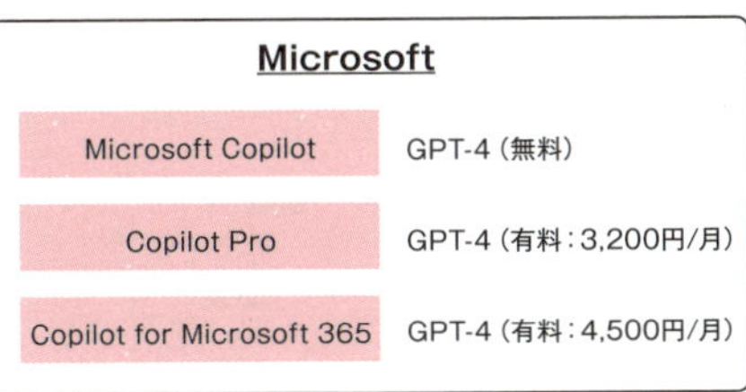

図7-19 OpenAIとMicrosoftの生成AIサービス

GPT-4o with canvas

最後に、2024年10月3日にプレビューリリースされた最新モデル「GPT-4o with canvas」を紹介しましょう。このモデルの特徴は、生成した文章やコードをピンポイントで修正させるのが得意なことです。また、UIも「スレッド型レイアウト」に変えており、左側にチャットのスレッドを時系列で流し、右側にAIからの応答（成果物）を表示しています。

ウェビナー募集ページの作成比較

図7-20は、海外のブログ記事をもとに、GPT-4o with canvasにウェビナー募集ページを作ってもらったものです。

<依頼プロンプト>
https://myscale.com/blog/llamaindex-vs-langchain-detailed-comparison/に書かれている内容をもとにした50分のウェビナーを開催します。対象は生成AIを使って社内データを活用したいと思っている企業ユーザーです。読んだ人ができるだけ多く参加したくなるような内容の募集ページをCanvasで作成してください。

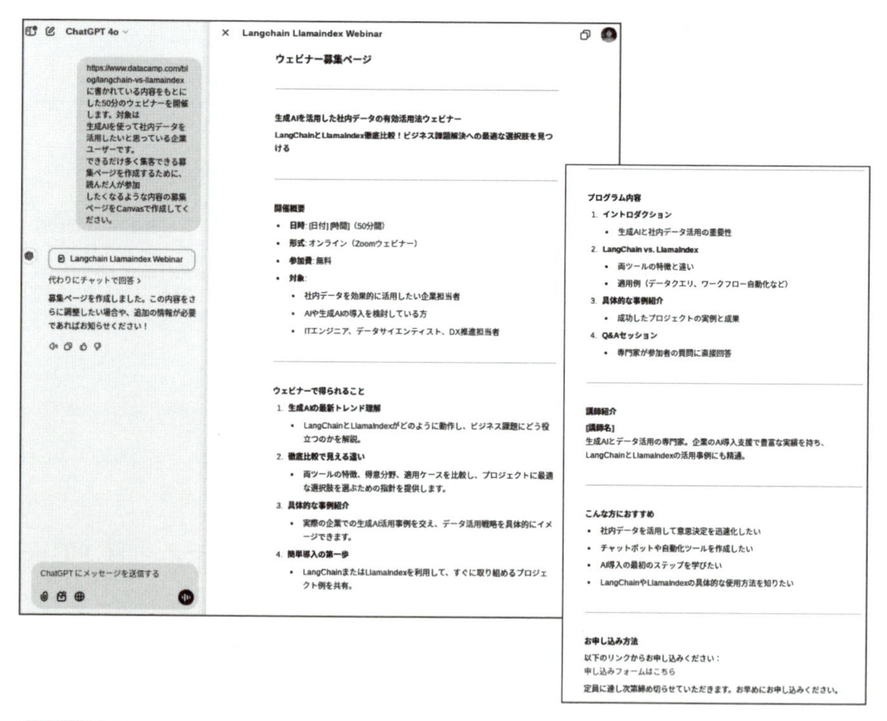

図7-20 GPT-4o with canvasの作成したウェビナー募集ページ

ピンポイントで修正

Canvaは生成した文章やコードを、ピンポイントの指示や要求に従って修正するのが得意なので、試してみましょう。

＜プロンプト＞
「対象」と「こんな方におすすめ」が重複した感じがしますので、統合してください。

(1) 成果物が直接修正される

図7-21は、上記プロンプトにより書き換えてくれたウェビナー募集です。最後の方にあった「こんな方におすすめ」が開催概要の「対象」にいい感じで統合されています。

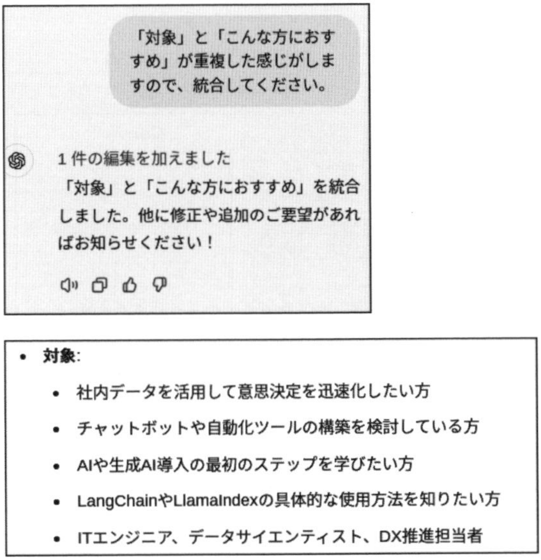

「対象」と「こんな方におすすめ」が重複した感じがしますので、統合してください。

1件の編集を加えました
「対象」と「こんな方におすすめ」を統合しました。他に修正や追加のご要望があればお知らせください！

- **対象**:
  - 社内データを活用して意思決定を迅速化したい方
  - チャットボットや自動化ツールの構築を検討している方
  - AIや生成AI導入の最初のステップを学びたい方
  - LangChainやLlamaIndexの具体的な使用方法を知りたい方
  - ITエンジニア、データサイエンティスト、DX推進担当者

図7-21 生成した文章をピンポイントで修正

(2) ChatGPT-4o のアウトプットとの違い

えっ、これくらいならChatGPT-4oでもできそうですね。はい、もちろんChatGPT-4oでもピンポイントの修正は行えます。ただし、アウトプットの方法が異なります。ChatGPT-4oに上記の修正を依頼した場合、ChatGPT-4oは新たなアウトプットとして修正後のウェビナー概要の部分だけを提示してくれます。

一方、GPT-4o with canvasは、文章全体の一部を直接修正して表示します。そのため、修正した部分を元の文章にマージする作業などは不要です。このためにGPT-4o with canvasはスレッド型レイアウトを採用し、右側（これがcanvasです）にはいつも最新の成果物が表示されているのです（図7-22）。

(3) インラインでも修正可

さらに、この成果物に対して、直接インラインでも修正が可能です。これはプログラミングコードの修正などにおいてとても便利です。長いプログラミングコードをピンポイントで修正する場合に、常に最新コードが右側のキャンバスに表示されており、改修しながらコードを完成させていくことができます。

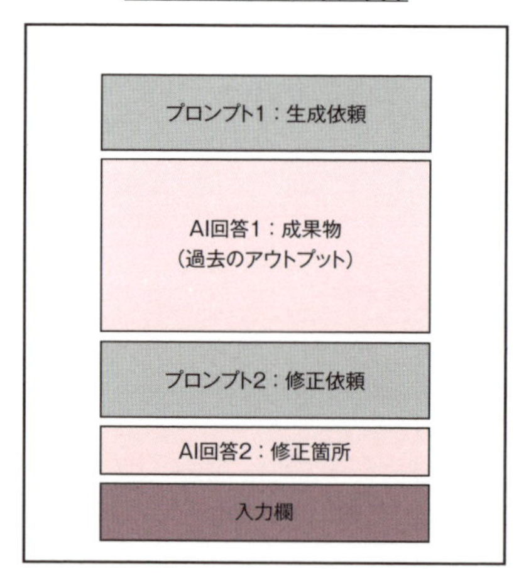

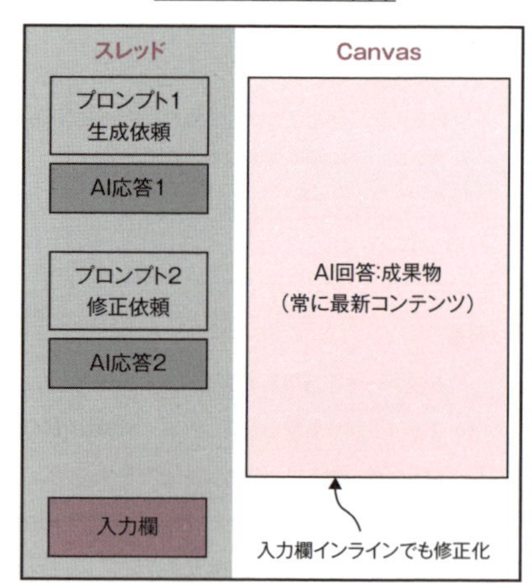

図7-22 ChatGPT-4oとGPT-4o with canvasのレイアウトの違い

with canvasは、当初はモデルの選択リストに入っていましたが、今はありません。長い文章の生成やプログラミングコードの作成などを依頼すると、ChatGPTが自動的に判断してwith canvas形式で回答してくれるようになっています。もちろん、この図の例のようにプロンプトで明示的に指定することも可能です。

【この章のまとめ】

本章では、GPT-4oやGPT-4o mini、o1-preview、GPT-4o with canvasなどを紹介しながら、次のようなことを学習しました。

◎GPT-4oのoはオムニの意味で、マルチモーダルの特徴を示す
◎GPT-4oは無料ユーザーでも利用可能であるが、回数制限がある
◎GPT-4o miniはGPT-4oの軽量版で、GPT-3.5に代わって無料版ChatGPTの主役となった
◎o1-previewは思考の連鎖に、o1 miniはコードに特化した新しいモデルである
◎ChatGPTとGPT APIの違いは、インターフェースがチャットかAPIかである
◎ChatGPT PlusとChatGPT Enterpriseの違いは、個人向けか企業向けかである
◎GPT-4o with canvasは、成果物を編集可能なキャンバスに置いて修正していくのに便利

ChatGPTは広範な世界中の知識で学んだモデルと紹介しましたが、ChatGPT EnterpriseやCopilot for Microsoft 365のような企業向けサービスが普及するにつれ、企業内の独自データを活用する取り組みが活発になっています。

いったいどのようにすれば、企業内のデータを利用した独自サービスを作れるのでしょうか。次章では、そのためのアプローチの中から、インコンテキスト学習とファインチューニングについて解説します。

第 8 章

インコンテキスト学習とファインチューニング

大規模言語モデルは素晴らしい働きをしてくれますが、汎用的なデータで学んでいるだけなので企業の特定用途では使えません。例えば、自社製品・サービスに関する問い合わせ対応のチャットサービスを作る場合、製品・サービスのマニュアルを追加で読んで覚えてもらう必要があります。本章では、このような企業の独自データを利用する方法として、インコンテキスト学習（ラーニング）とファインチューニングについて解説します。

生成AIに追加学習する構想

GPTなどの生成AIは、インターネットなどに公開されている膨大な情報を学習して賢くなっています。しかし、外観検査ではねられた異常画像、店舗のPOSデータなど、ネット上で公開されていないデータは学習していないので、これらに関して質問しても「知りません」となってしまいます。

2018年前後のAIブームの際は、このような独自データを大量に用意して機械学習させ、異常検知や需要予測などに活用しようという試みが世界中で行われました。この取り組みは今もって熱く継続していますが、そこに別のアプローチとして彗星のごとく登場したのが生成AIです。

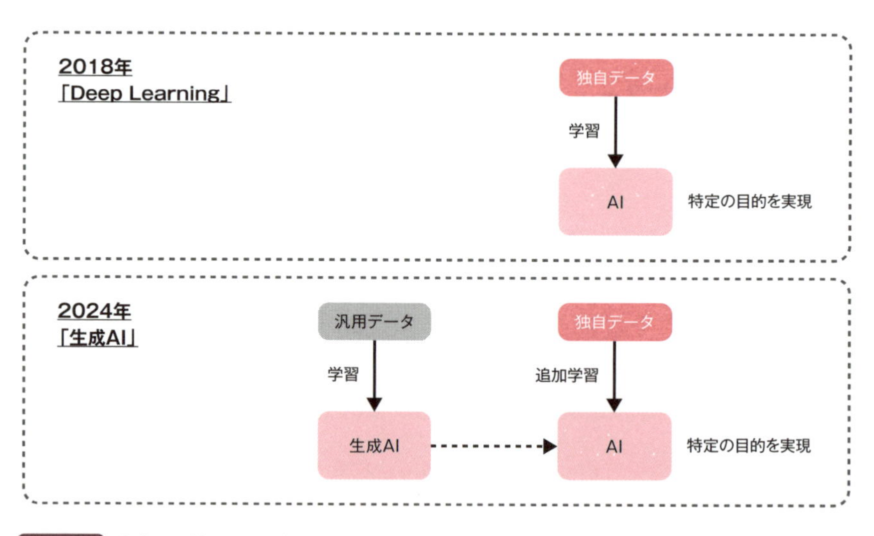

図8-1 生成AIを利用した独自データの学習

何もないところから独自データを学習させるのではなく、膨大なデータで学習した生成AIに追加学習させた方が良いかもしれない。生成AIの凄さを目の当たりにして、このように考えるのも当然なことです(**図8-1**)。

例えば、中華料理店のご主人が我が子に「秘伝の八宝菜のレシピと作るコツ」を伝授するとしましょう。幼児の頃に料理のイロハから教えるより、大人になってからレクチャーした方が飲み込みが早いはずです。そう考えると基礎的な知識を豊富に持っている方が、追加の情報を理解しやすいということはありそうです。

AI（Deep Learning）で取り組まれてきた活用例

独自データを学習したAI（Deep Learning）の適用分野は多岐にわたります（図8-2）。例えば次のような活用は、独自データを利用しないと実現できません。

- 自社ECサイトの購買履歴を学習してOne on Oneマーケティングを行うレコメンデーション
- 特定の病気や症状の医療画像を学習して医療診断を支援するAI
- 特定の業界や市場データで訓練した予測モデル
- 特定の製品の正常／異常データを学習した異常検知
- 過去の故障やインフラの劣化画像で訓練したリスク検知AI
- 自校の学習履歴や成績データで訓練したパーソナルな学習支援AI

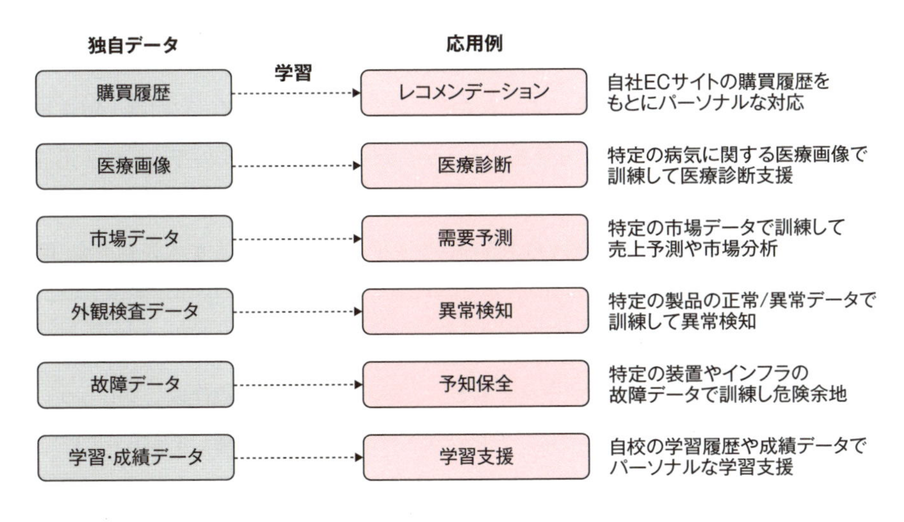

図8-2　AI（Deep Learning）で取り組まれてきた活用例

どの活用事例も2018年頃から見慣れてきたものですね。実際、こうした取り組みの事例は枚挙にいとまがなく、分野によっては一定の成果を果たしています。ただ、予測や診断、分析といったジャンルは難しい課題が多く、まだ十分な成果を出せているとは言えない状況でもあります。まあ、人間にしても予測や診断、分析は難易度が高いスキルなので、そう簡単ではないってことなのでしょう。

生成AIに期待される応用例

Deep Learningで難しいのなら、生成AIにやらせたらうまくいくかも。そう考えて、今、世界中で生成AIを使った独自データの活用に取り組んでいます。ただし、追加学習するデータにも生成AIとの相性があり、相性が悪い場合は逆にモデルの性能が低下してしまいます。

生成AIは、膨大なデータを使って"次の単語予測クイズ"を徹底的に訓練した「言語の達人」です。クイズを極めるうちに文脈や文法を理解するようになり(理解しないと当たりません)、特にドキュメントやプログラミングコード(これも言語)に強いという特徴があります。この「言語に強い」という特性を活かすことができる独自データは得意ですが、そうでないものは画像生成のようにかなり工夫しないとうまく行きません。

得意分野の代表は自社ドキュメントです。設計書や社内規程、契約書、製造指示書、テスト仕様書などの社内ドキュメントはテキストデータなので、これを追加学習して顧客サービスや生産性向上に利用することはできそうです。アイデアはたくさん考えられますが、例えば次のようなことをやってくれるととても便利です(**図8-3**)。

・製品マニュアルを学習して、顧客の質問に回答してくれるbotサービスを提供
・これまでの問い合わせ履歴データをもとに、FAQネタを指定数作成してもらう
・社内文書や社内データをもとに、ナレッジデータベースを構築してもらう
・設計書を読ませて、製造指示書やテスト仕様書、操作マニュアルなどを自動作成してもらう

どれも成功すればホワイトカラーの生産性が向上しますね。すでに多くの会社で実施されており、それをビジネスとしてサービス化する企業も増えています。

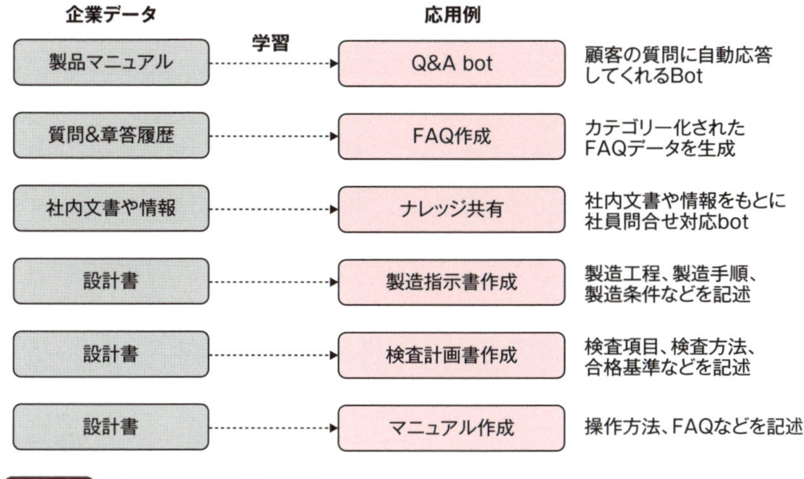

図8-3 生成AIに期待される応用例

自社データを追加学習させる3つの方法

実際、どのようにしたら追加学習できるのでしょうか。現時点で大規模言語モデル（LLM）に独自データを追加学習して、特定の目的を実現させる方法には、「インコンテキスト学習」と「ファインチューニング」と「RAGとエンベディング」の3種類があります（図8-4）。

追加学習法	処理内容
インコンテキスト学習 (In-Context Learning)	ニューラルネットワークのすべての層のパラメータは凍結したまま。その状態で文章をプロンプトとして読ませ、そこで得た知識を用いてプロンプトに沿った回答をしてもらう方式
ファインチューニング (Fine Tuning)	ニューラルネットワーク(NN)の一部の層だけパラメータを更新できるように解凍する。その状態で独自データを追加学習し、解凍した層のパラメータをいい塩梅に調整(ファインチューニング)する方法
RAGとエンベディング (RAG&Enbedding)	企業データをテキストからベクトルに変換したベクトルデータベースを作成しておく。プロンプトもベクトル変換し、ベクトルデータベースとプロンプトをベクトルデータ同士で突き合わせて回答を得る方法。回答はテキスト化してユーザーに返される

図8-4 追加学習の 3 つの方法

3つの学習方法の概要

- **インコンテキスト学習**

インコンテキスト学習（ICL:In-Context Learning）は、生成AIのパラメータは凍結したままデータを読んで覚えてもらい、そこで学んだ中から回答してもらう方式です。大量データで学習して十分頭の良い生成AIくんに新たに独自データを読んでもらい、短期的に覚えた知識を使って回答してもらいます。

- **ファインチューニング**

ファインチューニング（Fine Tuning）は、大量データを学習して、最適な状態になったモデルのパラメータの一部を追加で更新する方法です。ここでのパラメータとは、第3章で解説したニューラルネットワークの重みなどです。パラメータ自体を再チューニングするので目的にマッチした最適なサービスができそうですが、それだけ難易度も高くなります。

- **RAG**

RAG（Retrieval-Augmented Generation）を直訳すると「検索拡張生成」ですが、通常RAG（ラグ）と呼ばれます。これは、生成AIの外部ベクトルデータベースに独自データを格納（Enbedding）する方法です。生成AIから外部データベースを検索（Retrieval）する処理を拡張（Augmented）機能として実装するので、このようなネーミングとなっています。

本章では、このうちインコンテキスト学習とファインチューニングについて解説します。

インコンテキスト学習

図8-5は、GPT-4oをモデルにしたインコンテキスト学習の概念図です。ネット上の膨大なデータを学習した生成AI（GPT-4o）は、その学習範囲において最適なニューラルネットワークのパラメータとなっています。インコンテキスト学習は、このパラメータを変更することなく、独自データを追加学習させ、新しく得た知識を使って回答させる方法です。

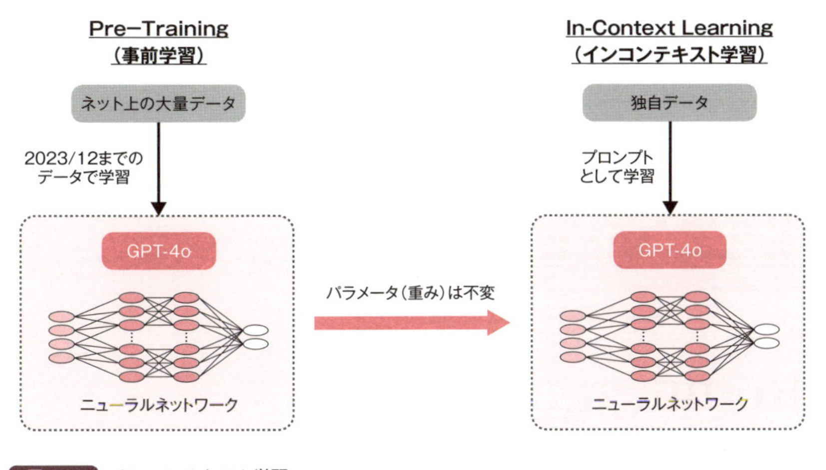

図8-5 インコンテキスト学習

Contextという言葉は、ちょっと日本人には難しい単語ですが、「文脈」や「状況」という意味で使われます。そして、In-Contextは「そのコンテキスト（文脈）の中で」という意味になります。

In-Context Learningは一般用語ですが、生成AIにおいては、ユーザーから与えられたプロンプトや情報がContext（文脈）です。つまり、ユーザーとの対話や文章をそのまま追加学習する手法を指します。素の生成AIをそのまま利用するプロンプトエンジニアリング手法なので、プログラミング技術などがなくても試してみることができます。

第6章で解説したカスタムGPTも、カスタム指示や知識（ファイル添付）などの独自データをプロンプトとして追加したものなので、ベースはインコンテキスト学習と言えます。

インコンテキスト学習の方法

ChatGPT Plusを使って、インコンテキスト的な学習を試してみましょう。**図8-6**は、日本政府が各種統計データを公開しているポータルサイト「e-Stat」からダウンロードした、「2020年基準消費動向指数（2024年7月分）」の1ページ目（P1）

の内容です。このPDFをChatGPTに読ませて、書かれている内容について質問してみます。

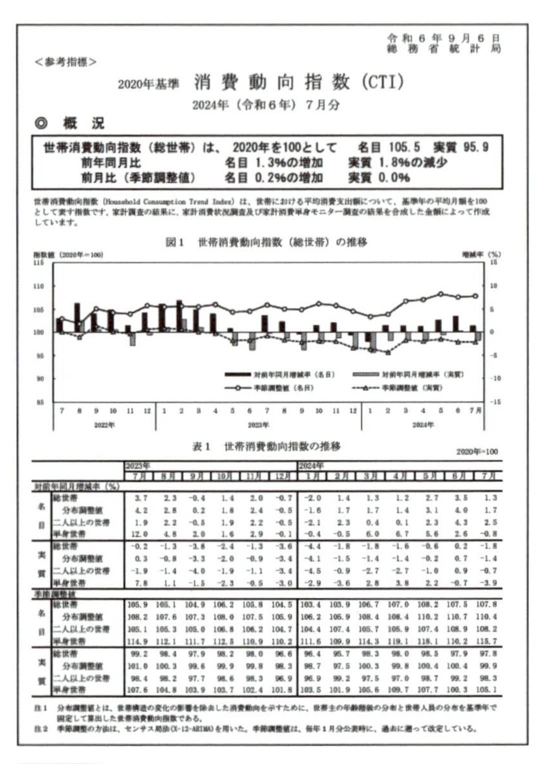

令和6年9月6日
総務省統計局

<参考指標>

2020年基準 消費動向指数（CTI）

2024年（令和6年）7月分

◎ 概況

世帯消費動向指数（総世帯）は、2020年を100として　名目 105.5　実質 95.9
前年同月比　名目 1.3%の増加　実質 1.8%の減少
前月比（季節調整値）　名目 0.2%の増加　実質 0.0%

世帯消費動向指数（Household Consumption Trend Index）は、世帯における平均消費支出額について、基準年の平均月額を100として表す指数です。家計調査の結果に、家計消費状況調査及び家計消費単身モニター調査の結果を合成した金額によって作成しています。

図1　世帯消費動向指数（総世帯）の推移

表1　世帯消費動向指数の推移

2020年=100

		2023年						2024年						
		7月	8月	9月	10月	11月	12月	1月	2月	3月	4月	5月	6月	7月
対前年同月増減率（%）														
名目	総世帯	3.7	2.3	-0.4	1.4	2.0	-0.7	-2.0	1.4	1.3	1.2	2.7	3.5	1.3
	分布調整値	4.2	2.8	0.2	1.8	2.4	-0.5	-1.6	1.7	1.7	1.4	3.1	4.0	1.7
	二人以上の世帯	1.9	2.2	-0.5	1.9	2.2	-0.5	-2.1	2.3	0.4	0.1	2.3	4.3	2.5
	単身世帯	12.0	4.8	2.0	1.6	2.9	-0.1	-0.4	-0.5	6.0	6.7	5.6	2.6	-0.8
実質	総世帯	-0.2	-1.3	-3.8	-2.4	-1.3	-3.6	-4.4	-1.8	-1.8	-1.6	-0.6	0.2	-1.8
	分布調整値	0.3	-0.8	-3.3	-2.0	-0.9	-3.4	-4.1	-1.5	-1.4	-1.4	-0.2	0.7	-1.4
	二人以上の世帯	-1.9	-1.4	-4.0	-1.9	-1.1	-3.4	-4.5	-0.9	-2.7	-2.7	-1.0	0.9	-0.7
	単身世帯	7.8	1.1	-1.5	-2.3	-0.5	-3.0	-2.9	-3.6	2.8	3.8	2.2	-0.7	-3.9
季節調整値														
名目	総世帯	105.9	105.1	104.9	106.2	105.8	104.5	103.4	103.9	106.7	107.0	108.2	107.5	107.8
	分布調整値	108.2	107.6	107.3	108.0	107.5	105.9	106.2	105.9	108.4	108.4	110.2	110.7	110.4
	二人以上の世帯	105.1	105.3	105.0	106.8	106.2	104.7	104.4	107.4	105.7	105.9	107.4	108.9	108.2
	単身世帯	114.9	112.1	111.7	112.5	110.9	110.2	111.6	109.9	114.3	119.1	118.1	110.2	115.7
実質	総世帯	99.2	98.4	97.9	98.2	98.0	96.6	96.4	95.7	98.3	98.0	98.5	97.9	97.8
	分布調整値	101.0	100.3	99.6	99.9	99.8	98.3	98.7	97.5	100.3	99.8	100.4	100.4	99.9
	二人以上の世帯	98.4	98.2	97.7	98.6	98.3	96.9	96.9	99.2	97.5	97.0	98.7	99.2	98.3
	単身世帯	107.6	104.8	103.9	103.7	102.4	101.8	103.5	101.9	105.6	109.7	107.7	100.3	105.1

注1　分布調整値とは、世帯構造の変化の影響を除去した消費動向を示すために、世帯主の年齢階級の分布と世帯人員の分布を基準年で固定して算出した世帯消費動向指数である。
注2　季節調整の方法は、センサス局法(X-12-ARIMA)を用いた。季節調整値は、毎年1月分公表時に、過去に遡って改定している。

図8-6　2020年基準消費動向指数（2024年 7 月分）

インコンテキスト無しの問い合わせ

下記の内容は2024年8月に実施したものです。なのでChatGPTの学習データには入っておらず、リアルタイム検索機能でもまだ見つけられないデータです。

インコンテキスト無しに、普通に下記のプロンプトで質問したところ、きっぱりとした回答が返ってきてびっくりしました。ただ、よく見ると**図8-6**の内容とはずれており、4件のサイトを適当に参照して間違った値（名目102.7、実質94.1）をまことしやかに回答していることがわかります（**図8-7**）。

＜プロンプト＞
「2020年を基準とした消費動向指数は、2020年を100とした場合に2024年7月はいくつですか。名目と実質の両方を答えてください。」

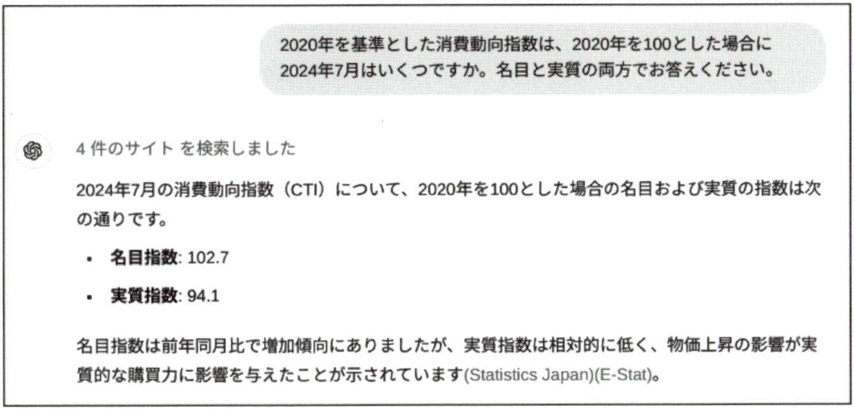

2020年を基準とした消費動向指数は、2020年を100とした場合に2024年7月はいくつですか。名目と実質の両方でお答えください。

4 件のサイト を検索しました

2024年7月の消費動向指数（CTI）について、2020年を100とした場合の名目および実質の指数は次の通りです。

- **名目指数**: 102.7
- **実質指数**: 94.1

名目指数は前年同月比で増加傾向にありましたが、実質指数は相対的に低く、物価上昇の影響が実質的な購買力に影響を与えたことが示されています(Statistics Japan)(E-Stat)。

図8-7 ChatGPT- 4 oにインコンテキスト無しで質問

インコンテキスト有りで問い合わせ

次に、PDFファイルを読ませてから同じ質問をします。インコンテキスト学習をするコツとして、次のようなプロンプトを投げて、「データを読んで理解したら合図をもらう」と間違いがないでしょう。

＜プロンプト＞
「添付ファイルのP1を読んで、理解したら「はい」と答えてください。」

「はい」という合図をもらったので同じ質問をしたところ、今度は正しくPDFに書かれている値（名目105.5、実質95.9）を回答してくれました（**図8-8**）。

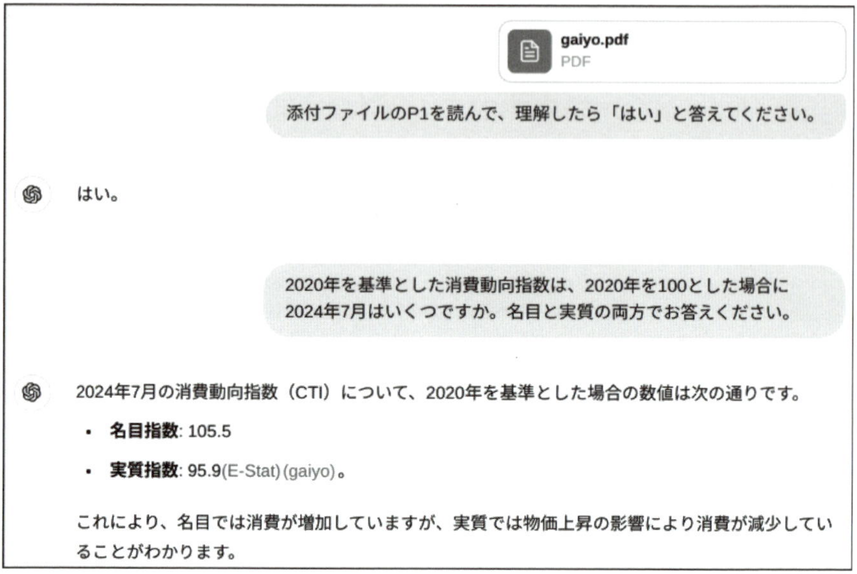

添付ファイルのP1を読んで、理解したら「はい」と答えてください。

はい。

2020年を基準とした消費動向指数は、2020年を100とした場合に
2024年7月はいくつですか。名目と実質の両方でお答えください。

2024年7月の消費動向指数（CTI）について、2020年を基準とした場合の数値は次の通りです。

- **名目指数**: 105.5
- **実質指数**: 95.9(E-Stat) (gaiyo)。

これにより、名目では消費が増加していますが、実質では物価上昇の影響により消費が減少していることがわかります。

図8-8 インコンテキスト学習を使った質問

インコンテキスト学習の限界

この結果を見ると、インコンテキスト学習で何でもできそうに思いますね。しかし、実際に製品マニュアルのPDFをGPT-4oに読ませて、Q&Aシステムを作ってみても期待したほどの結果を得られません。

学習データ（プロンプト）の量が多いと「覚えきれないぞ」って感じでイマイチですし、たとえテキストが短くてもすぐに忘れてしまいます。パッと読んだだけでモデルのパラメータを更新していないので、新しく取得したスキルはLLMが応答した後でじきに消えてしまうのです。

人間にも「脳に刻む」という言葉がありますが、生成AIも同じです。脳に刻んだことはなかなか忘れないのですが、インコンテキスト学習だと奥さんの話をその場限りで聞き流している亭主のように、後日「え、そうだっけ？」と覚えていないことが多いのです。

ニューラルネットワークのパラメータ調整

では、「脳に刻む」とはどういうことでしょうか。これは、ニューラルネットワークのパラメータを更新することに相当します。図8-9は、第3章で解説したニューラルネットワークの構造ですが、今回は動物を当てる学習にしています。

入力層から画像がinputされ、「猫」「犬」「猿」「羊」「馬」などさまざまな予想を指示する信号が左のノードから右のノードに順番に伝播され、最後に多数決で「犬」や「猫」などが選ばれる仕組みです。

「誤差逆伝播」について、もう一度おさらいをしましょう。「犬」のラベルが付いた画像をinputしたのに「猫」と回答したとします。間違いだったので「猫」という誤りにつながる信号を伝搬してきた各層の線の太さ（重み）を小さくします。「お前らがガセ情報を伝えたから間違ったじゃないか。お前らの信用を少し下げるぞ」という感じです。

この重みがパラメータで、信号の伝わりやすさを表します。このように間違うたびに重みを調節する「誤差逆伝播」というフィードバックを延々と繰り返すことで、ニューラルネットワークは頭が良くなっていくのです（図8-9）。

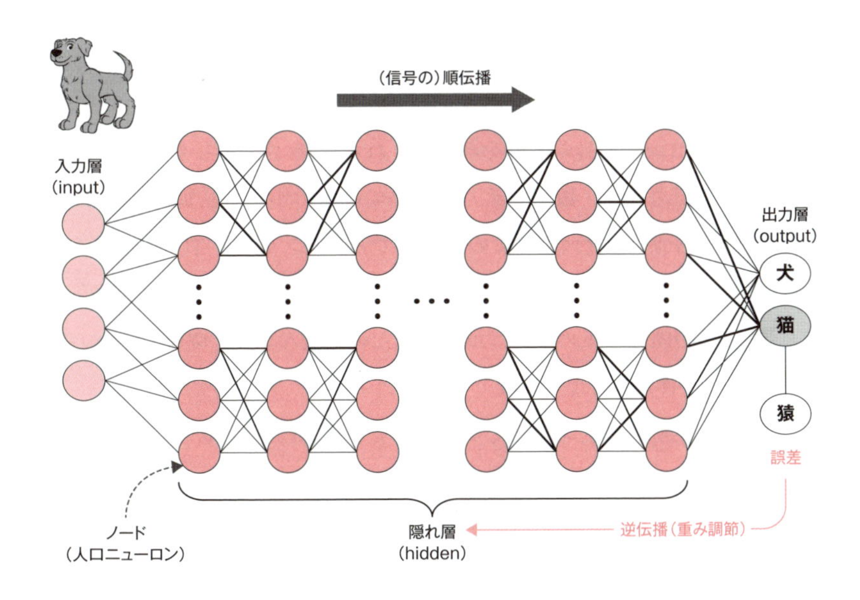

図8-9 ニューラルネットワークのパラメータ（重み）調整

私の世代は、英単語を覚えるために単語カードをよく使いました。表（おもて）に書かれている日本語に対応する英単語を一瞬考えてから、ひっくり返して裏の英単語を見て答え合わせをします。そこで「あっ、間違った」と思ったときに脳に刻まれる学習が誤差逆伝播なのです。

転移学習

2つ目の方法であるファインチューニングを説明する前に、「転移学習」について理解しておきましょう。転移学習（Transfer Learning）は、AIを勉強したことがある人なら誰でも知っている学習方法です。ひと言で言えば「あっちで学んだ学習済みモデルを利用して、こっちの学習を少ないデータで効率的に済ます方法」です。これがファインチューニングを理解する上で知っておきたい技術なのです。

回答の選択肢を決めて学習

一般にラベル有り学習は、出力数を決めて学習します。例えば「犬」「猫」「羊」など20種類の動物を出力とした場合、それ以外の動物は回答できません。「うさぎ」を学習していない場合は、「うさぎ」の画像をinputするとできるだけ近い動物（例えば「猫」）を出力します。このような場合は確信度は低くなります。

動物ではなく、30種類の鳥の名前を教えてくれるAIを作るとしましょう。普通にイチから作るのであれば、数千〜数万枚の鳥の画像の中から品質の良いものだけにラベル（鳥の名前）を付けて（この作業をアノテーションと言います）、AIに数十回読ませて訓練する必要があります。必要となる学習データが多いので、それだけの枚数の鳥の画像を集めたり、良い画像だけを選んだり、画像1つ1つに名前を付けたりという作業がとても大変です。

しかし、すでに「動物の名前を当てることができるAI」が完成していれば、これを利用して少ない画像で効率的に学習するウルトラ技が使えるのです。

転移学習の仕組み

この魔法の方法が転移学習（transfer learning）です。転移学習にはいろいろな方法がありますが、今回は最後の2〜3層を再学習する方式で説明します。**図8-10**は動物を見分けるモデルを再利用（transfer）して、鳥の名前を教えてくれるAIを作成する転移学習です。

まず、動物モデルの最後の2〜3層だけ残してフリーズ（パラメータ凍結）します。そして、鳥の画像を新たに訓練し、そこで学んだ内容がフリーズしなかった層の新たな重みとなるのです。

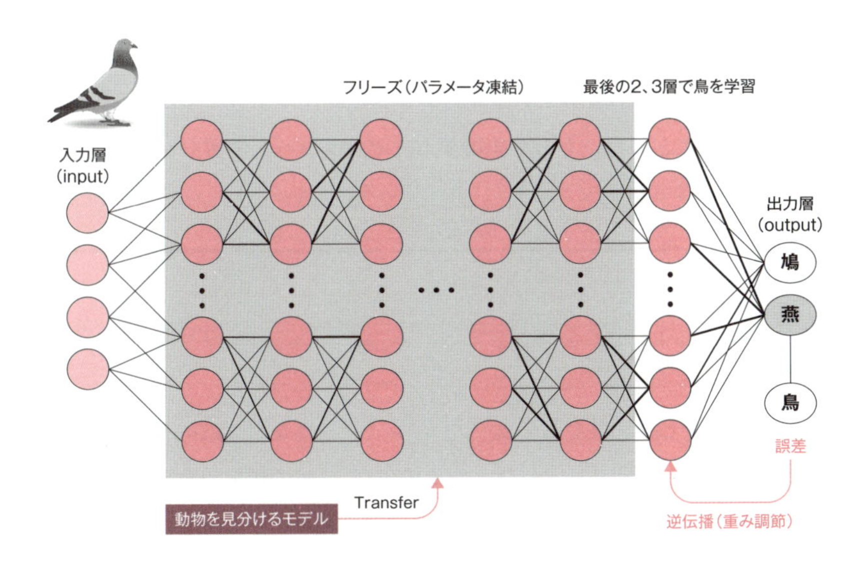

図8-10 転移学習

転移学習の優れた点は、学習データが少なくてもできるところです。すでに動物の名前を見分けるようにパラメータが最適に調節できているので、対象を鳥に変えてもパラメータはかなりの割合で有効です。そのため、新しい知識をちょこっとフリーズ解除した層だけに刻むことで、すぐに鳥を見分けられるようになるのです。

NOTE

少数ショット学習とゼロショット学習

「少数ショット学習（Few-Shot Learning）」は、少数のトレーニングサンプル（学習データ）を用いてモデルを学習させるアプローチの総称です。手法としては、メタラーニング（複数のタスクから学習したモデルを新しいタスクに適応する方法）、データ拡張（既存のトレーニングサンプルを変形・拡張して多くのデータを生成する方法）などがあります。転移学習もその1つの有力な手段とされています。

このほかに、モデルが新しいトレーニングサンプルを全く学習することなく、見たことのないものを認識する「ゼロショット学習」という言葉もあります。

ファインチューニング

ここまでの説明でピンと来るように、ファインチューニング（Fine Tuning）は転移学習の一種です。汎用データで学んだ生成AIの一部の層を凍結解除し、そこのパラメータを新しいデータに適応させることにより独自データが脳に刻まれます。つまり、新しく追加で学習された内容が凍結解除された層のパラメータに刻み込まれるので、独自データの内容を忘れにくくなるわけです。

ファインチューニングの仕組み

GPT-4oをモデルにしたファインチューニングの概念を**図8-11**に示します。転移学習は上記のように、最後の数層のみフリーズ解除して再学習するケースが多くなっています。

一方、ファインチューニングは、もっと広い層を再学習対象とします。ただし、せっかく最適に調整されているオリジナルモデルを大きく変えてしまうと、性能を落としてしまうことになりかねません。そのため層ごとに調整係数を掛けてパラメータ更新に制限をかけます。

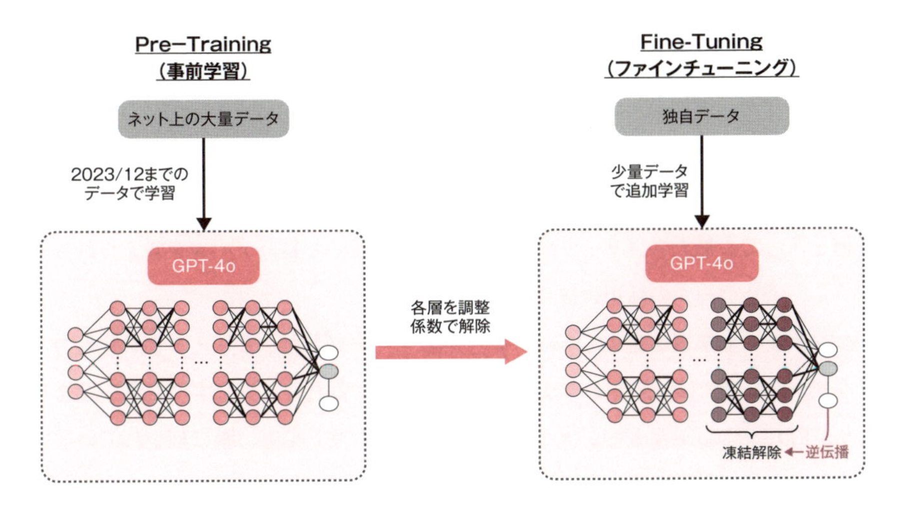

図8-11 ファインチューニングの概念

例えば、最終層は出力の変更（20種類の動物から30種類の鳥）に対応させるために調整係数を1.0とします。一方、だいぶ手前の層は調整係数を0.05として5%しか変更されないように制限するような感じです。

OpenAIが最初にファインチューニングを提供したモデルは、GPT-3.5 Turboでした。このときは、モデル全体の学習率をハイパーパラメータとして指定できました。

しかし、2023年8月に提供開始されたGPT-4 Turbo（GPT-4oのコア）では、一般ユーザーに対して学習率を直接指定することを許可していません。学習率の調整を含む最適化プロセスが進化したため、ユーザーエラーを防止するために自動化したものと思われます。

ファインチューニングのメリット

OpenAIのホームページでは、ファインチューニングのメリットとして次のような項目を挙げています。

・スタイル、トーン、形式などを指示できる
・目的の出力を生成する際の信頼性や精度が高い
・雑なプロンプトにも対応できる
・例外的なケースにも対応できる
・オリジナルモデルでは難しいタスクを実行できる

何と言っても最大のメリットは、脳に刻む方式なので長いデータを覚えられることです。企業データの活用にはこれは必須です。

コンテキスト学習は覚えてもらうデータをプロンプトとして与えますが、入力できるトークン数には制限があります。制限を回避するために少しずつ文章を読ませたり、PDFやWordなどのファイルにして読ませたりしても、脳に刻まれていないため長い文章だと覚えきれません。

一方、ファインチューニングは、膨大な文章をトレーニングサンプル（1つのメッセージ）の集合として制限なく用意できるので、学習データセットの大きさを気にする必要がありません。

ファインチューニングは、企業の利用を想定しているので、トレーニングに使ったデータをユーザー以外が学習に利用することはありません。また、ユーザーの学習データが安全かどうかをチェックしているため、OpenAIの安全基準に違反するような良からぬ学習データがあれば排除されます。

ファインチューニング提供モデルと料金

ファインチューニングは、パラメータを更新するので、モデルサイズが大きいほど計算コストがかかります。GPT-4turboはGPT-3.5turboに比べて大幅にパラメータ数が増えていますので、料金が高く設定され、GPT-4oはさらに料金が上がっています。

一方、最新のGPT-4o miniは、軽量化がなされているので料金が1桁安くなっており、コストを抑えてファインチューニングを行う場合に最適なモデルとなっています。**表8-1**にGPT-4 Turbo以降のモデルの価格をまとめています。

表8-1 ファインチューニング利用料（執筆時点）

	GPT-4o mini	GPT-4o	GPT-4 Turbo
モデル日付	2024年7月18日	2024年8月6日	2024年4月9日
トレーニング費用	$3 / 百万トークン	$25 / 百万トークン	$8/ 百万トークン
推論費用 ・入力 ・出力	$0.3 / 百万トークン $1.2 / 百万トークン	$3.75 / 百万トークン $15 / 百万トークン	$3/ 百万トークン $6 / 百万トークン
推論（バッチ） ・入力 ・出力	上記推論費用の半額	上記推論費用の半額	上記推論費用の半額
トークン上限	8,000トークン（通常版）	8,000トークン（通常版）	4,000トークン
特徴	低コストで、軽量な処理向け	高パフォーマンス・大規模データ対応	従来モデル

トレーニング費用は、学習時に発生するトークンです。一方、推論時のトークンは、入力と出力で単価が異なります。例えば、製品マニュアルをもとに学習データを作成し、これを読ませて学習する際に発生するトークンがトレーニング費用、「こういうことができますか」と質問するのが入力で、「それはこうすれば可能です」と回答するのが出力です。

ファインチューニングのやり方について

このように説明すると、ファインチューニングを行うと素晴らしいことができそうですね。しかし、ファインチューニングと言えども機械学習の基本に沿って学習する必要があり、そのための学習データ（トレーニングサンプル）の準備が大変なことも理解しておきましょう。

実施前にプロンプトを工夫する

OpenAIは、ファインチューニング可能なモデル（Gpt-3.5/4 turbo）だけでなく、ファインチューニングを行うためのSDKやAPI、UIツール、実施ガイドなどを提供してくれています（至れり尽くせりですね）。

しかし、これらの道具が揃ったとしても、やっぱり機械学習なので、学習データの準備やトレーニングで学習効果を高める作業はとても大変です。また、モデルを生成して終わりではなく、運用しながら改善・改良を続ける覚悟も必要なのがファインチューニングです。

そのため、OpenAIもファインチューニングに踏み切る前に、「プロンプトエンジニアリング」、「プロンプトチェーン」、「関数呼び出し」などで目的が果たせないか試してみることを推奨しています。つまり、ギリギリまではプロンプトで勝負し、「あと少しなんだけど」という場面で行き詰まったら、ファインチューニングを試してみるといったイメージです。

プロンプトチェーン

3つの推奨のうち関数呼び出し（Function Calling）については第5章で解説したので、ここではプロンプトチェーン（Prompt Chaining）について解説しましょう。

プロンプトチェーンとは、複雑で長いプロンプトを生成AIに投げるのではなく、タスクごとに小さなプロンプトに分割するテクニックです。1つのプロンプトの出力を次のプロンプトの入力として渡すので、チェーンと呼ぶのですね（**図8-12**）。

人間だっていっぺんに言われるとわけがわからなくなりますが、順を追って質問してくれると話しやすくなります。生成AIも同じと考えて質問の仕方を工夫しましょう。上達すれば、人に対する質問力もアップするかもしれません。

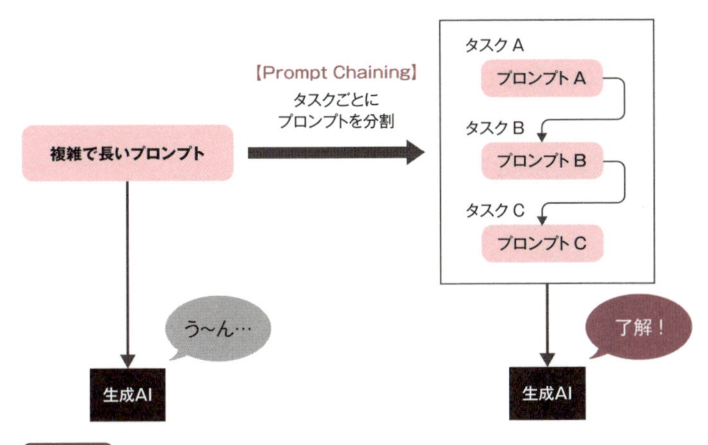

図8-12 プロンプトチェーン

ファインチューニングのやり方

ファインチューニングを行う手順とポイントを**図8-13**にまとめました。この図を使ってファインチューニングのやり方を説明しましょう。

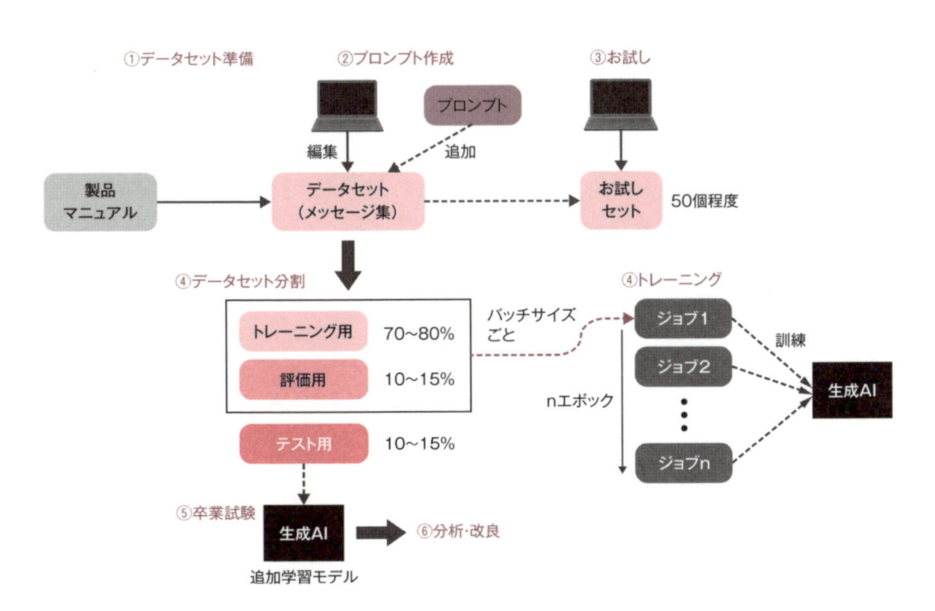

図8-13 ファインチューニングの手順

(1) 本番をイメージしたデータセットを準備

例えば、製品マニュアルの内容をもとに顧客サポートbotを作成するとしましょう。生成AIの実力を知るとなんだか簡単にできそうに思いますが、単にマニュアル1冊を数回読ませて期待に応えてくれるほど甘くありません。

トレーニングに使う学習データは、実稼働環境に似た会話セットを準備する必要があります。具体的には、製品マニュアルの内容から「こう質問したら（Prompt）、こう回答する（Completion）」というトレーニングサンプルを準備して学習に使うことになります。

- **トレーニングサンプルの形式**

ChatGPT APIでは、role（役割）とcontent（内容）を格納したリストをリクエストパラメーターとして送信するので、トレーニングサンプルもこの形式に則ったものになります。roleは次の3つから選択できます。

- system：ChatGPTに対して条件を伝えたり、状況を伝えたりする
- user：ユーザーからのPrompt（質問や指示）を送信する
- assistant：ユーザーからのPromptに対して、適切なCompletion（回答や情報）を提供する

学習に使うトレーニングサンプルは、次のように"messages"という文にrole（役割）とcontent（内容）を記述する形式で記述します。

```
{"messages": [ {"role": "user", "content": "在庫引当とは?"}
{"role": "assistant"
"content": "在庫引当は、ある商品を受注した際に在庫から確保する処理です"}]}
```

- **トレーニングサンプルの例**

ERP製品の学習データを作る想定で、**表8-2**に3つほどトレーニングサンプルを示します。

表8-2 在庫引当に関するトレーニングサンプル(メッセージ)

Prompt	Completion
在庫引当とは?	在庫引当は、ある商品を受注した際に在庫から確保する処理です
在庫引当が行われないのはどのようなケースか?	在庫引当可能な在庫数は有効在庫数以下に限られます。例えば、ある商品の注文が5個入り有効在庫数が3だった場合、在庫引当可能な在庫数は2個となります
有効在庫数より受注数が多い場合は在庫引当が全数できません	受注数が全数在庫引当できない場合は部分在庫引当となります。引当されなかった分の受注数は、次回在庫が補充された時点で受注日の早い優先順で自動的に在庫引当されます

- **Promptの形式**

Promptを質問形式にすることは特定のQ&Aモデルを作る場合には有効です。しかし、Promptは必ずしも質問というわけではありません。目的によっては、指示形式(◯◯してください)や状況説明形式(◯◯という状況になっていますので…)など、いろいろな形式が考えられます。

あえてPromptの形式に多様性を持たせて、モデルの柔軟性と適応性を高める場合もあります。例えば表8-2の3つ目のメッセージは、Promptを説明形式とし、Completionを詳細説明としています。

- **メッセージの量**

このような在庫引当に関する適切なメッセージを数多く準備すればするほど、在庫引当に関する質問に対して良い感じで回答してくれるようになります。しかし、メッセージの大量の準備は一筋縄では行きません。

ここはシンプルに3つの質問で3つのメッセージとしていますが、実際は「在庫引当とは?」「在庫引当が行われないのは?」などの各Promptに対して10種類くらいずつCompletionを用意します。とんでもなく多くの、かつ良質なメッセージを考えて作る必要があるのです。

ファインチューニングの学習データを揃える大変さにげんなりしましたか。しかし、例えば、マニュアルからトレーニングセットのネタを作る作業をAIに手伝ってもらうなど工夫の余地はありそうなので、いろいろと試してみましょう。

(2) 最適なプロンプトを作成

ファインチューニングにおいてもプロンプトは非常に重要です。トレーニングを行う前に、どのようなプロンプトで学習させるのが良いか試行錯誤しましょう。単に「読んで覚えよ」ではなく、役割や目的、期待される結果なども伝えた上で学習させた方が効果があります。そして、最適なプロンプトが見つかったら、それをすべてのトレーニングサンプルに含めます。

(3) お試し

最初からすべてのサンプルをジョブに流すのではなく、まずは50個程度のトレーニングサンプルで"お試しファインチューニング"を行います。機械学習は最初からそんなにうまく行きませんので、コストや労力を無駄にしないように気をつけましょう。

お試しで効果がありそうな兆しが見られるようならそのまま続けますが、改善が見られない場合は、学習データの見直しやプロンプトの改良などの対策を行う必要があります。

(4) 評価データとテストデータの分離

機械学習では、ホールドアウト法がよく用いられます。これは、過学習（over fitting）を防ぐために、トレーニングデータとは別に評価データ（validation data）を用意する方法です。トレーニング中に両方の統計値が提供されるので、評価データで上達ぶりをチェックしながらトレーニングすることができます。

一見するとこの2つで十分なのですが、実はもうひと工夫が必要です。トレーニングを繰り返す際に、評価データが良くなるようにチューニングしながら学習するので、どうしてもvariance（学習データに依存したモデルになって汎化誤差が大きくなること）が生じます。そのため、評価データとは別にテストデータを取り分けておき、トレーニング終了後にモデルが期待する水準を満たしたかを最終確認します。

一般的に、トレーニングデータが70～80％、評価データが10～15％、テストデータが10～15％くらいの割合で分割します。トレーニングデータと評価データは、ファインチューニングジョブに含めますが、テストデータはトレーニングには使わず卒業試験用として使うのです。

(5) トレーニング

トレーニングサンプルが準備できたら、いよいよトレーニングです。用意したトレーニングサンプルのファイルを「Files API」でアップロードし、OpenAIの提供する「fine-tuning UI」などを使ってファインチューニングジョブを作成します。そしてOpenAI SDKでファインチューニングを開始してください。モデルのトレーニングが完了するとメールで通知されます。

(6) 卒業試験

エポックで指定した回数のジョブが成功すると、モデルは推論ができるようになっています。最終エポックの評価データを確認して、これでOKと判断できたらいよいよ卒業試験です。取り分けておいたテストデータで最終テストを行い、期待通りの性能を発揮しているか、過学習が起きていないかを確認します。

(7) 分析・改良・反復する

ジョブが完了すると、トレーニングの過程で取得したメトリクスが提供されます。メトリクスとは「指標」や「測定基準」という意味で、ここではトレーニング損失、トレーニングトークンの精度、テスト損失、テストトークンの精度などが提供されます。これらのメトリクスを確認することで、トレーニングが健全に行われたかを判断できます。しかし、役に立つものかどうかを判定するためには、実際にプロンプトを投げて試してみることになります。

推論モデルは、たとえ期待する効果が得られたとしても、最初に作っただけで放置できるほど楽ではありません。本番運用して直面する課題を解決したり、より精度を高めるために改良し続ける必要があります。そのためにファインチューニング後のモデルに対して、データを追加学習させてさらにファインチューニングすることも行われます。

ファインチューニング後にも手間暇がかかることは、とかく見落としがちです。企業でファインチューニングをやろうというのは簡単ですが、リリースしたあとの運用・メンテナンス負荷や継続的な改良作業も計画に入れておきましょう。

3つのハイパーパラメータ

GPT-3.5 turboのファインチューニングで、トレーニングの際に指定できるハイパーパラメータは次の3つでした。前述のようにGPT-4oは、このうち学習率が指定できなく（自動化）なっています。

・エポック数：ジョブを実行する回数
・バッチサイズ：1回に処理するトレーニングサンプル量
・学習率：モデルに対する学習の深さ

ハイパーパラメータとは、モデルに直接指示する内部パラメータと違い、モデルの学習プロセスをコントロールするための外部パラメータです。最初はいずれも指定せずにおまかせでトレーニングすることが推奨されています。簡単に説明しておきましょう。

・エポック数

エポック数は、何回学習するかというジョブ数です。例えば、エポック数が3の場合、一連のデータセットを学習するジョブを3回実行します。

人間はドキュメントを1回読んだだけでは頭に入りきらず、何回か繰り返し学習してようやく覚えることができます。英単語の勉強を思い出してください。

AIも同じです。ドキュメント（トークン）を繰り返して学習することで「あ、さっきまではわからなかったけど、今ならわかるぞ」というようにパラメータが最適化されていくのです。

・バッチサイズ

機械学習ではミニバッチ学習法がよく使われます。学習データを細かな単位（バッチサイズ）に小分けして、それらをランダムな順で学習する方法です。これはGPUメモリ容量の制限を避けるという意味もありますが、確率的勾配降下法

（Stochastic Gradient Descent：SGD）により学習効果が高まるからです。

確率的勾配降下法とは、誤差を小さくするために自律調整する仕組みです。バッチサイズが大きいとトレーニング速度は向上しますが、トレーニングデータに対する過学習のリスクが高まります。一方、バッチサイズを小さくすると、ミニバッチごとにモデルのパラメータ（重み）を更新することになります。ミニバッチごとに自律調整されるため、モデルの汎化能力が向上するのです。

ハイパラメータで指定するバッチサイズは、ミニバッチごとに処理するトレーニングサンプル数です。例えば、トレーニングサンプルを5,000メッセージ分用意できたとしましょう。バッチサイズを50に指定すると、モデルは50ずつ学習してその都度パラメータ（重み）を更新します。このミニバッチを100回行った時点で1ジョブが終了し、エポックが3の場合はこの一連の作業を3回繰り返すことになります。

- **学習率**

学習率（learning rate multiplier）は、モデルに対する学習度合いです。モデルの追加学習が収束していないように見える場合に、「もっと学習しよう」と調整する係数ですが、変に高くすると追加した（少量の）データで過学習してしまい、せっかくすごい性能を発揮していたオリジナルの重みバランスが崩れてしまいます。多くの場合、これらの値を変更するよりも学習データを改善する方が効果があります。

NOTE

トレーニングサンプルの容量制限

トレーニングサンプルを作成するときは、容量制限も意識する必要があります。第7章で各モデルの入力可能トークン数、出力可能トークン数を表で示しましたが、これらのモデルをファインチューニングする際は、この最大トークン数以内にする必要があります（超過した分はカットされます）。

ファインチューニングのコスト

ファインチューニングは別料金なので、実際にどれくらいコストがかかるか気になりますね。図8-14の想定をもとにトレーニングにかかる費用を試算してみましょう。

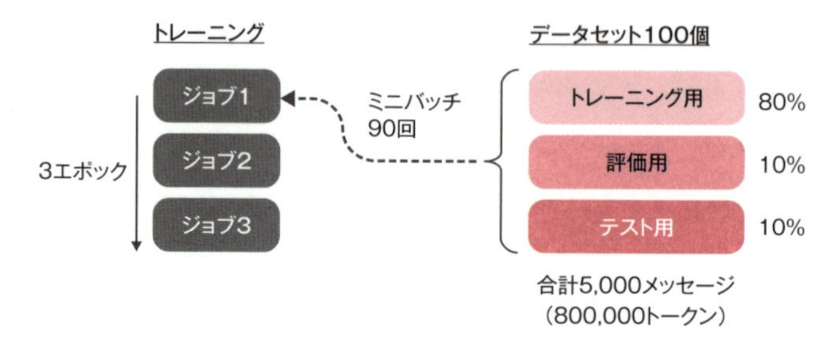

図8-14 ファインチューニングのコスト見積もり

(1) 価格

GPT-4oを利用したファインチューニングの価格は以下のとおりです。

トレーニング時：$0.025/1,000トークン
利用時（入力）：$0.00375/1,000トークン
利用時（出力）：$0.015/1,000トークン

(2) 学習データの量

学習に使うトレーニングサンプルを評価用を含んで5,000メッセージ分用意するとしましょう。1つのトレーニングサンプル（メッセージ）が160トークンだとすると、全部で約800,000トークンということになります。

NOTE

トークナイザー

トークン数はOpenAIが提供するトークナイザーで調べられます。日本語を入力して試してみましょう。

図8-15はトークナイザーに“トークン数とエポック数”という文字列を入れてみたものです。GPT-3.5やGPT-4はGPT-3より効率的なトークナイザーに改良されており、12文字で11トークンとカウントされていることがわかります。日本語は1文字1トークンくらいで見積もっても良さそうですね。

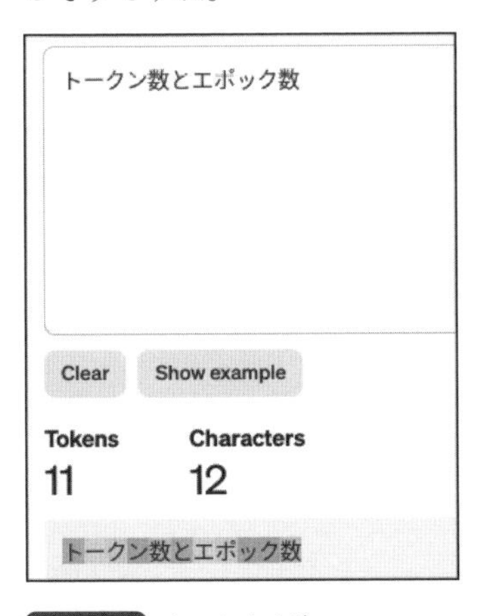

図8-15 トークナイザー

(3) バッチサイズ

バッチサイズはコストに影響しませんが、ここでは50としておきます。5,000メッセージのうち、評価用とテスト用にそれぞれ10%（500メッセージ）ずつ分割することにします。バッチサイズが50だと、1つのバッチで50メッセージずつ処理されることになります。全部で4,500メッセージ分処理するので、1つのジョブは90バッチで処理が終わります（モデルの重みは90回更新されることになります）。

(4) エポック数

エポック数を3とし、上記のジョブを3回繰り返すことにします。

(5) トレーニングにかかる費用

トレーニング時の費用は、次の式で計算されます。

トークン数（データ処理量）× エポック数（学習の回数）× トークン単価（$0.008/1000）

通貨レートを1ドル150円とすると、次のような計算で合計で約8,400円の見積もりとなります。

トレーニング：4,500メッセージ × 160トークンGPT-4o 3回 ×（0.025/1000）ドル × 150円＝8,100円
テスト：500メッセージ × 160トークン × 1回 ×（0.025/1000）ドル × 150円＝300円

1回だけなら我慢できそうな金額に思えますね。しかし、機械学習は何度もトライ&エラーを繰り返してゴールに近づくものなので、下手するとけっこう高く付きそうです。

GPT-4o miniを使った場合

朗報なのが軽量モデルのGPT-4o miniが登場したことです。このモデルのトレーニング価格はGPT-4oの0.12倍なので、8,400円 × 0.12＝1,008円になります。

ファインチューニングしたGPT-4o miniの利用時の価格は、**表8-3**の通り普通のAPI利用の2倍になります。GPT-4o miniでもかなりのクオリティが見込めますので、ファインチューニングにチャレンジする際は、まずGPT-4o miniで試してみてもいいでしょう。

表8-3 GPT-4o miniの価格

	GPT-4o mini Fine-tuning	GPT-4o mini API
入力トークン	$0.3/百万トークン	$0.15/百万トークン
出力トークン	$1.2/百万トークン	$0.6/百万トークン

この章のまとめ

この章では、次のような内容について学習しました。

◎企業が生成AIに自社データ学習させる方法が注目されている
◎企業データを学習させる方法には、インコンテキスト学習とファインチューニングとRAG＆エンベディングがある
◎インコンテキスト学習は、便利なプロンプトエンジニアリング手法だが、脳に刻んでいないので忘れてしまうのが弱点
◎プロンプトチェーンは、タスクごとに小さなプロンプトに分割して連鎖させるテクニック
◎ファインチューニングは、転移学習の一種で少数ショットの追加学習で目的を達成するモデルが作れる
◎ファインチューニングは、別料金で、モデルサイズが大きいほど料金が高くなる
◎トレーニングに使う学習データは、実稼働環境に似た会話セットを準備する必要がある
◎日本語の場合は、1文字1トークン程度で計算できそう。トークナイザーで確認できる
◎ファインチューニングは、軽量モデルのGPT-4o miniが低コストなので、これでどこまで性能が出るか試す作戦もお勧め

次章では、独自データを活用する3つ目の方法として、RAGとエンベディングについて解説します。

第9章

RAGとエンベディング

第8章で、企業データを追加学習する方法として、インコンテキスト学習とファインチューニングについて解説しました。本章では、もう1つの有力な方法である「RAGとエンベディング」について解説します。「ベクトルデータベース」という難しそうな世界に入り込みますが、質の良い学習データを多数用意しなければならないファインチューニングに比べて、利点も多い方法です。

ファインチューニングの課題

RAGを解説する前に、ファインチューニングの課題について把握しておきましょう。ここでは、製品マニュアルを追加学習させてユーザーの質問に回答するQ&A botを作る想定とします。

(1) 学習が大変

生成AIにマニュアルを読ませるだけでQ&A botができれば楽なのですが、そんなに簡単にはいきません。ファインチューニングも機械学習の1つの手法なので、良質な学習データをメッセージの形でそれなりの量を用意して、学習精度を確認しながら繰り返しトレーニングする必要があります。

(2) 追加学習した内容から回答するとは限らない

生成AIは、世の中の大量データを使って事前学習（Pre-training）してパラメータを最適化した汎用モデルです。ここに塵のように少量のマニュアルを追加学習（Fine-tuning）してパラメータを微調整したものがQ&A botです（**図9-1**）。

ユーザーがbotに対して独自データに関する質問を行った際に、必ず追加学習した中から答えてくれれば良いのですが、そんな保証はなく、事前学習されたデータの中からもっともらしい回答を作るかもしれません。

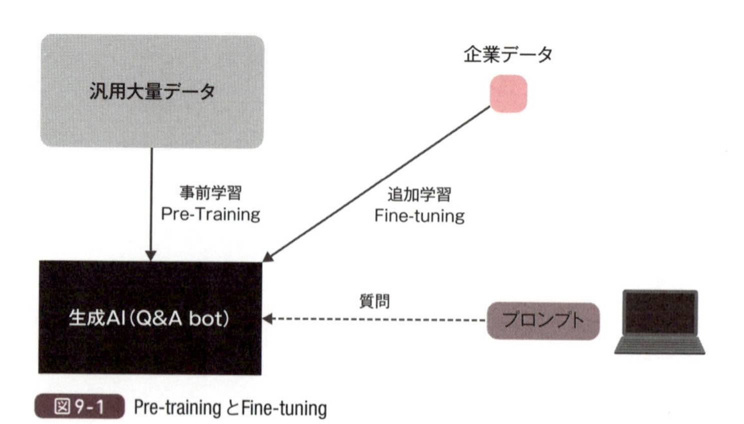

図9-1 Pre-trainingとFine-tuning

NOTE

追加学習した内容から答えさせる工夫

ファインチューニングでは、次のような要因により追加学習した内容からのみ答えさせることが困難です

・基礎モデルの情報が残っている
・基礎モデルの情報と追加情報を融合して回答する仕組みである
・追加した情報がどれなのか特定することが難しい

それを理解した上で、「元の知識を使わずに、新しく学習したデータから答えてください」というプロントを入れると、できるだけその指示に沿った回答を返そうとしてはしてくれるので、おまじないとして入れておく方が良いでしょう。

もう少し頑張るなら、事後フィルタリングという手段があるにはあります。これは追加された情報かどうかわかる仕組みを用意して、そうではない場合に回答を回避する方法です。追加された情報かどうかわかる仕組みとは、例えば追加された情報データベースを用意しておき、出力された内容がそこに含まれているかどうかを照合するような方法です。

(3) 応答の不確定性

生成AIは、ユーザーが同じ質問をしたとしても同じ回答を返すとは限りません。これは、生成AIが多様な訓練データで学習し、確率的選択アルゴリズムやランダム性を用いていることに起因する現象で、「応答の多様性」「出力の不確定性」などと呼ばれていますが、生成AIの柔軟性や創造性を示す特徴でもあります。

この特性は、チャットのような対話においては新鮮で多様な会話が弾む効果をもたらします。しかし、Q&A botのように必ず正解を回答してほしい用途には相性が良くありません。ある時には正解を返したのに、再度質問をした際には異な

る回答をするようでは、ビジネスで使うための信頼性を確保しにくくなります。

NOTE

生成AIの温度

生成AIには、温度（temperature）という設定があります。これはランダム性の指標で、低いとモデルはより決定的に回答し、高いとランダムに異なる文脈や表現を返します。

生成AIにランダム性を取り入れる理由は、自然で多様性のある応答を返してもらうためです。機械であれば毎回決まった回答が返ってきますが、AIは人間のようにニュアンスや言い回しを変化させるので、いきいきとした会話ができるのです。

また、ランダム性は創造性の面でも有効です。ユニークなアイデアやユーモアあふれる文章などを生み出すには、発想の柔軟性や多様性が必要になるからです。

さらに、未知のことを聞かれた場合の回答でも役に立ちます。例えば、「10年後の日本のIT業界は？」と聞かれた場合、温度が低いと1つの回答しか得られません。ランダム性が高ければ、エンジニアの質や量、最新技術の予測、世界における位置づけ、など多用な観点から回答が得られ、質問者の求める答えに近いものが手に入りやすくなります。

RAGとは

上記のような課題を解決するために、全く別のアプローチとして注目されている技術が、RAG（Retrieval-Augmented Generation）です。Retrievalは「検索」、Augmentedは「拡張された」という英単語で、「検索強化生成」などとも呼ばれています。これは、生成AIに情報検索機能を組み合わせたモデルを意味します。

図9-2にファインチューニングとRAGの違いを示しました。ファインチューニ

ングは、独自データを追加学習して生成AI自体を追加学習させる方法です。一方RAGは、生成AIはそのままで外部に独自データを格納したベクトルデータベースを用意し、この情報を検索できる仕組みが拡張されています。

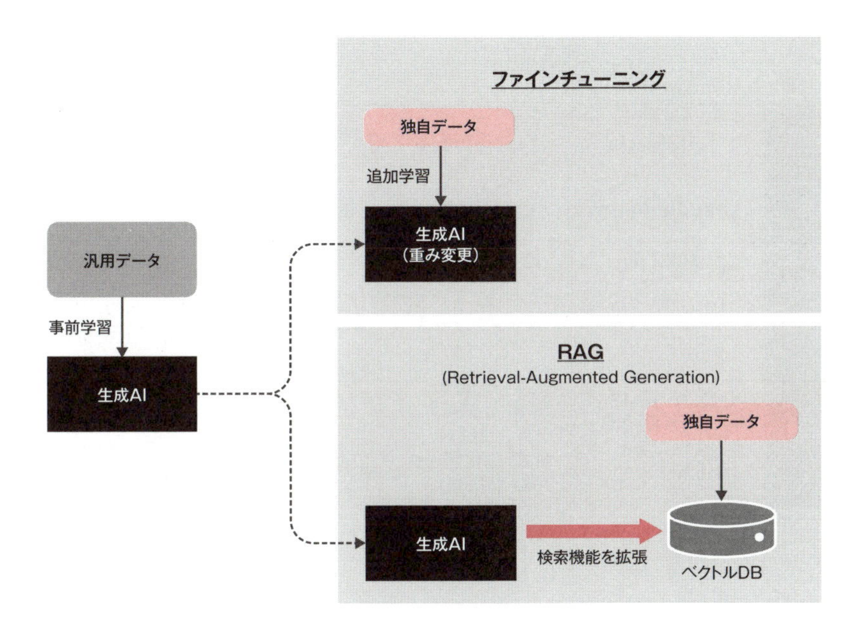

図9-2 ファインチューニングとRAG

LLM Orchestration Framework

RAGを構成する主役が、LLM Orchestration Frameworkです。これは、LLM（大規模言語モデル）を有効活用して、より柔軟にユーザーの要求を実現するためのフレームワークです。

Orchestration（オーケストレーション）とは、いろいろなツールやサービス、データベースなどを管理・コントロールして、複数のタスクを組み合わせることです。音楽のオーケストラと同じ語源で「異なる要素を調和させ、全体として統一された成果を作り上げる」という役割を意味します。

主なLLM Orchestrator

表9-1に主要なLLM Orchestratorを4つ示します。これらはまさにRAGの中心的な役割を担うもので、アメフトのクォーターバック、バスケのポイントガード、そして音楽の指揮者のような司令塔として機能します。

表9-1 主なLLM Orchestrator

	LangChain	LlamaIndex	Semantic Kernel	Dify
開発元	LangChain .Inc	LlamaIndex	Microsoft	Dify
リリース年	2022年	2022年	2023年	2023年
提供形態	オープンソース	オープンソース	オープンソース	オープンソース（SaaSも提供）
主な特徴	人気が高い。GitHubのスター数が高くコミュニティも活発	人気が高い。多用なデータソースに対応し、非構造化データの処理に強い	Azureクラウドと連携し、Copilotでも使用されている	ノーコードでGUI操作でき、テンプレートも充実している

(1) LangChain

LangChain（ラングチェーン）は、ChatGPTなどの大規模言語モデル（LLM）を、より効率的に利用するために機能拡張するオープンソースのライブラリです。モジュール性や拡張性に富み、異なる言語モデルをアプリケーションに統合しやすいフレームワークです。

(2) LlamaIndex

LlamaIndex（ラマインデックス）は、LangChainと並んで有名なフレームワークです。ベクトルデータベースなどを利用したRAGを構成する場合によく使われるほか、モデルの特性やパフォーマンスを評価するLLMOps的な特徴も持っています。

(3) Semantic Kernel

Semantic Kernel（セマンティックカーネル）は、Microsoftによって開発されたオープンソースのSDKです。このツールを使うことで、ユーザーと対話して自律的にタスクを処理してくれるAIエージェントを構築でき、第4章で紹介したMicrosoft Copilotなどにも利用されています。

(4) Dify

Dify（ディファイ）は、ノーコードでさまざまなLLMアプリケーションを開発できるLLM Orchestratorです。RAGを使ったQ&A botなどテンプレートも充実しており、ベクトルデータベースへのエンベディングなどの操作を、直感的なUI操作で実施できます。

LLMOps

LLM Orchestrationと同じく、大規模言語モデル（LLM）の運用効率とパフォーマンスの最適化を行う概念に、LLMOpsもあります。これはDevOps（開発：Developmentと運用：Operationsの融合）から派生した言葉で、LLMの開発と運用を融合させるものです。具体的には、言語モデルのトレーニング、デプロイ、監視、スケーリング、メンテナンスを統合的に管理して、性能と効率を最適化することを指します。

LLMOpsとLLM Orchestrationは、似たようなニュアンスで使われますが、厳密に言えばLLMOpsの方が少し広範な意味合いで使われます。LLMOpsが開発、トレーニング、デプロイ、メンテナンスなどLLMの開発と運用全般をカバーしているのに対し、LLM Orchestrationはもう少し具体的に、言語モデルの統合や情報検索、タスク処理に焦点を当てています。つまり、LLMOpsはLLMの開発と運用に関する包括的アプローチなのに対し、LLM Orchestrationはその中の実装戦略になります（図9-3）。

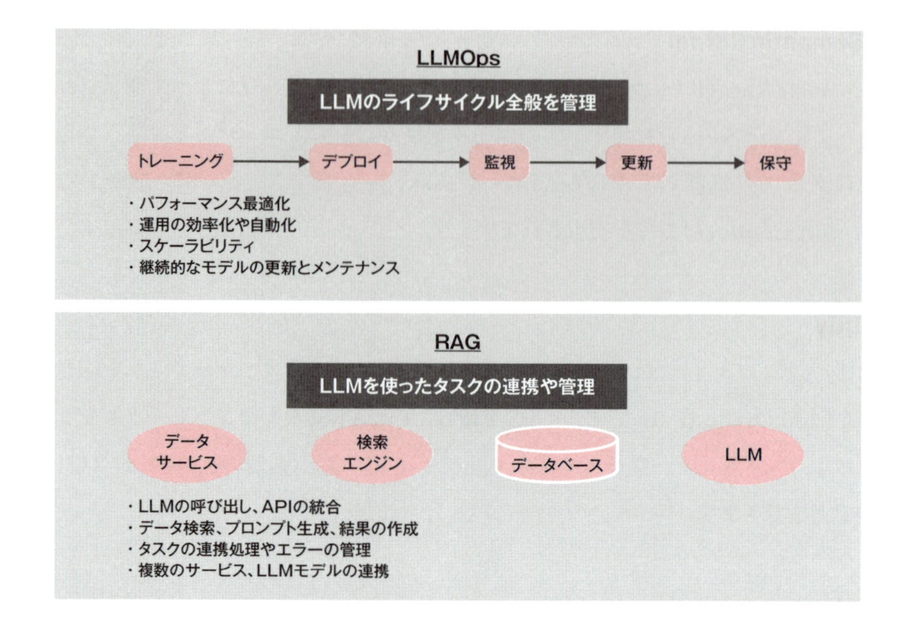

図9-3 LLMOpsとLLM Orchestration

LLM駆動アプリケーション

このようなLLMを中心に据えて動作するアプリケーションのことを、LLM駆動アプリケーション（LLM-Driven Applications）とも呼びます。例えば、カスタマーサポートを行うAI bot、ユーザーの質問に応えるQ&Aシステム、ドキュメント生成、コーディング支援などのアプリケーションは、すべてLLM駆動アプリケーションです。

「LLMオーケストレーション」を利用して「LLM駆動アプリケーション」を構築し、そのインフラを支えて性能や運用効率などを支援するのが「LLMOps」という関係になります。

LangChain

LLM Orchestratorの役割を理解するために、Langchainの機能について説明します。LangChainには図9-4のような機能が備わっており、目的に応じてこれらを組み合わせて、生成AIを柔軟に使いこなすことができます。主な処理内容を説明しましょう。

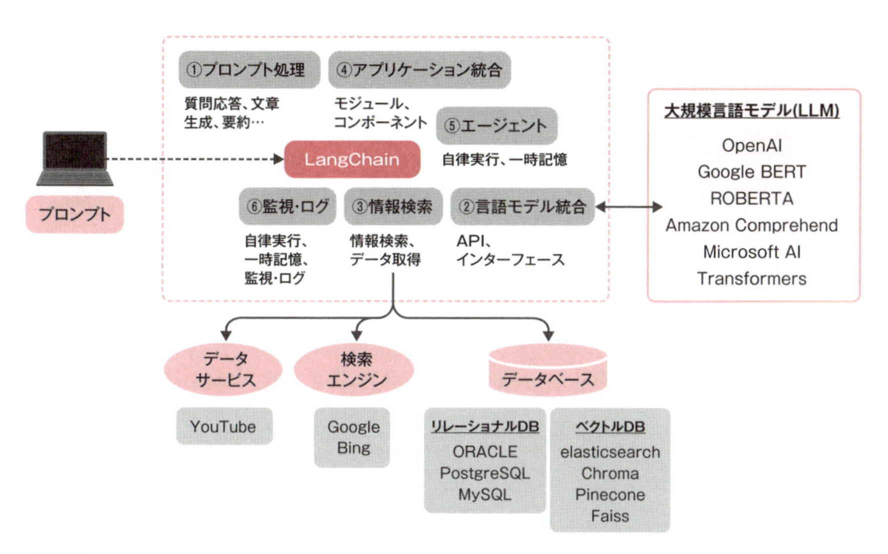

図9-4 LangChainの主な機能

①プロンプト処理（Prompt Engineering）

ChatGPTのような大規模言語モデル（LLM）は、ユーザーからのプロンプトを直接受けて、その要求に適した回答を返します。一方、LangChainは、ユーザーと大規模言語モデル（LLM）の間に入り、ユーザーからの要求を解決するためにさまざまなツールやリソースを駆使して、LLM単体よりさらに効果的な回答を返します。

②言語モデル統合（Model Management）

LangChainは、ChatGPT、Google PaLM API、Meta LLaMA、AWS Comprehend、Azure OpenAI Serviceなど、複数のLLMのインターフェースやAPIを統合的に扱えるフレームワークです。また、多くのLLMをサポートするHugging FaceのTransformersというオープンソースのライブラリとも連携できます。

一般にユーザーが複数のLLMを使い分ける場合は、それぞれにログインして利用することになりますが、LangChainを使えば、簡単に言語モデルを切り替えたり、組み合わせたりすることができます。実際には、LLMを使い分けるような利用方法はあまり思い浮かびませんが、各種LLMに接続できるインターフェースを持っていることは、大きな特徴と言えます。

③情報検索（Data Management）

LangChainは、外部データベースと連携して独自データを取得したり、検索エンジンと連携してネット上の情報を取得したりできます。PDFやCSV、Word、PowerPointなどほとんどのデータ形式に対応しており、NotionやFigma、Youtube、Wikipediaなどさまざまなアプリケーションデータもサポートしています。

データベースはOracleやPostgreSQL、MySQLなどのRDBMSのほかに、elasticsearch、Chroma、Pinecone、Faissなどのベクトルデータベースとの連携もサポートしています。

④アプリケーション統合（Integration with Applications）

LangChainは、さまざまな機能を持つモジュールやコンポーネントで構成されており、特定のタスクに必要な機能を実現するために、これらを柔軟に組み合わせることができます。入力されたプロンプトは、第8章で解説したプロンプトチェーン技術により複数のプロンプトに分けられ、エージェントによって実行されます。

⑤エージェント（Agents）

エージェントは、自律的にさまざまなタスクを実行します。Memory機能により実行途中の状態を保持することもできます。例えば、LLMが学習していない新しい情報が必要な場合は、Web検索を実行して最新データを取得してLLMに渡したり、データベースにクエリを発行して情報を取得したり、コードを実行して技術的な問題を解決したりできます。

⑥監視・ログ（Monitoring & Observability）

Callbacks機能により、実行状態やパフォーマンスをモニタリングできます。また、ログを取得してトラブルシューティングに利用することも可能です。LLMを不正アクセスや悪意のある攻撃から保護し、データの暗号化やマスキングを行うセキュリティ機能も有しています。

つまり、LangChainは、ユーザーからのプロンプトに適切に対応するために、大規模言語モデル（LLM）を使ったり、GoogleやBingなどの検索エンジンでネット検索したり、独自データベースの情報を使ったりしながら、質問応答や文章生成、要約などを実行できる“有能なコンシェルジュ”なのです。

RAGを使った独自データ検索

図9-5にRAGの構成例を示します。ここでは自社製品マニュアルをベクトルストアに格納したQ&Abotを作成することとします。この例では、LLMにGPT-4o、LLM OrchestratorにLlamaIndex、ベクトルデータベースにElasticsearchを使っていますが、もちろん他の製品の組み合わせでも同じように独自データを使った応答処理を構築できます。RAGがユーザーからのプロンプトを受け取ってどのように処理するのか、順を追って説明しましょう。

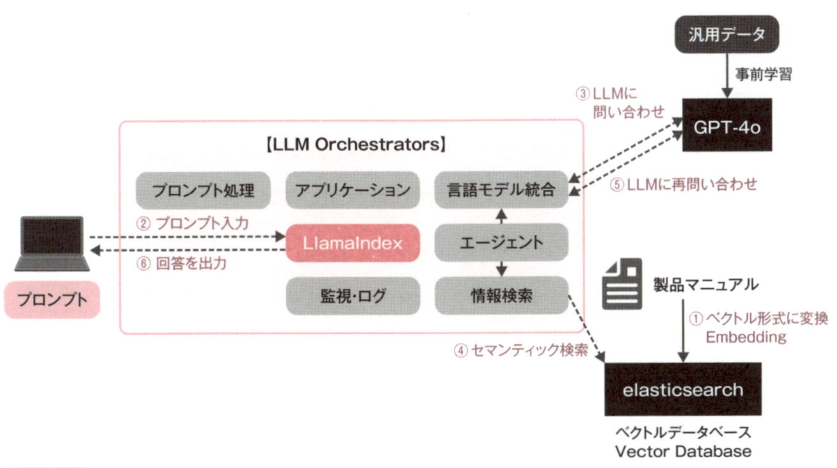

図9-5 RAGを使った独自データ検索

NOTE

RAGのデータの呼び名

RAGでデータベースにエンベディングするデータは、学習データではなく単に「ナレッジ」と呼ぶことが多いようです。これはAIを学習させるためのデータではなく、検索するためのナレッジベースであるからです。

①ベクトルデータベース

RAGは生成AIそのものを追加学習するのではなく、独自データをベクトルデータベースに格納して生成AIが検索できるようにします。そのため、最初に製品マニュアルをベクトル形式に変換（Embedding）し、ベクトルデータベースに格納しておきます。

ファインチューニングのように1メッセージずつ決まったフォーマットで学習データを作る必要がなく、自由な文章形式のまま読み込ませることができるのがEmbeddingの楽なところです。

②プロンプト入力

ユーザーからプロンプトが入力されると、LLM Orchestrator（LlamaIndex）は、プロンプトチェーンなどのプロンプト処理技術を用いて、ユーザーがどのような内容を問い合わせているのか適切に解釈します。

③LLMに問い合わせ

「エージェント」は「アプリケーション」の設定内容に応じて自律的にタスク処理を行います。プロンプトが質問だった場合、エージェントは「言語モデル統合」により接続されているLLM（GPT-4o）に問い合わせを行います。

④セマンティック検索

プロンプトの内容が自社製品に対する問い合わせだった場合、LLMにはそのような独自情報がないため、適切な回答を返すことができません。そこで、エージェントはベクトルデータベースをセマンティック検索し、問い合わせ内容に近いデータを返します。

⑤LLMに再問い合わせ

エージェントは、データベースから得られた情報を再度LLMに送信し、LLMから適切な回答（Completion）を受け取ります。このやり取りは1回だけとは限らず、適切な回答が得られるまで何回か行います。

⑥回答を出力

エージェントは、LLMとやり取りして得た回答をユーザーに応答します。ユーザーと分かりやすい自然言語でやり取りするのは、LLMの十八番（おはこ）ですね。

Dify

RAGを使ったQ&A botを作る際に便利なツールがDify（ディファイ）です。これは、チャットボットや文章生成などのLLMアプリケーションを簡単に作れるオープンソースのプラットフォームです。DifyもLLM Orchestration Frameworkの1つですが、ノーコードで操作できるのが特徴です。技術者はもちろん、非技術者でも簡単に利用できるインターフェースを提供しているので、RAGのチャットボットなどを簡単に作れるようになっています。

Difyの特徴

(1) ノーコード／ローコード対応

LLM Orchestration Frameworkを使いこなすには、それなりの技術知識が必要ですが、Difyは複雑なコードを書くことなく、ドラッグ&ドロップでさまざまなアプリケーションを作ることができます。直感的に操作できるUIとなっていることもあり、とても使いやすいと感じます（私の会社でも使っています）。

(2) テンプレート

Difyには、さまざまな用途に応じたテンプレートが用意されています。例えば、次のようなテンプレートを使えば、イチから設定する場合に比べてはるかに簡単にアプリケーションを作成できます。

- **カスタマーサポートボット（Q&A bot）**
  顧客の問い合わせに対して自動回答するボットを作成する
- **コンテンツ生成ツール**
  ブログ記事やSNS投稿などのコンテンツを自動生成する
- **コード生成アシスタント**
  PythonやJavascript、Java、C++、Ruby、Goなどのプログラミング言語およびDjango、React、Node.js、Spring、Ruby on Railsなどのフレームワークに対応したコードスニペット（コードのまとまり）を生成するサポートを支援する
- **商品レビュー要約ツール**
  ECサイトなどの顧客レビューを収集して、効率的に分析する
- **自動翻訳サービス**
  多言語対応が必要なアプリケーションのための翻訳サービス

(3) LLM Orchestration Frameworkの基本機能を装備

複数言語モデル統合、プロンプト処理、ワークフロー（アプリケーション統合）、エージェント、ベクトルデータベース接続、監視・ログなどLLM Orchestration Frameworkの基本機能が充実しています。

(4) 日本語に対応したオープンソース

日本語にも対応しており、オープンソースモデルなので無料で利用できます。ただし、無料プランにはリクエスト数やストレージ容量などに制限があるので、作成したアプリケーションを本格的に利用する場合には、有料プランを使うことにな

るでしょう。

ベクトルデータベース

RAGでは、検索対象となる独自データをデータベースに格納しますが、ここで使うのは我々が慣れ親しんでいるリレーショナルデータベース（RDB）ではなく、「ベクトルデータベース」です。その概念自体は2000年代からありましたが、AIの急速な発展に伴って脚光を浴びている技術なので、説明しておきましょう。

ベクトルデータベースへの格納

ベクトルデータベースは、文書や画像などのデータを高次元ベクトル形式で格納するデータベースです。ここで文章などのテキストデータをベクトル空間に配置することをエンベディング（Embedding）と言います。

第3章のTransformerの説明で、エンベディングと多次元の関係について説明したことを思い出してください。AI脳は多次元ベクトル空間でないと理解できませんので、例えば「サイズ」という単語は、Word2Vecなどのアルゴリズムを使って、100～300ものベクトル値で空間にマッピングするのでしたね。

エンベディングは、次の2つのステップで行います。

(1) 前処理

エンベディングする前に、次のようにテキストデータを前処理します。これらの前処理はツールを使って一発で行われるので、ファインチューニングの学習データを作成する作業に比べるとはるかに楽です。

・トークン化

ドキュメントを単語や分節の単位に分割する。例えば、「生成AIは面白い」というテキストであれば、「生成」「AI」「は」「面白い」というようにトークン化される。

・ストップワード除去

頻繁に現れるが、意味が乏しい単語を除去する。例えば、「が」「を」「ます」などの助詞や助動詞は、文法的な役割を果たすだけでそのものに意味がないので除去されることが多い。また、「そして」「それとも」などの接続詞や、「これ」「それ」などの代名詞もストップワードの対象となる。

・レンマタイゼーション

単語を、その原形に復元する。例えば、「走っている」→「走る」、「高かった」→「高い」というように、形態素解析ツールを利用して原形を取得する。

(2) エンベディング

Word2Vecなどを使って、前処理されたテキストを数値ベクトルに変換します。Word2Vecは、単語同士の文脈を考慮して、類似した意味を持つ単語を近いベクトル空間に配置してくれるアルゴリズムでしたね。

変換された固定長のベクトルを、FaissやPineconeなどのベクトルデータベースに格納すれば、準備完了です。これらのデータベースは、与えられたクエリに対して最も類似したベクトルを見つける「最近傍検索」機能を提供します。

最近傍検索

ベクトルデータベースの特徴は、類似検索に強いことです。**図9-6**のようにベクトル変換されたクエリと、格納されているベクトルデータとのポイント間の距離（類似度）を計算し、最も近いデータを検索結果として出力します。

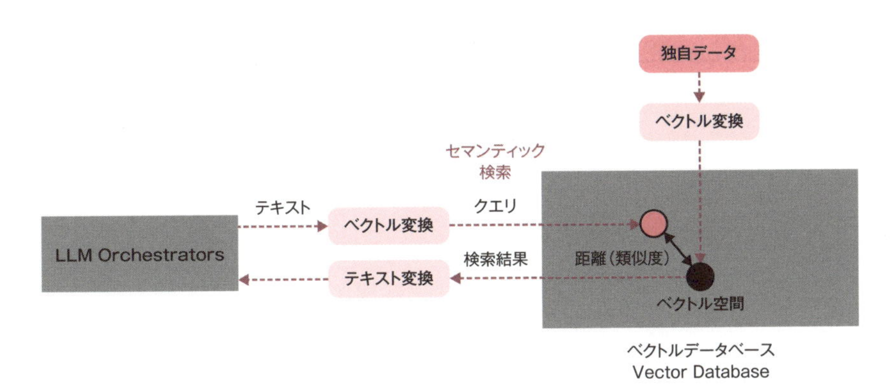

図9-6 ベクトルデータベースの最近傍検索

RDBやNoSQLとの比較

ベクトルデータベースの特徴を理解するために、**表9-2**にRDBおよびNoSQLとの比較を示します。この表を使って主な違いを説明しましょう。

表9-2 RDBとNoSQLとベクトルDBの比較

	RDB	NoSQLデータベース	ベクトルデータベース
用途	業務データベースなど	ビッグデータや分散システムなど	類似検索やレコメンデーションなど
データ構造	テーブル形式（行と列）	キーバリュー、ドキュメント、グラフなど	ベクトル形式（多次元配列）
検索機能	SQLに完全一致するデータのみ取得	大量データを高速で読み書き	類似度ベース検索に特化（高速）
スケーラビリティ	限定的。 水平・垂直ともスケーリングが弱い	高い。 分散処理に強い	高い。 大規模なベクトルデータを格納
トランザクション	強い（ACID特性）	弱い	弱い
データの整合性	強い	弱い	弱い
主な製品	Oracle、SQL Server、MySQL、PostgreSQL	MongoDB、DynamoDB、Redis、Cloud Datastore	Faiss、Milvus、Elasticsearch、Annoy

NOTE

ACID特性

ASID特性は、データベース管理システム（DBMS）がトランザクション処理を保証するための下記の4つの基本特性です。RDBMSは、これら4つの特性をカバーしていますが、NoSQLやベクトルDBは、このうちのどれかを犠牲にしていたりします。

- **Atomicity（原子性）**：トランザクションは成功するか、失敗するかのどちらかであること
- **Consistency（一貫性）**：トランザクションが完了すると、一貫した状態を保つ（結果の揺れがない）
- **Isolation（独立性）**：複数のトランザクションが同時実行される場合、互いに影響を与えない
- **Durability（永続性）**：トランザクションがコミットされると、その結果は永続的に保持される

(1) データ構造と検索機能

RDBは、データを構造化してテーブルに格納し、クエリに完全に合致したデータを検索結果として出力します。NoSQLのキーバリューストアも同じく、キーに完全に一致したデータを返します。これに対してベクトルデータベースは、クエリに最も類似したデータを返すので、少し曖昧な（AIっぽい）検索となります。

(2) スケーラビリティと検索速度

RDBは、水平、垂直ともスケーラビリティが限定的で、データ量が大きくなると検索速度も低下します。これに対してNoSQLとベクトルDBは、スケーラビリティが高く、データ量が大きくなっても高速に検索できます。

⑶ トランザクションとデータ整合性

RDBは、ACID特性で表されるようなトランザクション処理が保証されており、データ整合性を担保する必要のある業務システムなどで幅広く活用されています。一方、NoSQLやベクトルDBは、トランザクションが弱く、一時的に整合性が取れなくなる場合もあるため、ミッションクリティカルな業務システムではなく、大量データの格納や類似検索などの目的で利用されます。

セマンティック検索

図9-6に記載のあるセマンティック検索についても説明しておきましょう。semanticは、「意味の」という単語で、セマンティック検索は「意味的検索」と訳されます。

RDBの検索と対比してみましょう。RDBでよく使われるキーワード検索は、キーワードに（前方／部分）一致するテキスト文を探します。一方、ベクトルDBに対するセマンティック検索は、単にキーワードの一致だけでなく、クエリーの意図や文脈（これが意味）を理解して、関連性の高い情報を抽出します。

例えば、「セマンティック検索とは?」というクエリをベクトルDBに発行した場合、クエリのキーワードが直接含まれていなくても「ベクトルデータベースの類似性検索とは」「ベクトル間の距離と類似度の関係」などのデータポイントの中から、最も類似度の高いものを検索結果として返してくれます。

セマンティック検索のプロセス

ベクトルデータベースに対するセマンティック検索は、次の3つのステップで実現されます。

⑴ データのベクトル化

テキストや画像、音声などのデータを多次元ベクトルに変換してベクトルDBに格納します。この変換には自然言語処理（NLP）技術が用いられ、データの意味的な内容がベクトル空間上の点として表現されます。

NOTE

次元

第3章でも説明しましたが、ここで次元についておさらいしておきましょう。ベクトルデータベースは、高次元のベクトルデータを格納します。ここで言う「次元」とは、ベクトル空間内のデータポイントが持つ特徴や属性を意味します。

例えば、「赤丸」という画像データを次元で表してみましょう。

形状：円、半径：5cm、線の太さ：2mm、色：＃FF0000、透明度（アルファ値）：1、線種：実践

という6つの次元を持てば、誰でも同じ赤い丸線を描くことができます。

では「ペンギン」という単語はどうでしょうか。このデータの特徴は、

「鳥である」「飛べない」「立って歩く」「泳げる」「背中が黒」「腹が白」…

というようなもので、300くらい示せばペンギンを定義できそうです。そして、これらの特徴を次元として数値化することがベクトル化なのです。

ベクトルデータベースは、文章や画像、音声などのデータを高次元で数値化してベクトル空間に格納します。次元が高次元になるほど細かな意味の違いを表現できますが、計算量やメモリも増加します（次元の呪いと言います）ので、ある程度で抑えてベクトル化します。

(2) 類似度の計算

ベクトル変換されたクエリと、データベース内の各データポイントの間の類似度を計算します。類似度はベクトル間の距離にもとづいてスコア化されますが、「クエリの意味」と「データの意味」というように、それぞれの“意味”の関連性で

測定されるのがセマンティック検索の特徴です。

(3) 関連性の高い情報の抽出

各データポイントとの類似性スコアにもとづいて、最も関連性の高いデータポイントを検索結果として出力します。

RAG学習データ作成の工夫

ここまでの説明を読んで、「じゃあ、うちもRAGでQ&A botを作ってみよう！」とその気になった方々には申し訳ないのですが、実はRAGも学習データ（ナレッジ）が重要であり、単純にマニュアルを“前処理”して読ませただけではなかなかうまく行きません。マニュアルをもっと質の高いナレッジデータに整理した上でエンベディングする必要があるのです。

過去のQ&Aからナレッジを作成

私の会社でやっている実例をもとに、工夫すべきポイントを説明しましょう（**図9-7**）。

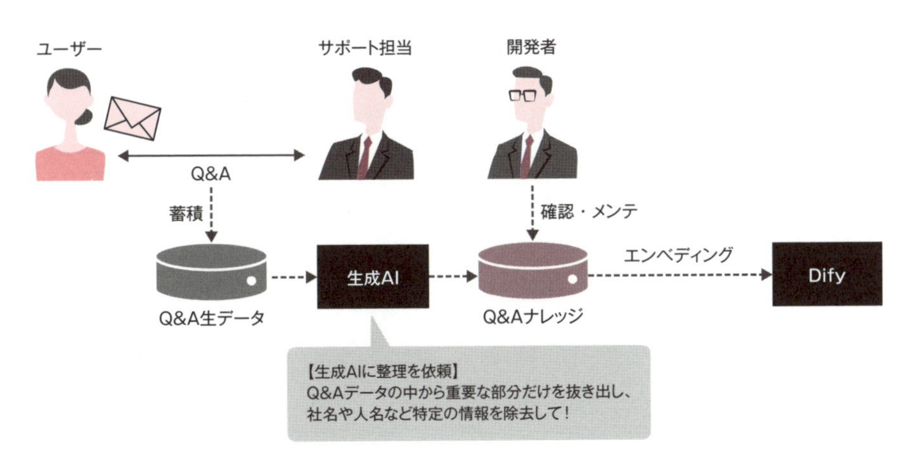

図9-7 RAGナレッジデータの作成

(1) Q&Aナレッジのデータソース

マニュアルは読んで理解するためのものなのでQ&A形式にはなっていません。Q&A botを作るなら、マニュアルではなく、過去のユーザーと保守サポートとのやり取りをデータソースにするほうが適しています。これらは膨大なメールの履歴だったり、Web問い合わせデータだったりしますが、それらを抽出してデータソースとする作業を行います。

(2) 生成AIに整理を依頼

Q&Aのやり取りが適していると言っても、長いやり取りの文章は冗長ですし、社名や個人名などのデータも含まれています。上記の前処理（ストップワード除去やレンマタイゼーション）で不要な文字をちょこまかカットする前に、もっと文章全体を（意味が変わらないまま）大幅にスリム化する必要があります。

実は、この手の作業は、生成AIが大得意です。生成AIに次のようなプロンプトで依頼すると、かなり品質のよいナレッジデータをパッと作成してくれます。

<プロンプトの例>
あなたは情報整理の専門家です。添付のQ&Aデータを整理して、Q&A botを作るRAGのナレッジデータを作成してください。
注意点：
・重要な部分だけを抜き出して社名や人名などの特定の情報を除去してください
・抜き出す際には、意味が変わらないように注意し、文脈を維持して文が自然になるように再構成してください
・出力は、次のように質問と回答の形式で整えてください
質問:（重要な部分）
回答:（重要な部分）

(3) 人間の確認

最後に人間が、なにか変なところがないかをざっと確認します。

マニュアルからナレッジを作成

Q&Aデータが蓄積されていないというケースでは、マニュアルをもとにナレッジを作るしかありません。その場合も諦めずに、生成AIに次のようなプロンプトで試してみましょう。マニュアルの内容が良ければ、それなりのナレッジを作ってくれるはずです。

ただし、リアルな質問でなく想定した質問なので、人間のメンテナンス作業は多くなります。また、ユーザーからの問い合わせはマニュアルに書いてないことが少なくないので、そのようなリアリティには欠けた内容にはなります。

＜プロンプト＞
あなたは情報整理の専門家です。以下のマニュアルをもとにQ&A botを作るRAGのナレッジデータを作成してください。
注意点：
・マニュアルはQ&A形式ではないため、重要なポイントを抜き出して、質問と回答の形に整えてください
・マニュアルで説明していることを回答とし、その回答を引き出す質問を想定して作成してください
・質問は具体的で、回答は簡潔で要点を押さえたものにしてください
・出力は、次のように質問と回答の形式で整えてください
質問:（想定して作成）
回答:（要点をまとめる）

この章のまとめ

本章では、以下のような内容について学習しました。

◎ファインチューニングには、「学習が大変」「追加した内容で回答するとは限らない」「応答に不確定性がある」という課題がある
◎RAGは、生成AIに独自データの検索機能を拡張したモデル
◎RAGを構成する主役がLLM Orchestration Frameworkで、LangChain、LlamaIndex、Semantic Kernel、Difyなどがある
◎LLM Orchestrationと似たような言葉に、LLMOpsやLLM駆動アプリケーションなどもあるが、それぞれ役割が異なる
◎LangChainは、主な機能として、プロンプト処理、言語モデル統合、情報検索、アプリケーション統合、エージェント、監視・ログなどがある
◎RAGは、プロンプトの意味を解釈し、独自データを格納したベクトルデータベースにセマンティック（意味）検索して、LLMと相談しながら回答を返す
◎Difyを使うと、直感的なUIでRAGを使ったQ&A botを作成することができる
◎ベクトルデータベースは、情報を高次元ベクトルデータで格納し、クエリとの類似度（距離）の近いものを返す

生成AIが登場して、いろいろな職業が奪われるのではと危惧する声をよく聞きます。ITエンジニアの世界でも、プログラマー不要論が巻き起こっていますが、私は全く違う見方をしています。むしろ、これからは、生成AIを使いこなしてより効率的にプログラミングできる時代に入ったと思います。では、どのような活用の仕方があるのでしょうか。次の第10章では、そのあたりのヒントとなる内容をお伝えします。

第10章 プログラミング支援

エンジニアは、さまざまなツールを使っています。その中で突如現れた生成AIは、大幅に生産性を向上させる"魔法の杖"として、世界中で使われつつあります。しかし日本では、感度が低いのか、お金を払うのを惜しんでいるのか、未だにこれまでのやり方でプログラミングしている現場が多く、もったいないなと感じています。そこで本章では、現状の生成AIがプログラミング支援にどのように貢献しているかを解説します。

生成AIがプログラミングに強い理由

第2章で「大規模言語モデル（LLC）は言語の天才」と紹介しましたが、プログラミング言語も言語の一種なので、実はかなりの得意分野と言えます。まずは、生成AIがプログラミングに強い理由を理解して、「なるほど、じゃあ、使ってみよう」とその気になってもらいましょう。

(1) 膨大な学習データ

生成AIの学習データの大半は、インターネットから取得しています。そして、都合の良いことに、ネットにはプログラミングコードが大量に公開されています。オープンソースやブログ、公式ドキュメントなど、世界中のネット上にPythonやJava、Javascriptなどさまざまなプログラミングコードが書かれており、生成AIはこれら広範なデータソースを学んでいます（**図10-1**）。

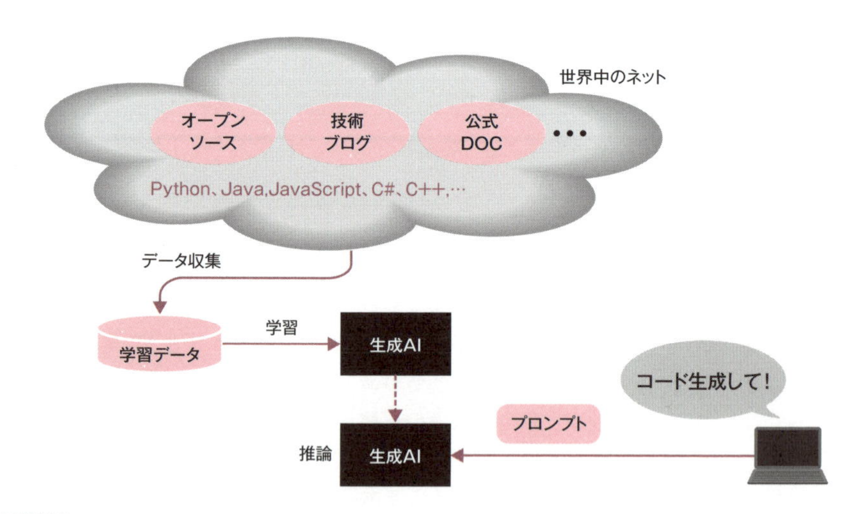

図10-1 世界中のプログラミングコードで学習

(2) 構造化・パターン化された言語

プログラミング言語は、自然言語に比べてはるかに構造化・パターン化された言語です。厳格な文法やルールがあり、構造（シンタックス）が決められていますし、すべてのコードが特定の意味を持っています。そのため、生成AIは自然言語に比べてずっと学習しやすく、強みを発揮できます。

(3) 良し悪しがわかりやすい

自然言語の良し悪しは、判断が難しいものです。第3章の「RLHF（強化学習）によるしつけ」のところで説明したように、文章レベルの判断が難しいため、人間がスコア（報酬）を付けたりします。

これに比べれば、プログラミング言語は良し悪しがはっきりしています。悪いコードはエラーが発生しますし、エラーを修正して正常動作すれば、品質レベルを高くスコアリングできます。機械学習は大量の学習データでトレーニングを繰り返しますが、結果のフィードバックがはっきりしている分、効率的にスキルアップを図ることができます。

我々人間は、自然言語で会話するよりプログラミングコードを書ける方が、「すごい」と思います。でも、上記のような理由を知ると、生成AIにとってはむしろプログラミング言語の方がとっつきやすいということが理解できます。

どのような支援をしてもらえるのか

生成AIによる支援は幅広く拡がっています。プログラミングという作業は、単にコードを書いているだけではありません。コードを書く前にアルゴリズムを考えたり、コードを書いた後にテストを行ったりと、実にさまざまなステップを経てきちんと機能するプログラムが完成します。

そして生成AIは、下記のようなプログラミング作業全般を支援してくれる実力を有しています。いくつかピックアップして試してみましょう。

(1) コード生成およびアルゴリズム支援

・アルゴリズムを提案してもらう

・フローチャートを書いてもらう

・プログラミングコードを書いてもらう

・パフォーマンスの最適化（コードおよびSQL）

(2) コードの品質向上と最適化

・プログラムレビューしてもらう

・リファクタリングしてもらう

・コメントを追加してもらう

・バグを修正してもらう

・セキュリティチェック

(3) テスト支援

・テストケースを作成してもらう

・テストコードを作成してもらう

・テストデータを作成してもらう

(4) ドキュメンテーション

・仕様書を逆生成してもらう

・ドキュメント生成の自動化（APIドキュメント、コードの目的や説明）

・多言語対応の支援、翻訳ファイルの作成

(5) バージョン管理とデプロイ支援

・Git操作の支援

・コミットメッセージの提案

・バージョン間の差分分析と統合支援

・CI/COパイプラインの構築

・Dockerやkubernetes設定ファイル作成

(6) プロジェクト管理支援

・タスクやバックログの自動生成

・開発スケジュールの管理、最適化

コード生成およびアルゴリズム支援

生成AIによるプログラミング支援ツールは続々と登場しています。これからはAIツールを使いこなしながらプログラミングを行うのが必須の時代と言えます。

ここでは汎用AIであるChatGPT-4oを使って、どのような支援を行ってくれるのか確認しましょう。実際には、もっと本格的なプロンプトを何回もやり取りして完成度の高いアウトプットを得ることになりますが、その“さわり”ということで一端を紹介します。

アルゴリズムを提案してもらう

アルゴリズムとは、ある問題を解決するための手順や手法のことです。プログラミングを行う際のキホンのキですね。経験の浅いプログラマーに「じゃあ、この処理をフローチャートに書いて」と言うと固まってしまう場合がありますが、それは頭の中でアルゴリズムが整理できていないからです。コピペ主体でプログラミングを書いているとアルゴリズム力が身に付いていない場合があるので注意が必要です。

(1) アルゴリズムを作成

図10-2は、ChatGPT-4oに次のプロンプトを投げてアルゴリズムを提案してもらったものです。4行ほどの簡単なプロンプトですが、前半でアルゴリズムのステップ、後半でPSEUDO（疑似コード）を使った簡単な実装例を示してくれています。

＜プロンプト＞

請求締め処理のアルゴリズムを示してください。処理内容は次の通り。

1. 締処理バッチは毎日実行される
2. 処理日が顧客マスターの締日と一致する顧客のデータが対象となる
3. 前月の締日翌日から本日までの売上データを集計して請求データとする
4. ループ処理で対象となる顧客の請求データを全て作成する

新規プログラムのアルゴリズムを考える際に、このように生成AIを活用することは非常に効果的です。自分でイチから考える力が身に付かないという批判もありそうですが、自分では思いつかないアルゴリズムを示してくれる“お手本”として勉強になるメリットの方が大きいと思います。

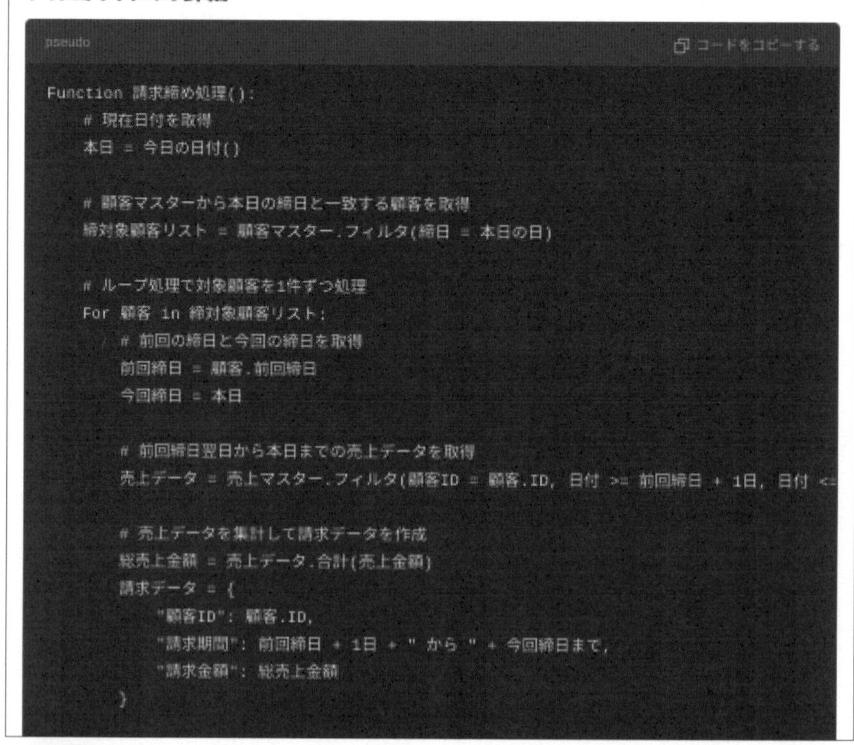


```
Function 請求締め処理():
    # 現在日付を取得
    本日 = 今日の日付()

    # 顧客マスターから本日の締日と一致する顧客を取得
    締対象顧客リスト = 顧客マスター.フィルタ(締日 = 本日の日)

    # ループ処理で対象顧客を1件ずつ処理
    For 顧客 in 締対象顧客リスト:
        # 前回の締日と今回の締日を取得
        前回締日 = 顧客.前回締日
        今回締日 = 本日

        # 前回締日翌日から本日までの売上データを取得
        売上データ = 売上マスター.フィルタ(顧客ID = 顧客.ID, 日付 >= 前回締日 + 1日, 日付 <=

        # 売上データを集計して請求データを作成
        総売上金額 = 売上データ.合計(売上金額)
        請求データ = {
            "顧客ID": 顧客.ID,
            "請求期間": 前回締日 + 1日 + " から " + 今回締日まで,
            "請求金額": 総売上金額
        }
```

図10-2 生成AIにアルゴリズムを提案してもらう（1/2）

```
        # 請求データを保存
        請求マスター.保存(請求データ)

        # 顧客の前回締日を更新
        顧客.前回締日 = 今回締日
        顧客マスター.更新(顧客)

    # 処理終了
    End For
```

処理ステップの説明

1. **本日の取得**: 現在の日付を取得し、当日の締日と一致する顧客を抽出します。
2. **締対象顧客の取得**: 顧客マスターから締日が今日の日付と一致する顧客をフィルタします。
3. **売上データの集計**: 売上マスターから、前回の締日翌日から本日までの売上データを取得し、合計金額を計算します。
4. **請求データの作成**: 集計した売上金額を基に請求データを作成し、請求マスターに保存します。
5. **前回締日の更新**: 処理が完了した顧客の前回締日を今回の締日に更新します。

ポイント

- **顧客マスターの管理**: 顧客マスターには、締日と前回の締日が含まれており、それを基に処理を実行します。
- **売上データの集計期間**: 前回の締日翌日から今回の締日（本日）までのデータを対象にする。
- **バッチ処理のループ**: 毎日実行され、締日が一致する全顧客に対して請求データを作成します。

このアルゴリズムをベースに、必要なデータベースクエリやエラーハンドリングを追加して実装できます。

図10-2 生成AIにアルゴリズムを提案してもらう（2/2）

フローチャートを書いてもらう

今度は、アルゴリズムに加えて、フローチャートの作成もお願いしてみましょう。

フローチャートを書いてくれるツールはいろいろありますが、ここではテキストベースの記述からUML図を生成するオープンソースのツールPlantUMLを使ってみます。

NOTE

PlantUML

PlantUMLとは、UML（Unified Modeling Language）の図をテキストベースで生成するためのオープンソースツールです。フローチャートだけでなく、クラス図やシーケンス図、ユースケース図、コンポーネント図など幅広い図を作成できます。VSCodeやEclipseなどにプラグインをインストールして統合した環境で使用することができます。図の生成がテキストで行われるため、Gitなどのバージョン管理システムとの相性も良いツールです。

①PlantUMLコードの作成

いきなりフローチャートを書いてもらうのではなく、まずはPlantUMLコードの生成を行い、それをもとにフローチャートを作図します。上記と同じ処理でPlantUMLコード作成を依頼すると、**図10-3**のようなコードを作成してくれます。

（プロンプト）
フローチャートを作成するために、下記の締め処理をPlantUMLコードで示してください。
1．締処理バッチは毎日実行される
2．処理日が顧客マスターの締日と一致する顧客のデータが対象となる
3．前月の締日翌日から本日までの売上データを集計して請求データとする
4．ループ処理で対象となる顧客の請求データを全て作成する

以下は、締め処理バッチの処理を表現するためのPlantUMLコードです。このコードを使用することで、指定された締め処理のフローチャートを生成できます。

```plantuml
@startuml
start
:締処理バッチの実行;
:本日の取得;
if (本日の締日に一致する顧客がいるか？) then (Yes)
    :顧客リストを取得;
    while (全ての対象顧客を処理するまで) is (顧客あり)
        :前回の締日を取得;
        :売上データの集計;
        :請求データの作成;
        :請求データを保存;
        :前回締日を今回締日に更新;
    endwhile
else (No)
    :処理対象なし;
endif
stop
@enduml
```

PlantUMLのフローチャート説明:

1. **スタート**: 締め処理バッチが実行されることから開始。
2. **本日の取得**: 現在の日付を取得。
3. **顧客データのチェック**: 本日の締日と一致する顧客が存在するかどうか確認。
4. **顧客のループ処理**: 一致する顧客が存在すれば、各顧客ごとに処理を繰り返す。
   - 前回の締日翌日から本日までの売上データを集計。
   - 請求データを作成し、データベースに保存。
   - 前回の締日を今回の締日に更新。
5. **処理対象がない場合**: 一致する顧客がいなければ処理終了。
6. **終了**: バッチ処理が完了。

このコードをPlantUMLで実行すると、指定された要件に基づく締め処理のフローチャートが生成されます。

図10-3 生成AIでPlantUMLコードを作成

②PlantUML online Web Serverで実行

無料で使えるPlantUML Web Serverサイトを使って、フローチャートを作図してみましょう。ChatGPTが作成してくれたPlantUMLコードを、「Copy Code」アイコンでコピーし、このWebページの上部コードエリアに貼り付けます。

「Submit」ボタンをクリックすると、**図10-4**のようなフローチャートが作成されます。このフローチャートで気になる点があれば、都度ChatGPT-4oに修正や加筆を依頼することで、より完成度の高いフローチャートを得ることができます。

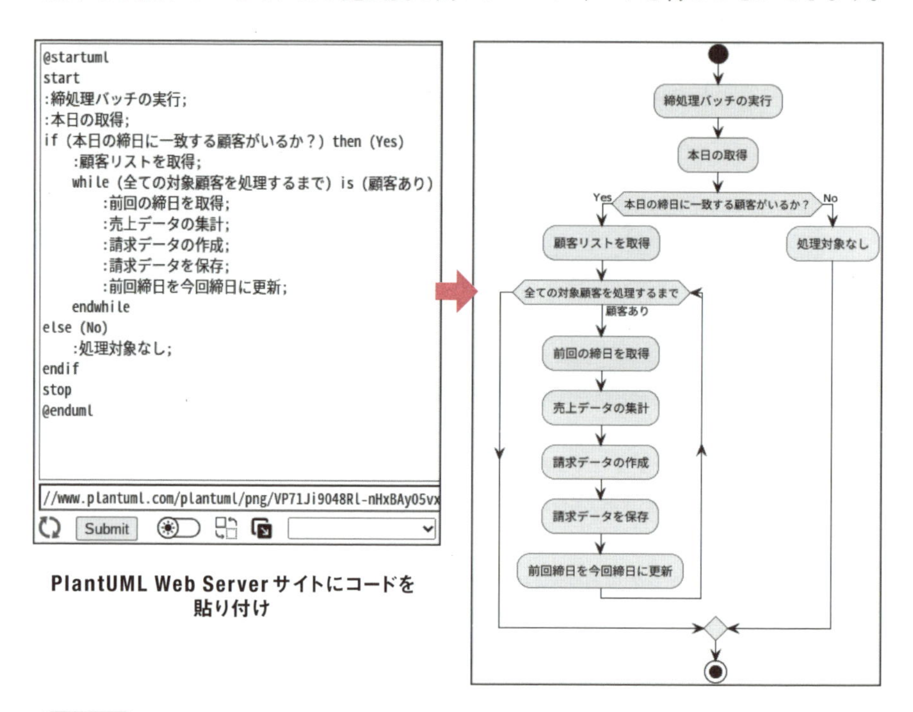

図10-4 PlantUMLコードでフローチャートを作成

プログラミングコードを作成してもらう

図10-2は擬似コードでしたが、今度はJavaのプログラミングコードを書いてもらいましょう。下記のプロンプトでコード生成を依頼すると、**図10-5**のようなJavaのサンプルコードを作成してくれます。

<プロンプト>

下記の締め処理をJavaコードで示してください。

1.締処理バッチは毎日実行される

2.処理日が顧客マスターの締日と一致する顧客のデータが対象となる

3.前月の締日翌日から本日までの売上データを集計して請求データとする

4.ループ処理で対象となる顧客の請求データを全て作成する

```
public static void main(String[] args) {
    // データベース接続情報
    String url = "jdbc:mysql://localhost:3306/yourDatabase";
    String user = "username";
    String password = "password";

    try (Connection conn = DriverManager.getConnection(url, user, password)) {
        // 今日の日付を取得
        Date today = new Date();

        // 締め日が今日の日付と一致する顧客を検索
        PreparedStatement stmt = conn.prepareStatement(
            "SELECT customer_id, closing_date FROM customer_master WHERE closing_
        stmt.setDate(1, new java.sql.Date(today.getTime()));
        ResultSet customers = stmt.executeQuery();

        // 顧客ごとに処理
        while (customers.next()) {
            int customerId = customers.getInt("customer_id");
            Date closingDate = customers.getDate("closing_date");

            // 前月の締め日翌日から本日までの売上データを集計
            PreparedStatement salesStmt = conn.prepareStatement(
                "SELECT SUM(amount) AS total_sales FROM sales WHERE customer_id =
            salesStmt.setInt(1, customerId);
            salesStmt.setDate(2, new java.sql.Date(getStartOfLastClosingPeriod(cl
            salesStmt.setDate(3, new java.sql.Date(today.getTime()));
            ResultSet salesResult = salesStmt.executeQuery();

            if (salesResult.next()) {
                double totalSales = salesResult.getDouble("total_sales");
                // 請求データを作成
                PreparedStatement insertStmt = conn.prepareStatement(
                    "INSERT INTO billing_data (customer_id, amount, billing_date)
```

図10-5 プログラミングコードを作成してもらう(1/2)

```
                insertStmt.setInt(1, customerId);
                insertStmt.setDouble(2, totalSales);
                insertStmt.setDate(3, new java.sql.Date(today.getTime()));
                insertStmt.executeUpdate();
            }
        }
    } catch (SQLException e) {
        e.printStackTrace();
    }
}

// 前月の締め日翌日を計算
private static Date getStartOfLastClosingPeriod(Date closingDate) {
    // ここで前月の締め日翌日を計算するロジックを実装する
    return closingDate; // 仮実装
}
}
```

コードの説明

1. データベース接続：データベースへの接続を確立します。
2. 顧客検索：締め日が今日と一致する顧客を検索するSQLクエリを実行します。
3. 売上集計：検索した顧客の売上データを指定期間で集計するSQLクエリを実行します。
4. 請求データの作成：集計した売上データをもとに請求データをデータベースに挿入します。
5. エラーハンドリング：データベース操作中に発生した例外をキャッチしてエラー情報を出力します。

このコードは、実際の運用には追加のエラーハンドリングやデータベース接続のセキュリティ強化が必要です。また、`getStartOfLastClosingPeriod`

図10-5 プログラミングコードを作成してもらう（2/2）

生成AIのすごいところは「行間を読む」ことです。オフショア開発などで、具体的に仕様を記述しなかったために齟齬が生じることはよくありますが、生成AIは仕様があいまいでも、とにかく不足分を補ってコードを書いてくれるので、逆に指示を出す側に「この仕様が不足していた」と気付かされることが多くあります。サンプルコードなので、これをヒントにプログラミングを完成させる必要はありますが、その作業をプロンプトをやり取りして生成AIにやらせることもできます。

コードの品質向上と最適化

生成AIを自然言語に活用する方法には「文章を作成してもらう」などの生成だけでなく、文章を「推敲してもらう」「読みやすく直してもらう」などの使い方があります。　プログラミングも同じで、フローチャートやコードの生成だけでなく、コードのレビューやリファクタリングなどにも役立てることができます。ぜひ、プルリクのレビューなどに組み込んで活用してみてください。

レビューしてもらう

プログラムレビューとは、ソースコードの品質を向上させるために、他のメンバーの手を借りて問題点や疑問点、改善案などを指摘してもらう作業です。バグや不適切なコードの発見、可読性の向上、コーディングルールの遵守などをレビューで指摘してもらうと、プログラムの品質がぐんと向上します。しかし、とても重要なのは承知しているのですが、誰かに時間を割いてもらう必要があるために、つい遠慮してやらないことも多いものです。

そこで便利なのが、生成AIにレビューをしてもらうことです。まずは単純な効果として、デバッグ用コードの消し忘れやうっかりミスなどを発見してくれます。また、仕様漏れやバグの発見、保守性の問題点指摘なども行ってくれます。さらに自分では気付かない点を指摘してもらうことで、自身のプログラムスキルの向上にも役立ちます。これからは「プログラムを書いたら生成AIにレビューしてもらう」という作業を習慣にすると良いと思います。

生成AIに作成してもらった**図10-5**のサンプルコードに対して、プログラムレビューをしてもらった結果が**図10-6**です。レビューポイントとして、クラスとメソッドの設計、エラーハンドリング、リソース管理、SQLインジェクションのリスク、コードの効率、日付の取り扱いなどを挙げてくれていますね。このように指摘されると自分でもチェックするポイントが明確になって、コード品質を向上させることができます。

You
上記のJavaのサンプルコードのプログラムレビューを行ってください。

ChatGPT
Javaサンプルコードのプログラムレビューを行います。このレビューでは、コードの可読性、効率性、保守性、そして潜在的なバグや改善点に焦点を当てます。

コードの概要

プログラムは請求締め処理を行うもので、日毎に実行され、締日がその日と一致する顧客の売上データを集計して請求データを生成します。

レビューポイント

1. **クラスとメソッドの設計**
   - メイン処理が `main` メソッド内に全て含まれており、処理が分割されていないため、再利用性とテストのしやすさが低いです。処理を複数のメソッドに分割することで、各機能の独立性を高め、コードの可読性と保守性を向上させることが推奨されます。
2. **エラーハンドリング**
   - 例外処理がシンプルであり、具体的なエラー内容に応じた処理が行われていません。データベース接続やSQLクエリ実行中に発生する可能性のある例外を適切にハンドリングし、必要な場合はユーザーにわかりやすいメッセージを提供することが望ましいです。
3. **リソース管理**
   - `Connection`、`PreparedStatement`、`ResultSet` といったリソースが適切にクローズされていない場合があります。Java 7 以降では `try-with-resources` ステートメントを使うことでこれらのリソースを自動的にクローズでき、リソースリークを防ぐことができます。
4. **SQLインジェクションのリスク**
   - プログラムは `PreparedStatement` を使用しており、SQLインジェクションのリスクは低いですが、常に安全なクエリの構築を心がける必要があります。
5. **コードの効率**
   - 各顧客ごとに新しい `PreparedStatement` を生成していますが、これは効率的でない場合があります。可能であれば、ステートメントを再利用するか、バッチ処理を検討することが望ましいです。
6. **日付の取り扱い**
   - システムのデフォルトタイムゾーンに依存する `java.util.Date` を使用していますが、これにより異なるタイムゾーンでの実行時に問題が生じる可能性があります。`java.time.LocalDate` や `java.time.ZonedDateTime` のようなより新しいAPIの利用を検討すると良いでしょう。

総評

コードは基本的な機能を達成していますが、メソッドの分割、エラーハンドリングの強化、リソース管理の改善、および日付の取り扱いの改善が必要です。これらの改善を行うことで、プログラムはより堅牢で保守しやすくなります。

図10-6 レビューをしてもらう

リファクタリングしてもらう

リファクタリングは、ソフトウェアの動作を変えない範囲で、プログラムコードを洗練させる作業です。無駄なコードや冗長なコードを省き、まとまった処理をメソッド化したり、ネスト構造を浅くするなどにより、コードをわかりやすくして可読性を高め、バグが発生しにくいコードにします。文章を書いたら必ず推敲するのと同じように、プログラミングしたら必ずリファクタリングするべきですが、この作業にも生成AIを活用できます。

ChatGPT-4oに「上記のJavaサンプルコードをリファクタリングしてください」と伝えると**図10-7**のようにリファクタリングを行ってくれます。生成AIが自分で作成したばかりのコードにもリファクタリングさせると、だいぶ洗練されたものになることが分かりますね。部下が提出した文章を「まず、自分で推敲して」と伝えるだけでだいぶマシになるような感じですね（嫌な上司ですが）。

You
上記のJavaサンプルコードをリファクタリングしてください

ChatGPT
指定されたJavaサンプルコードのリファクタリングを行います。コードの構造を明確にし、再利用性とメンテナンスのしやすさを向上させるため、以下の点を改善します：

1. **メソッドの分割**：処理をより小さなメソッドに分割して、それぞれのメソッドが一つの機能を持つようにします。
2. **リソース管理の改善**：`try-with-resources` ステートメントを使用して、データベースリソースの適切なクローズを保証します。
3. **例外処理の改善**：より具体的なエラーハンドリングを追加します。

リファクタリング後のコード

```java
import java.sql.*;
import java.util.Date;

public class BillingProcess {

    private static final String DB_URL = "jdbc:mysql://localhost:3306/yourDatabase";
    private static final String USER = "username";
    private static final String PASSWORD = "password";
```

図10-7 リファクタリングしてもらう（1/3）

```java
public static void main(String[] args) {
    BillingProcess process = new BillingProcess();
    process.runDailyBilling();
}

public void runDailyBilling() {
    try (Connection conn = DriverManager.getConnection(DB_URL, USER, PASSWORD)) {
        processCustomers(conn);
    } catch (SQLException e) {
        System.err.println("Database connection failed: " + e.getMessage());
    }
}

private void processCustomers(Connection conn) throws SQLException {
    Date today = new Date();
    try (PreparedStatement stmt = conn.prepareStatement(
            "SELECT customer_id, closing_date FROM customer_master WHERE closing_
        stmt.setDate(1, new java.sql.Date(today.getTime()));
        try (ResultSet customers = stmt.executeQuery()) {
            while (customers.next()) {
                processCustomer(conn, customers, today);
            }
        }
    }
}

private void processCustomer(Connection conn, ResultSet customers, Date today) th
    int customerId = customers.getInt("customer_id");
    try (PreparedStatement salesStmt = conn.prepareStatement(
            "SELECT SUM(amount) AS total_sales FROM sales WHERE customer_id = ? A
        salesStmt.setInt(1, customerId);
        salesStmt.setDate(2, new java.sql.Date(getStartOfLastClosingPeriod(custom
        salesStmt.setDate(3, new java.sql.Date(today.getTime()));
        try (ResultSet salesResult = salesStmt.executeQuery()) {
            if (salesResult.next()) {
                createBillingRecord(conn, customerId, salesResult.getDouble("tota
            }
        }
    }
}

private void createBillingRecord(Connection conn, int customerId, double totalSal
    try (PreparedStatement insertStmt = conn.prepareStatement(
            "INSERT INTO billing_data (customer_id, amount, billing_date) VALUES
        insertStmt.setInt(1, customerId);
        insertStmt.setDouble(2, totalSales);
        insertStmt.setDate(3, new java.sql.Date(billingDate.getTime()));
```

図10-7 リファクタリングしてもらう（2/3）

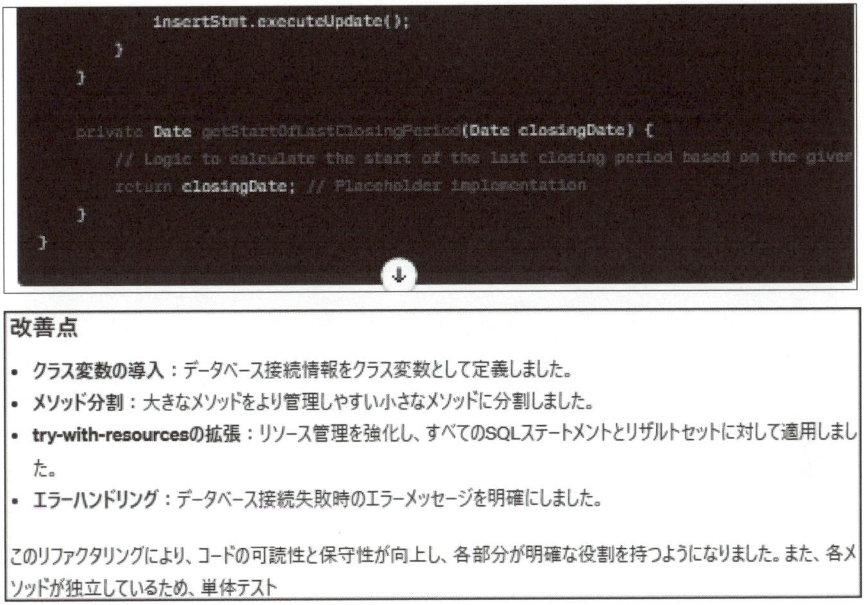

```
            insertStmt.executeUpdate();
        }
    }

    private Date getStartOfLastClosingPeriod(Date closingDate) {
        // Logic to calculate the start of the last closing period based on the giver
        return closingDate; // Placeholder implementation
    }
}
```

改善点

- **クラス変数の導入**：データベース接続情報をクラス変数として定義しました。
- **メソッド分割**：大きなメソッドをより管理しやすい小さなメソッドに分割しました。
- **try-with-resourcesの拡張**：リソース管理を強化し、すべてのSQLステートメントとリザルトセットに対して適用しました。
- **エラーハンドリング**：データベース接続失敗時のエラーメッセージを明確にしました。

このリファクタリングにより、コードの可読性と保守性が向上し、各部分が明確な役割を持つようになりました。また、各メソッドが独立しているため、単体テスト

図10-7 リファクタリングしてもらう（3/3）

コメントを追加してもらう

生成AIは適切なコメントを付ける作業も得意です。上記のコードに「コメントを追加して分かりやすくしてください」と依頼すると、**図10-8**のようなコメントを付けてくれます。

コメントは可読性を向上してメンテナンスを容易にする効果のほか、コードにドキュメントとしての役割を持たせることもできます。コメント付記作業も1つのノウハウなので、AIに付けてもらってそれを確認・修正する作業を繰り返すと、自分でも分かりやすいコメントを付けられるようになります。

You

リファクタリング後のJavaコードにコメントを追加してわかりやすくしてください

ChatGPT

リファクタリング後のJavaコードに対して、適切なコメントを追加し、コードの理解を助けるようにします。ここでは、`BillingProcess`クラスの主要な部分に注釈をつける形でコメントを提供します。

コメント付きのJavaコード

```java
import java.sql.*;
import java.util.Date;

public class BillingProcess {

    private static final String DB_URL = "jdbc:mysql://localhost:3306/yourDatabase";
    private static final String USER = "username"; // データベースのユーザー名
    private static final String PASSWORD = "password"; // データベースのパスワード

    public static void main(String[] args) {
        BillingProcess process = new BillingProcess();
        process.runDailyBilling(); // メイン処理を実行
    }

    /**
     * メインの請求処理を行います。
     * データベースに接続し、顧客データの処理を開始します。
     */
    public void runDailyBilling() {
        try (Connection conn = DriverManager.getConnection(DB_URL, USER, PASSWORD)) {
            processCustomers(conn); // 顧客データの処理
        } catch (SQLException e) {
            System.err.println("Database connection failed: " + e.getMessage());
        }
    }

    /**
     * データベースから締日が今日と一致するすべての顧客を取得し、
     * 各顧客に対して請求処理を行います。
     *
     * @param conn アクティブなデータベース接続
     */
    private void processCustomers(Connection conn) throws SQLException {
        Date today = new Date();
        try (PreparedStatement stmt = conn.prepareStatement(
```

図10-8　コメントを追加してもらう（1/2）

```
        "SELECT customer_id, closing_date FROM customer_master WHERE closing_
    stmt.setDate(1, new java.sql.Date(today.getTime()));
    try (ResultSet customers = stmt.executeQuery()) {
        while (customers.next()) {
            processCustomer(conn, customers, today);
        }
    }
  }
}
```

コメントの目的

- **メソッドの説明**: 各メソッドの目的、パラメータ、および例外を説明しています。
- **パラメータと戻り値**: メソッドが受け取るパラメータと返す値についての詳細を提供します。
- **プロセスの流れ**: 主要な処理フローを追跡しやすくするために、各ステップに注釈を付けています。

これにより、コードの可読性が向上し、他の開発者がこのコードを理解しやすくなり、保守や拡張が容易になります。

図10-8 コメントを追加してもらう（2/2）

バグを指摘、修正してもらう

実際にプログラムを作成する際に重宝するのは、バグの指摘や修正をしてもらうことです。最近のワープロソフトは、スペルミスや言い回しのおかしなところがあると波アンダーラインなどで指摘してくれますが、プログラミングコードで似たようなことを行うイメージです。「コードを書いたら生成AIでバグチェック」を習慣にすることで、ミスを早期発見できて開発に関わる時間を短縮できます。

「リファクタリング後のコードのバグを指摘してください」と依頼すると、**図10-9**のようにバグの可能性のある箇所と改善提案を指摘してくれます。

You
上記のリファクタリング後のコードのバグを指摘してください

ChatGPT
リファクタリング後のJavaコードを確認したところ、いくつかの潜在的な問題が見られます。以下に具体的な問題点とその対応策を提案します。

指摘されるべきバグと問題点

1. **日付の取得と比較**:
   - `closing_date`が`DATE`型である場合、データベースの日付とJavaの日付の比較でタイムゾーンの違いが考慮されていない可能性があります。

- データベースの `closing_date` は日付のみを持ち、時間情報を含まない可能性が高いですが、`new java.sql.Date(today.getTime())` は時間情報を00:00:00に設定します。これにより、時間帯によっては想定外の結果を引き起こすことがあります。

2. **`getStartOfLastClosingPeriod` メソッドのプレースホルダ実装**:
   - このメソッドは実際のロジックを含んでおらず、単に引数で渡された `closingDate` をそのまま返しています。実際には、前月の締日翌日を計算するロジックが必要です。
3. **例外処理の範囲とエラー報告**:
   - エラーメッセージが一般的であり、どのステートメントや操作で問題が発生したかを特定するのが難しいです。具体的なエラー情報をログに記録することが望ましいです。
4. **SQLインジェクションのリスク**:
   - 現在のコードはパラメータを適切に使用しており、SQLインジェクションの直接的なリスクは低いですが、常にSQLクエリを安全に構築することを意識しておくべきです。

改善提案

1. **日付の取得と比較の改善**:
   - データベースとJavaアプリケーションの両方でUTCを使用するか、適切なタイムゾーン設定を確保します。
   - 日付比較の際は、タイムゾーンを考慮した比較が行われるようにします。
2. **`getStartOfLastClosingPeriod` の実装**:
   - 実際のビジネスロジックに基づいて前月の締日翌日を計算するロジックを実装する必要があります。
3. **例外処理の改善**:
   - 例外が発生した場所と原因を明確にするために、例外をキャッチするごとにエラーメッセージにより多くの文脈情報を加えます。

```java
catch (SQLException e) {
    System.err.println("Error during processing customer with ID: " + customerId + "
}
```

これらの改善を通じて、プログラムの堅牢性とデバッグのしやすさが向上します。

図10-9 バグを指摘、修正してもらう

NOTE

プルリクのレビューに生成AIを加える

プルリク（Pull Request）とは、Gitのようなバージョン管理システムで使われる機能で、コードの変更を他のメンバーにレビューしてもらい承認を得てから、メインのブランチにマージする仕組みです。

開発者は、メインのコード（メインブランチ）に直接変更を加えるのではなく、サブブランチを作成して変更内容を加えます。そして変更が完了したら、レビュー担当者にプルリクを出して、メインブランチにマージ（統合）してよいか承認を得ます（**図10-10**）。

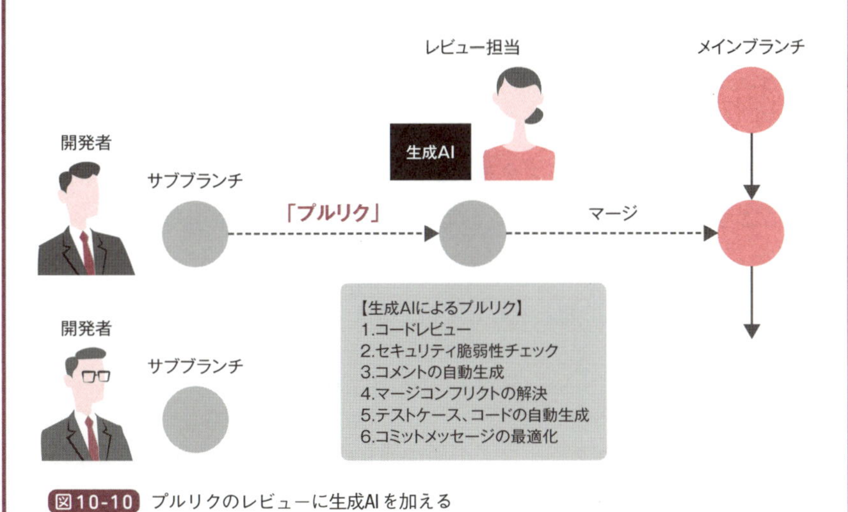

図10-10 プルリクのレビューに生成AIを加える

プルリクのレビューを他のメンバーが行うことで、さまざまな視点からコードが評価され、潜在的な問題を発見できる可能性が高まります。一方で、レビュー担当者自身も開発者であり、自分の作業時間が削られるデメリットもあります。そこでレビューに生成AIを加えてレビュー効率を高めるのです。

生成AIがプルリクでできることはたくさんあります。コードを直接読めるのでコードレビューやコード改善提案をしたり、SQLインジェクションなどセキュリティの脆弱性も検出して修正提案をしてくれます。

また、パフォーマンスを低下させる可能性があるコードも指摘してくれるほか、コードのコメントを生成したり、コードのスタイルが一貫しているかも確認します。

さらに、プルリクの変更が他のブランチとコンフリクト（衝突）を起こしたときの解決策の提案や、コミットメントメッセージの自動生成までも行えます。

レビューに加えるメリットもあるので、チームで相談して試してみてください。

テスト支援

プログラミングをしたら必ずテストを行いますが、ここでも生成AIを活用できます。ここでは、テスト支援の例として「テストケースの作成」「テストコードの自動生成」「テストデータの作成」を紹介します。これらのテスト支援もプルリクのレビュー作業の1つとして組み込むことができます。

テストケースを作成してもらう

テストケースは、プログラミングが期待通りに動作するかを確認するための手順書です。テストケースを作成する目的は、主に次の2点です。

- 過不足なくテストを実施するためのパターンの洗い出し
- テスト内容を理解できるようにドキュメント化する

テストケースを作成せずにいきなりテストを行うと、テスト漏れが生じたり、障害発生時などにどのようなテストを行ったかを確認できないことになります。

このテストケースの作成にも生成AIを活用できます。「上記のJavaコードに対するテストケースを作成してください」と依頼すると、**図10-11**のようにJUnit 5を使用したテストケースを作成するプロセスを示してくれます。

この例では、まずテストケースの設計として正常系と異常系、そして境界値分析の3つのテストポイントを挙げ、続いてテストクラスの実装例を示してくれていることが確認できます。

You
リファクタリング後のJavaコードに対するテストケースを作成してください

ChatGPT
リファクタリング後のJavaコードに対して、JUnit 5を使用したテストケースを作成するプロセスを詳述します。この例では、顧客のデータに基づいて売上データを集計し、請求データを生成するプロセスに焦点を当てます。

テストケースの設計

目的: `BillingProcess` クラスの `processCustomer` メソッドが、正しい顧客データで適切に請求データを生成することを検証する。

1. **正常系**: 正しい顧客データと売上データが提供された場合、正確な請求データがデータベースに保存される。
2. **異常系**: 顧客データが不完全または不正の場合、適切な例外が投げられる。
3. **境界値分析**: 売上データがゼロの場合や極端に大きい値を持つ場合の挙動を検証する。

テストクラスの実装

以下はJUnit 5とMockitoを使用した `BillingProcess` クラスのテストクラスの例です。

```java
import static org.mockito.Mockito.*;
import static org.junit.jupiter.api.Assertions.*;

import org.junit.jupiter.api.BeforeEach;
import org.junit.jupiter.api.Test;
import org.junit.jupiter.api.extension.ExtendWith;
import org.mockito.*;
import org.mockito.junit.jupiter.MockitoExtension;

import java.sql.*;

@ExtendWith(MockitoExtension.class)
public class BillingProcessTests {

    @Mock
    private Connection connection;
```

図10-11 テストケースを作成してもらう（1/4）

```java
    @Mock
    private PreparedStatement preparedStatement;

    @Mock
    private ResultSet resultSet;

    @InjectMocks
    private BillingProcess billingProcess;

    @BeforeEach
    public void setUp() throws SQLException {
        when(connection.prepareStatement(anyString())).thenReturn(preparedStatement);
        when(preparedStatement.executeQuery()).thenReturn(resultSet);
    }

    @Test
    public void testProcessCustomer_WithValidData() throws SQLException {
        when(resultSet.next()).thenReturn(true).thenReturn(false);
        when(resultSet.getInt("customer_id")).thenReturn(1);
        when(resultSet.getDouble("total_sales")).thenReturn(2000.00);

        billingProcess.processCustomer(connection, resultSet, new Date());

        verify(preparedStatement, times(1)).executeUpdate();
    }

    @Test
    public void testProcessCustomer_WithNoSalesData() throws SQLException {
        when(resultSet.next()).thenReturn(false);

        billingProcess.processCustomer(connection, resultSet, new Date());

        verify(preparedStatement, never()).executeUpdate();
    }

    @Test
    public void testProcessCustomer_WithExceptionThrown() throws SQLException {
        when(preparedStatement.executeQuery()).thenThrow(new SQLException("Database

        Exception exception = assertThrows(SQLException.class, () -> {
            billingProcess.processCustomer(connection, resultSet, new Date());
        });

        assertEquals("Database error", exception.getMessage());
    }
}
```

図10-11 テストケースを作成してもらう（2/4）

```java
/**
 * 単一の顧客に対して売上データを集計し、請求データを生成して保存します。
 *
 * @param conn アクティブなデータベース接続
 * @param customers 締日が今日の日付と一致する顧客のデータ
 * @param today 処理実行日
 */
private void processCustomer(Connection conn, ResultSet customers, Date today) th
    int customerId = customers.getInt("customer_id");
    try (PreparedStatement salesStmt = conn.prepareStatement(
            "SELECT SUM(amount) AS total_sales FROM sales WHERE customer_id = ? A
        salesStmt.setInt(1, customerId);
        salesStmt.setDate(2, new java.sql.Date(getStartOfLastClosingPeriod(custom
        salesStmt.setDate(3, new java.sql.Date(today.getTime()));
        try (ResultSet salesResult = salesStmt.executeQuery()) {
            if (salesResult.next()) {
                createBillingRecord(conn, customerId, salesResult.getDouble("tota
            }
        }
    }
}

/**
 * 集計した売上データを基に請求データをデータベースに挿入します。
 *
 * @param conn アクティブなデータベース接続
 * @param customerId 請求を行う顧客のID
 * @param totalSales 集計された売上総額
 * @param billingDate 請求データの日付
 */
private void createBillingRecord(Connection conn, int customerId, double totalSal
    try (PreparedStatement insertStmt = conn.prepareStatement(
            "INSERT INTO billing_data (customer_id, amount, billing_date) VALUES
        insertStmt.setInt(1, customerId);
        insertStmt.setDouble(2, totalSales);
        insertStmt.setDate(3, new java.sql.Date(billingDate.getTime()));
        insertStmt.executeUpdate();
    }
}

/**
 * 前月の締め日翌日を計算します。
 *
 * @param closingDate 顧客の締日
 * @return 前月の締め日翌日のDateオブジェクト
 */
private Date getStartOfLastClosingPeriod(Date closingDate) {
```

図10-11 テストケースを作成してもらう（3/4）

```
        // 実際のビジネスロジックに基づいた計算を実装
        return closingDate; // 仮実装
    }
}
```

テストケースの説明

- **testProcessCustomer_WithValidData**: 正しい顧客データと売上データが提供された場合、`executeUpdate`が1回呼び出されることを検証します。
- **testProcessCustomer_WithNoSalesData**: 売上データがない場合、データベース更新(`executeUpdate`)が呼び出されないことを確認します。
- **testProcessCustomer_WithExceptionThrown**: データベース操作中に例外が発生した場合、その例外が適切に伝播されることを検証します。

これらのテストケースは、`BillingProcess` クラスのロジックが期待通りに機能するかを確かめるためのものであり、異なるシナリオでクラスがどのように振る舞うかを明確にします。

図10-11 テストケースを作成してもらう（4/4）

テストコードを作成してもらう

最近のプログラミングでは、テストコードを記述してテストを自動化することが主流になりつつあります。テストコードの作成にも生成AIを活用してみましょう。

上記のJavaコードにテストコード作成を依頼すると、**図10-12**のようにJUnitやMockitoなどのモッキングフレームワークを使用したユニットテストを書く方法を提案してくれます。

You

上記のリファクタリング後のJavaコードに対してテストコードを追加してください

ChatGPT

リファクタリング後のJavaコードをテストするために、JUnitとMockitoなどのモッキングフレームワークを使用してユニットテストを書く方法を提案します。テストはデータベースの操作をモック化することで、実際のデータベースに依存せずに実行できるようにします。

必要なライブラリ

テストのために以下の依存関係をプロジェクトに追加します（`pom.xml`に追加する場合）：

図10-12 テストコードを作成してもらう（1/3）

xml　Copy code

```xml
<!-- JUnit 5 -->
<dependency>
    <groupId>org.junit.jupiter</groupId>
    <artifactId>junit-jupiter-api</artifactId>
    <version>5.7.0</version>
    <scope>test</scope>
</dependency>
<dependency>
    <groupId>org.junit.jupiter</groupId>
    <artifactId>junit-jupiter-engine</artifactId>
    <version>5.7.0</version>
    <scope>test</scope>
</dependency>

<!-- Mockito -->
<dependency>
    <groupId>org.mockito</groupId>
    <artifactId>mockito-junit-jupiter</artifactId>
    <version>3.6.0</version>
    <scope>test</scope>
</dependency>
<dependency>
    <groupId>org.mockito</groupId>
    <artifactId>mockito-core</artifactId>
    <version>3.6.0</version>
    <scope>test</scope>
</dependency>
```

テストクラスの例

以下は`BillingProcess`クラスの一部の機能をテストする例です。このテストでは、特定の顧客に対して請求データが正しく作成されるかを検証します。

java　Copy code

```java
import static org.mockito.Mockito.*;
import static org.junit.jupiter.api.Assertions.*;
import org.junit.jupiter.api.Test;
import org.junit.jupiter.api.extension.ExtendWith;
import org.mockito.junit.jupiter.MockitoExtension;
import org.mockito.*;
import java.sql.*;

@ExtendWith(MockitoExtension.class)
public class BillingProcessTest {
```

図10-12 テストコードを作成してもらう（2/3）

```
    @Mock
    private Connection conn;

    @Mock
    private PreparedStatement stmt;

    @Mock
    private ResultSet rs;

    @InjectMocks
    private BillingProcess billingProcess;

    @Test
    public void testProcessCustomer() throws SQLException {
        // 設定
        when(conn.prepareStatement(anyString())).thenReturn(stmt);
        when(stmt.executeQuery()).thenReturn(rs);
        when(rs.next()).thenReturn(true).thenReturn(false);
        when(rs.getInt("customer_id")).thenReturn(1);
        when(rs.getDouble("total_sales")).thenReturn(2200.00);
        when(rs.getDate("closing_date")).thenReturn(java.sql.Date.valueOf("2023-05-04

        // メソッドを実行
        billingProcess.processCustomer(conn, rs, new Date());

        // 検証
        verify(stmt, times(1)).executeUpdate();
    }
}
```

テストの説明

- **設定(`setup`)**: Mockitoを使用して`Connection`、`PreparedStatement`、`ResultSet`オブジェクトをモック化します。これらのモックは、実際のデータベース操作をシミュレートするために使用されます。
- **メソッド実行**: `processCustomer`メソッドを実行し、データベースへのクエリやアップデートが行われる流れをテストします。
- **検証(`verify`)**: `executeUpdate`が正確に1回呼び出されていることを検証します。これにより、請求データがデータベースに正しく挿入されたかどうかを確認します。

このテスト例は基本的な機能をカバーしていますが、さらに多くのエッジケースや異常系の処理もテストに追加することが望ましいです。

図10-12 テストコードを作成してもらう(3/3)

テストクラスの例を見ると、Javaで人気のモッキングフレームワークMockitoを使用して、次のような手順でユニットテストを行う手順を示してくれています。

- **設定**：Connection、PreparedStatment、ResultSetという3つのオブジェクトをモック化する
- **メソッドを実行**：モックオブジェクトにProcessCustomerメソッドを実行する
- **検証**：verifyメソッドを使用して、モック化されたオブジェクトに対してメソッド呼出しが期待通りに行われたかを検証する

NOTE

モッキングフレームワーク

モッキングフレームワークは、テストプロセスをサポートするためのツールで、主にユニットテストにおいてコードの動作を検証するために用いられます。外部のコンポーネントやサービスとの相互作用を模倣(mock)することで、外部システムへの依存を排除してテストを行えます。

JavaやJavaScript、Pythonなど、主要言語ごとにさまざまなモッキングフレームワークがありますが、主に次のような機能でテストを実行します。

- **モックオブジェクトの生成**

  実際のオブジェクトの代わりに動作を模倣するモックオブジェクトを生成する

- **メソッドの振る舞いを設定**

  モックオブジェクトが呼び出された際の戻り値や例外を設定する

- **メソッドの呼出しと検証**

  モックオブジェクトを呼び出し、コードが期待通りの動作を行うかを検証する

テストデータを作成してもらう

テストケースやテストコードだけでなく、テストデータも生成AIに作成してもらいましょう。「Javaコードをテストするためのテストデータを作成してください」

と依頼すると、**図10-13**のようにテストデータ作成の考慮事項と、実際のサンプルテストデータを作るためのInsert文も提供してくれます。

テストデータの作成は根気のいる単純作業です。生成AIとやり取りするだけで適切なテストデータを作成できれば、効率を大幅に改善できると思います。

You
上記のリファクタリング後のJavaコードをテストするために、テストデータを作成してください

ChatGPT
リファクタリング後のJavaコードに対してテストデータを作成するためには、まずテストのスコープと目的を定義する必要があります。ここでは、請求締め処理を行うバッチプログラムのテストデータを作成することを目標とします。このプログラムは、締日が今日の日付と一致する顧客を抽出し、その顧客の売上データを集計して請求データを生成します。

テストデータの作成の考慮事項

1. **顧客マスターデータ**:
   - 顧客の締日が今日の日付と一致する場合と一致しない場合のデータ。
   - 顧客のID、名前、締日などの属性。
2. **売上データ**:
   - 売上データが締日の翌日から今日までの期間に存在する場合。
   - 売上データが存在しない場合。
   - 顧客ID、売上日、売上額などの属性。
3. **請求データ**:
   - 請求データが正しく生成されることを確認するため、顧客ごとの期待される集計売上額を用意する。

サンプルテストデータ

以下は、顧客マスターデータと売上データのサンプルSQLインサート文です。これを使ってテストデータベースを準備します。

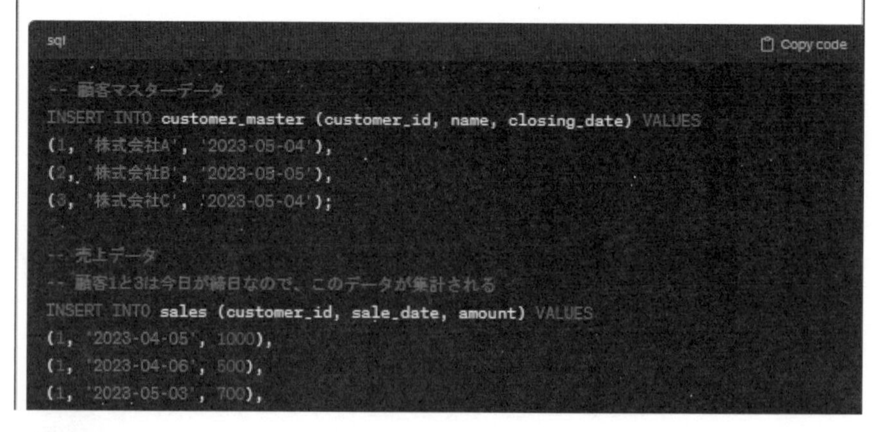

図10-13 テストデータを作成してもらう（1/2）

```
(3, '2023-04-05', 300),
(3, '2023-05-03', 450);

-- 顧客2は今日が締日ではないため、このデータは集計されない
INSERT INTO sales (customer_id, sale_date, amount) VALUES
(2, '2023-04-06', 2000),
(2, '2023-04-07', 1500);
```

テストケースの提案

1. **顧客1と3について正しい請求データが生成されるか確認**:
   - 顧客1の売上の合計が2200円、顧客3の売上の合計が750円であることを確認。
2. **顧客2については請求データが生成されないことを確認**:
   - 締日が今日ではないため、請求データが生成されていないことを確認。

このようにテストデータを準備し、期待される出力を定義することで、システムが正しく機能しているかを確認できます。また、テストケースを自動化することで、将来的な変更に対する回帰テストも容易になります。

図10-13 テストデータを作成してもらう（2/2）

ドキュメンテーション

昔からドキュメント作成はシステム開発において大きなウェイトを占めています。みなさんが開発時に書いているさまざまなドキュメントの作成を、生成AIに支援してもらえないか検討してみてください。ここでは一例として「仕様書」の作成をやってみましょう。

仕様書を作成してもらう

最近のプログラミングでは、最初にプログラミングコードを作成してから、最後にドキュメントにまとめることが少なくありません。ドキュメント化することで誰でも理解できるようにして、メンテナンス性を高める重要性は誰しも理解しています。

しかし、既に動いているプログラムがあるので、ちょっと後ろ向きで面倒くさいと思うことの多い作業でもあります。

そこで、この作業も生成AIにやってもらいましょう。上記で作成したプログラミ

ングコードをもとに、「Javaコードをもとに仕様書を作成してください」と依頼すると、**図10-14**のように体系的にドキュメントにまとめてくれます。この作業も何回かプロンプトをやり取りすることで完成度の高いドキュメントにブラッシュアップできます。

You
リファクタリング後のJavaコードをもとに仕様書を作成してください

ChatGPT
リファクタリング後のJavaコードを基にして、そのコードの機能を明確にする仕様書を作成します。仕様書は、クラスやメソッドの目的、入力、処理、出力について説明するもので、開発者や新しいチームメンバーがコードの意図や動作を理解するのに役立ちます。

仕様書

1. 概要

この文書は、日毎に顧客の請求データを生成する`BillingProcess`クラスについて説明します。このクラスは、締日が今日と一致するすべての顧客に対して、前月の締日翌日から現在日までの売上データを集計し、請求データを生成します。

2. クラス構造

- **クラス名**: `BillingProcess`
- **パッケージ**: (適用するパッケージ名を記述)

3. 主要メソッド

a. `runDailyBilling`
- **目的**: メイン処理を実行し、データベース接続を確立して顧客データの処理を開始します。
- **入力**: なし
- **出力**: なし
- **例外**: `SQLException` - データベース接続に失敗した場合に発生

b. `processCustomers`
- **目的**: データベースから締日が今日と一致するすべての顧客を取得し、各顧客に対して請求処理を行います。
- **入力**: `Connection` - アクティブなデータベース接続
- **出力**: なし
- **例外**: `SQLException` - SQLクエリの実行に失敗した場合に発生

c. `processCustomer`
- **目的**: 単一の顧客に対して売上データを集計し、請求データを生成して保存します。
- **入力**:
  - `Connection` - アクティブなデータベース接続
  - `ResultSet` - 締日が今日の日付と一致する顧客のデータ
  - `Date` - 処理実行日

図10-14 仕様書を作成してもらう（1/2）

- **出力**: なし
- **例外**: `SQLException` - SQLクエリの実行またはデータの挿入に失敗した場合に発生

4. データフロー

1. `runDailyBilling`が呼び出され、データベース接続が開始されます。
2. `processCustomers`が各顧客データを取得し、存在する場合は`processCustomer`を呼び出して売上データの集計と請求データの挿入を行います。
3. 各ステップで発生する可能性のあるエラーは適切に処理され、システムの安定性を保証します。

5. エラーハンドリング

- データベース接続失敗やSQLの実行エラーは適切に例外処理され、エラー発生時にはシステム管理者に通知されます。

6. テスト計画

- 単体テストと統合テストが実施され、各機能が仕様に沿って正確に動作することが確認されます。
- テストケースには正常系と異常系の両方が含まれ、全てのパスがカバーされます。

この仕様書は、`BillingProcess`クラスの機能と動作を明確にすることを目的としており、開発や保守に関わるすべてのステークホルダーに有用です。

図10-14 仕様書を作成してもらう（2/2）

プログラマーは生成AIに仕事を奪われる職業か

プログラミングを支援する使い方はまだまだ山のようにありますが、このくらいにしておきましょう。お伝えしたいのは、プログラマーは生成AIを使いこなして、スマートで品質の高いプログラムを圧倒的なスピードで作成する時代に入ったということです。

生成AIは、プログラマーの仕事を奪う存在ではありません。むしろ、プログラマーの生産性を飛躍的に向上させる夢のような道具が出現したということです。ツールもたくさん出回っており、それぞれが日々進化しています。

技術革新が激しいIT業界では、新しい技術やツールを積極的に使いこなして、個人やチームでもバージョンアップを図らなければなりません。新しいことにチャレンジせずに、これまでのやり方を綿々と続けているエンジニアをときどき見かけますが、確かにそのスタンスだと仕事を奪われてしまうかも知れません。

生成AIを使いこなすことは、作業効率を著しく高める効果のほかに、自身のスキルアップにもつながります。ぜひ、皆さんご自身で時間を割いて、いろいろと試して、チームに提案してみてください。

この章のまとめ

本章では、以下のような内容について学習しました。

◎アルゴリズムを提案してもらう
◎フローチャートを書いてもらう
◎プログラミングコードを書いてもらう
◎プログラムレビューしてもらう
◎リファクタリングしてもらう
◎コメントを追加してもらう
◎バグを修正してもらう
◎テストケースを作成してもらう
◎テストコードを作成してもらう
◎テストデータを作成してもらう
◎仕様書を逆生成してもらう

生成AIをうまく使いこなすには、良いプロンプトを書く技術（プロンプトエンジニアリング）が重要です。そのためのコツやノウハウはたくさんあるので、ここまで触れてこなかったのですが、そろそろ良い頃合いです。「生成AIの本質」「インコンテキスト学習」「プロンプトチェーン」「ブラウジング機能」「カスタムGPT」「カスタム指示」「メモリ機能」「思考の連鎖」などを体系的に理解した上でプロンプトを学ぶのは有効です。次章では、生成AIを使いこなすために、どのようなプロンプトを書くのが効果的か解説します。

第11章

プロンプトの書き方

デジタルネイティブは、生まれたときからインターネットなどが身近な環境で育って来た世代のことです。昭和生まれの“白物家電ネイティブ”からすると羨ましい限りですが、彼らもうかうかしてはいられません。これからは、生まれたときからAIが身近な“AIネイティブ”の時代です。いかにデジタルを使いこなすかから、いかにAIを使いこなすかに切り替わっているのです。本章では、そのために最低限知っておくべきキホンとして、良いプロンプトを書くコツをお伝えします。

良いプロンプトを書くためのポイント

ChatGPTなどの生成AIをうまく使いこなすためには、次のようなことに注意してプロンプトを書くのが良いとされています。AIと付き合うときは、相手が一定の"機械"というよりも、"人間"のようなものと考えた方がしっくりいきます。そう考えると、どれも人間相手に会話する際の心がけと同じだと思い当たります。

(1) 指示を具体的に与える
・目的を明確に
・回答の形式を指定
・文字数やトーンを指定
・カスタム指示に登録

(2)バックグラウンドを伝える
・カスタム指示に登録
・メモリ機能を使う

(3)チャットスタイルを意識する
・複数のことを要求しない
・ジャブから入るも善し

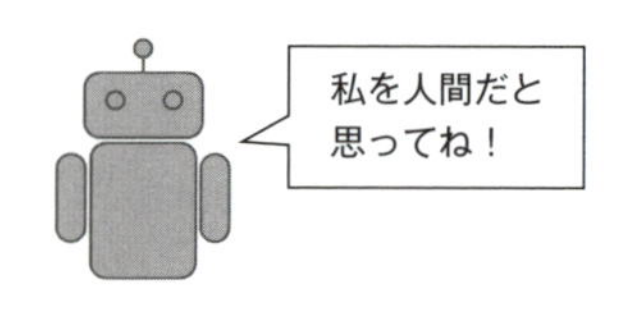

(4)複数の生成AIを使う

(5)インコンテキストを意識する

図11-1 良いプロンプトを書くためのポイント

(1) 指示を具体的に与える

人間の場合は（特に日本人は）、婉曲な言い方で尋ねたりお願いしたりする美学があります。しかし、AIは感情がないので遠慮はいりません。相手に何をして欲しいかはっきり伝えましょう。

・目的を明確にする

自分が何をして欲しいかを明確に伝えます。単に「ブログを作成して」と依頼するのではなく、「製造業向けに、自社の製品が生産性を飛躍的に向上すると思わせる内容を2000字で作成する」というように、目的やターゲットを明確にする方が、期待通りの結果が得られます。

- **回答の形式を指定する**

「箇条書きで」「表にまとめて」「例も示して」「このキーワードを含めて」「ステップバイステップで考えて」などと回答の形式を指定すると、自分が希望する表現方法で回答を得ることができます。

その際も具体的に伝えることが肝要です。例えば、単に「ChatGPTとGeminiとRedrockの比較表を作って」と指示するのではなく、「ChatGPTとGeminiとRedrockの比較表を作って。比較項目には概要、特徴、製造元、リリース日なども含めて」と項目を指定すると、**図11-2**のようにそれらの項目を入れた比較表を作成してくれます（ただし、この表はChatGPTが生成したそのものなので、鵜呑みにしないようにしてください）。

ChatGPTとGeminiとRedrockの比較表を作って。比較項目には概要、特徴、製造元、リリース日なども含めて

以下に、ChatGPT、Gemini、Redrockの比較表を作成しました。

比較項目	ChatGPT	Gemini	Redrock
概要	AIによる自然言語処理モデル	Googleが開発した大規模な言語モデル	特定のタスクに特化したAIツール
特徴	会話生成、質問応答、文書作成が得意	高度な推論能力、マルチモーダル対応	特定分野に特化したパフォーマンス
製造元	OpenAI	Google	Redrock Technologies
リリース日	2020年11月（初版）、以降のアップデートあり	2023年（具体的な日付は未公開）	2022年（具体的な日付は未公開）
対応言語	多言語対応	多言語対応	主に英語、特定言語にも対応
用途	チャットボット、教育、コンテンツ生成	データ分析、自然言語処理、画像解析	業界特化型アプリケーション
学習方式	大規模なデータセットからの事前学習	さまざまなデータソースを活用した学習	特定タスクに基づくファインチューニング
インターフェース	ウェブアプリ、API	API、カスタムインターフェース	特定のプラットフォーム向けUI
セキュリティ	データプライバシーに配慮	強化されたセキュリティ機能	業界基準に基づくセキュリティ対策

この表は、各AIツールの基本的な比較を提供しています。詳細な情報は各製品の公式サイトやリリースノートを参照することをお勧めします。

図11-2 ChatGPT- 4 oに比較表を作ってもらう

NOTE

ステップバイステップ

プロンプトで「ステップバイステップで考えて」と指示するのはよく使われるテクニックです。単に結果を求めるだけでなく、結果に至るまでの過程や手順を示してくれます。面白いのは、このキーワードを入れるだけでAI自身の思考も向上することがあることです。例えば第2章でChatGPTをひっかけた「りんごの数問題」も、このキーワードを入れると正答します。

ステップバイステップ無し（不正解）

今日はリンゴが5個あります。おとといリンゴを2個食べ、昨日みかんを1個食べました。今日はリンゴはいくつ残っているでしょうか？

今日はリンゴが5個あるということなので、今日のリンゴの数に直接影響を与えるのはおとといリンゴを2個食べたことです。昨日みかんを1個食べたことはリンゴの数に影響しません。

したがって、

- 今日のリンゴの数: 5個
- おととい食べたリンゴの数: 2個

計算すると、5個 - 2個 = **3個** です。

したがって、今日はリンゴが3個残っています。

ステップバイステップ有り（正解）

ステップバイステップで考えてお答えください。今日はリンゴが5個あります。おとといリンゴを2個食べ、昨日みかんを1個食べました。今日はリンゴはいくつ残っているでしょうか？

この問題は、現在のリンゴの数を求めるものです。ステップごとに考えていきます。

1. **今日のリンゴの数**
   今日の時点で、リンゴが5個あるとしています。
2. **おとといの行動（リンゴを2個食べた）**
   おととい、リンゴを2個食べたとありますが、これは現在の数には影響を与えません。なぜなら、おとといの行動は現在の5個のリンゴに含まれていない可能性があるためです。
3. **昨日の行動（みかんを1個食べた）**
   昨日はみかんを1個食べたとありますが、リンゴの数には影響しません。

したがって、現在のリンゴの数は **5個** のままです。

図11-3 ステップバイステップの有り無し比較

- **文字数やトーンを指定する**

「500文字程度で」「5つ示して」「カジュアルな文章で」などと回答の文字数や個数、文のトーンなどを示すと効果的です。例えば、「現在人気のある生成AIは？」と聞くのではなく、「現在人気のある生成AIを10個示して」と指示すると**図11-4**のように概要付きできっちり10個挙げてくれます。

現在人気のある生成AIを10個示して

現在人気のある生成AIを以下に示します。

1. **ChatGPT**（OpenAI）
   - 自然言語処理に特化した対話型AI。質問応答や文章生成に優れています。
2. **Gemini**（Google）
   - 大規模な言語モデルで、自然言語処理やマルチモーダルタスクに対応。
3. **DALL-E**（OpenAI）
   - テキストから画像を生成するAI。創造的なアートやデザインの制作に利用されています。
4. **Midjourney**
   - AIアート生成ツール。高品質な画像を生成し、クリエイティブなプロジェクトで人気。
5. **Stable Diffusion**
   - オープンソースの画像生成モデル。ユーザーがカスタマイズ可能なため、多くのクリエイターに利用されています。
6. **Bard**（Google）
   - 文書生成と質問応答に特化したAI。Googleの情報を活用しています。
7. **Jasper**
   - マーケティングコンテンツやブログ記事の生成に特化したAI。特にライターに人気。
8. **Runway ML**
   - クリエイター向けのAIツール。映像や画像の生成、編集機能を提供。
9. **Copy.ai**
   - コピーライティングに特化したAI。広告やSNS用のコンテンツ作成に利用されています。
10. **Synthesia**
    - AIを使った動画生成プラットフォー 仮想キャラクターを使った動画制作が可能です。

図11-4 ChatGPT-4oに人気の生成AIを挙げてもらう

・カスタム指示に登録しておく

第6章で紹介した「カスタム指示」には、「どのようにChatGPTに回答してほしいですか？」という欄があるので、そこに自分の好みを登録しておくと毎回入力する手間が省けて便利です。第6章でも紹介しましたが、私の場合は次のように登録して、箇条書きや表、具体例を示してもらえるように指示しています。

＜筆者のカスタム指示＞

- 最初にプロンプトを復唱する必要はない
- 日本語で応答する
- 応答は長くてもいいので詳しく
- できるだけ箇条書きや表を使う
- 具体例を示す

(2) バックグラウンドを伝える

長年連れ添った夫婦のように気心が知れた間柄なら、お互いのことをよく知っているので、相手が何を望んでいるか以心伝心で理解できます。しかし、生成AIにとってあなたは毎回初対面ですので、どのレベルの回答をしていいかわかりません。

「ITエンジニアとして質問します」「初心者です」などとプロンプトの初めに自分のバックグラウンドを伝えるようにしましょう。AIは相手に合わせた回答をしてくれます。

・カスタム指示に登録しておく

「カスタム指示」には、「回答を向上させるために、自分についてChatGPTに知っておいてほしいことは何ですか？」という欄もあります。固定的なバックグラウンドはここに登録しておくことにしましょう。私は次のような登録をしており、ITに詳しい人向けの回答を得られるようにしています。

<筆者のカスタム指示>

- 私は日本に住んでいる
- 私の仕事はITエンジニア
- 私は生成AIの仕組みについてエンジニアとして知りたい
- 私は日本のITリテラシー向上に貢献したい

- **メモリ機能を使う**

先ほど、毎回初対面と書きましたが、実はそうでもありません。第7章で紹介したメモリ機能を使えば、あなたが過去に言及した情報や趣味、関心事などを記憶して、次の会話でそれらを参照して回答してくれます。この機能はChatGPTのパーソナライズ設定で指定できますが、デフォルトOnになっているので知らず知らずに使っているのです。

(3) チャットスタイルを意識する

ネット検索の場合は、検索結果の中から良さそうなページをクリックして詳細を見にいきます。検索結果がイマイチだった場合は、“ご破産で願いましては”と一掃して、キーワードを変えてイチから検索し直します。

一方、生成AIはチャット形式なので、前のやり取りの続きで会話できます。このスタイルの違いに慣れないと、せっかく会話のキャッチボールで積み重ねた内容のチャットができるのに、一撃必殺的なプロンプトを投げてしまいます。

- **1つのプロンプトで複数のことを要求しない**

第8章でプロンプトチェーン（Prompt Chaining）について説明しました。これは、複雑で長いプロンプトを生成AIに投げるのではなく、タスクごとに小さなプロンプトに分割するテクニックでしたね。

「この文章を読んで要約をまとめて、それをもとにブログを書いてホームページ形式にしてください」というプロンプトを投げる代わりに、「この文章を読んで理解したらはいと返事してください」「内容を1000文字程度の要約にしてください」「要約をもとに1000文字程度のブログを書いてください」「ブログをHtml形式にしてください」というように、タスクを1つずつに分けて指示するようにしましょう。

・**ジャブから入るも善し**

上記で“プロンプトは具体的に書くべし”と言っておいてなんですが、最初から的確な質問や依頼をできるとは限りません。そんなときは、「◯◯とは？」という漠然とした質問から入り、その回答を読んで自分の知りたいことがイメージできてから再質問するといいでしょう。むしろ、こちらの使い方の方が普通ですので、気楽に会話すればいいと割り切ってもOKです。

(4) 複数の生成AIを使う

最近の医療では、「セカンドオピニオン」という言葉がすっかり定着しました。これは生成AIの場合でも有効で、1つだけでなく複数の生成AIに同じプロンプトを投げる習慣を付けましょう。

私の場合は、有料のChatGPT Plus（GPT-4o）と無料のGoogle Geminiをブラウザタブに並べて併用しています。両方の回答を見比べると、より効果的なアウトプットが得られるとともに、片方の嘘にも気づくことができます。特に**図11-2**のような比較表作成や**図11-4**のような人気ランキングなどは、複数に依頼すると客観的な情報を得ることができます。

(5) インコンテキストを意識する

第8章で解説したインコンテキストは、手軽なプロンプトベースの学習です。「このドキュメント（やホームページ、プログラミングコードなど）を読んで、理解したらはいと返事してください」というプロンプトで文章を読ませて、その内容に沿った質問や依頼をするテクニックを覚えると、生成AIの使い勝手が大幅に広がります。

プロンプトエンジニアリング

プロンプトエンジニアリングとは、生成AIに対して適切なプロンプトを投げて、効果的な回答を得るための技術です。上記のポイントは、そのための心がけのようなものですが、テクニックをパターン化したものもありますので、いくつか紹介しましょう。

深津式プロンプト

UI/UXデザイナーの深津貴之氏が考案したプロンプトの書き方で、日本のプロンプトエンジニアリング普及に貢献しています。プロンプトを#命令書、#制約条件、#入力文、#出力文といった要素で構造化する方法も提唱しています。

(1) 基本的な要素

プロンプトに含まれるべき基本的要素として、次の5つの項目を挙げています。ここでは、私の方でブログ作成依頼を例として示しています。

- **前提条件や状況を明示する**

「SEO対策として、プロジェクト管理のCCPMをターゲットキーワードとしたブログを、1000文字程度で作成してください」

- **役割やトーンを指定する**

「あなたはプロジェクトマネジメントのコンサルタントです。ブログはですます調で柔らかいトーンで記載してください」

- **出力形式を指示する**

「ブログの中には1つ以上表を含め、効果的に箇条書きを使ってください」

- **対象者を想定する**

「ターゲット読者は、ソフトウェア業界だけでなくエンジニアリングや建設業界で働いている方です」

- **フォローアップを設計する**

最初の依頼プロンプトだけでなく、その後の追加質問なども考えてやり取りを設計します。つまり、チャットスタイルを意識するということですね。

NOTE

プロンプトの#マーク

プロンプトに小見出しを付けるなどの際に、#マークがよく使われます。SNSのハッシュタグで使われるやつですね。これはプロンプトを構造化して理解しやすくするためのテクニックですが、生成AIが#だけを特別のマークとして認識しているわけではありません。「・」や「-」などのマークや、1.2.3.のような数字など、使い慣れた符号を使うといいでしょう。ちなみに私は#を使っていません。

(2) 2種類のプロンプトを実践

単純なプロンプトと上記を考慮したプロンプトを比較して、どのくらい結果に違いがあるのか試してみましょう。

A.単純なプロンプト

＜入力＞

プロジェクト管理のCCPMに関するブログを作成してください。

＜出力＞

CCPM（クリティカルチェーン・プロジェクトマネジメント）とは?⏳

こんにちは！　今回はプロジェクト管理の手法の1つ、CCPMについてお話しします。プロジェクトを進めるうえで、スケジュールがズレたり、リソースが足りなかったりして焦ることってよくありますよね?　そんなときに活躍するのがCCPM（Critical Chain Project Management）です。では、さっそく何

がすごいのか見ていきましょう！🚀

CCPMの基本要素🔑

1. クリティカルチェーン（Critical Chain）
   - プロジェクトを完了するまでの最も時間がかかるタスクの流れです。ここを最優先にして、他の作業が邪魔しないように管理します。
2. バッファ（Buffer）
   - 余裕を持たせる時間やリソースのことです。余裕があれば、何か問題が発生してもプロジェクト全体に影響を与えにくくなります。バッファを戦略的に挟むことで、スケジュールがズレるリスクを低減できます。
3. リソース最適化
- プロジェクトには限られたリソース（人、時間、資金など）がありますよね？CCPMでは、リソースの過剰な割り当てを避け、効率よく活用することにフォーカスします。これにより、無駄を省いてスムーズな進行を目指します。

なぜCCPMが必要なのか？🤔

プロジェクト管理には従来のクリティカルパス法（CPM）やガントチャートもありますが、CCPMはそれよりもさらに「現実的」。特に複数のタスクやリソースを抱える複雑なプロジェクトで、CCPMは威力を発揮します。

従来の方法だと…

- 「とりあえず遅れないように全部早めに始めよう！」**と焦る→ 結局リソース不足😵
- スケジュールに余裕がなくて調整しにくい→ いつも炎上🔥

CCPMだと…

- クリティカルチェーンにフォーカスし、他のタスクを適切にコントロール→

スムーズな進行😌

○バッファを活用することで、予定外のトラブルにも柔軟に対応→ プロジェクトは安定✨

CCPMを使ったプロジェクト管理のメリット🎯

1. プロジェクトの完了時期が予測しやすい

○バッファでリスクを管理するので、計画通りに進む確率がUP！

2. リソースの効率的な利用

○過剰な割り当てを防ぎ、無駄を省きます。無理なく進行できるから、チームの士気も上がります🔥

3. マルチタスクのリスク軽減

○複数のタスクを同時に進めると、かえって効率が悪くなることも…。CCPMはこのリスクを最小限に抑えます。

4. タスクの優先順位が明確に

○クリティカルチェーンにフォーカスすることで、何を最優先すべきかが明確になり、効率的な進行が可能です。

CCPMを取り入れるべきシチュエーション💼

- 大規模で複雑なプロジェクト
- リソースが限られている環境
- 納期が厳しいプロジェクト
- プロジェクトの途中でトラブルが頻発する場合

まとめ📋

CCPMは、単にスケジュール管理を超えてプロジェクト全体のリソースを効率的に使い、リスクを見越した柔軟な対応ができる手法です。プロジェクトが「いつも炎上して困っている…」という方は、ぜひ一度CCPMを試してみてくださ

い！🔥✨

プロジェクト管理をもっと楽に、そして成功へと導くために、CCPMは強力なツールになるはずです！

<考察>

単純なプロンプトでも十分に卓越されたブログを作成してくれますね。おまけに今回はABテスト方式として「回答1」と「回答2」の2案を同時作成してくれており、依頼者は気に入った方を選べば良いという心憎い気配りです（上記は短い方の回答1で1300文字です）。

NOTE

ABテストとは

ABテストとは、複数（AとB）のサンプルを用意して、どちらが効果があるかテストするマーケティング手法です。私の会社でも日常的によく使っています。例えば、メルマガの内容をAパターンとBパターンの2つ用意し、それぞれ100人に送付して開封率（「見出し」を見て「内容」を読んでもらえる割合）やクリック率（「内容」を読んで、リンクをクリックしてもらえる割合）を測定します。そして、開封率の高い方の「見出し」、クリック率の高い「内容」を採用して残り10000人にメール送信するわけです。

また、クリックして訪れるサイト（ランディングページ）も最初にABテストを行い、コンバージョンの良い方を本採用しています。

B.深津式を参考にしたプロンプト

深津式のプロンプトに含めるべき4つの項目を記載して依頼した例が次の通りです。1000文字程度で依頼したのですが、AIくんも力が入ったのか1500文字くらいになっています。

<入力>

- SEO対策としてプロジェクト管理のCCPMをターゲットキーワードとしたブログを1000文字程度で作成してください。
- あなたはプロジェクトマネジメントのコンサルタントです。ブログはですます調で柔らかいトーンで記載してください。
- ブログの中には1つ以上の表を含め、効果的に箇条書きを使ってください。
- ターゲット読者は、ソフトウェア業界だけでなくエンジニアリングや建設業界で働いている方です。

<出力>

プロジェクト管理におけるCCPMのメリットとは?

プロジェクト管理において、特にソフトウェア業界やエンジニアリング、建設業界で成果を上げるためには、適切な管理手法が欠かせません。その中でも注目を集めているのが「CCPM」(Critical Chain Project Management) です。今回は、CCPMがどのような効果を発揮し、どんなメリットがあるのかをわかりやすく解説いたします。

CCPMとは?

CCPMとは、クリティカルチェーンプロジェクトマネジメントの略で、プロジェクトのスケジュール遅延やリソースの過剰消費を防ぐための手法です。従来のプロジェクト管理方法に比べて、リソース (人や機材など) に焦点を当て、効率的にプロジェクトを進めるための工夫が盛り込まれています。

従来のプロジェクト管理との違い

従来のプロジェクト管理 (例えば、PERTやガントチャート) は、各タスクの期間を見積もり、その合計でプロジェクト全体のスケジュールを立てるという手法です。

一方、CCPMでは、クリティカルチェーン (プロジェクトの完了に最も影響を与える一連のタスク) を特定し、そこにフォーカスを置いてプロジェクト全体を最適化します。また、各タスクに「バッファ」(余裕時間）を設けることで、予定の遅れを吸収できる仕組みを取り入れています。

CCPMのメリット

CCPMを導入することで、以下のようなメリットがあります。

- **スケジュール遅延のリスク低減**：タスクごとにバッファを設けるため、予期せぬ遅れにも柔軟に対応できます。
- **リソースの最適活用**：リソースの競合を回避し、効率的に配置することで、生産性が向上します。
- **ストレス軽減**：プロジェクトチームの負担が軽減され、メンバー全員が集中して仕事に取り組むことができます。
- **進捗管理の容易さ**：バッファを活用した管理により、進捗状況が明確に把握でき、問題の早期発見が可能です。

CCPM導入の手順

CCPMを導入するには、次のようなステップを踏む必要があります。

1.クリティカルチェーンの特定

最初にプロジェクト全体のタスクを洗い出し、その中で重要な一連のタスク（クリティカルチェーン）を特定します。

2.リソースの調整

クリティカルチェーンに対してリソースを適切に配置し、無駄を最小限に抑えます。

3.バッファの設定

各タスクにバッファを設け、遅延リスクを軽減します。

4.進捗管理と調整

プロジェクトの進行に伴い、バッファの使用状況を確認し、必要に応じて調整します。

CCPMの効果を高めるためのポイント

- **定期的な見直し**：プロジェクトが進むにつれて、状況に応じてバッファの見直しを行うことが大切です。
- **チーム全体での共有**：全メンバーが同じ目標に向かい、クリティカルチェーンの重要性を理解しておくことが不可欠です。

- **ソフトウェアツールの活用**：CCPMを効率よく運用するためには、専用のプロジェクト管理ツールを活用するのも効果的です。

CCPMと他のプロジェクト管理手法の比較

項目	CCPM	従来のプロジェクト管理手法
スケジュールの柔軟性	高い	低い
リソースの最適活用	リソースの競合を避けやすい	リソースの過剰使用が発生しやすい
進捗管理の簡便さ	バッファを活用した管理が可能	タスクごとの進捗確認が必要
ストレス管理	チームメンバーのストレスが軽減される	タスクの遅延がチームにプレッシャーを与える

まとめ

CCPMは、ソフトウェア業界やエンジニアリング、建設業界など、幅広い分野で効果を発揮するプロジェクト管理手法です。特に、リソースの最適活用やスケジュール遅延のリスク低減が求められる環境では、CCPMの導入が大きなメリットをもたらします。

効率的なプロジェクト運営を目指している方は、ぜひCCPMの導入を検討してみてください。

(3) 結果の考察

実際に公開するブログは、ぱっと見で良し悪しを判断するわけにはいきません。実際に役に立つことが書かれていて、興味をそそる内容であるかを客観的に評価し、不十分な箇所は手直しします。そのようなシビアな目で2つのブログを比較してみたいと思います。

表11-1 単純なプロンプトと深津式プロンプトのアウトプット比較

	単純なプロンプト	深津式プロンプト
SEO対策	○タイトルに"CCPMとは"が入っているがカッコ()がSEO的には邪魔	◎見出しにズバリ"CCPMとは"というSEOでよく使われる「○○とは」キーワードが使われている
構成	・リード文 ・CCPMとは ・従来との違い ・CCPMのメリット ・CCPM導入の手順 ・効果を高めるためのポイント ・まとめ	・リード文 ・CCPMの基本要素 ・なぜCCPMが必要なのか ・CCPMのメリット ・CCPM導入の手順 ・取り入れるべきシチュエーション ・まとめ
タイトルとリード文	○リード文 CCPMがなぜ必要化というつかみをうまく表現している	◎リード文 指定した対象業界が書かれているのでターゲットを惹きつけられる
CCPMとは	○CCPMの基本要素 3つの要素を説明しているが、CCPMの概要説明がない	◎CCPMとは 最初にCCPMの概要説明があってわかりやすい
従来との違い	△なぜCCPMが必要なのか? CCPMの説明がないので、ここで効果をうたってもなぜ威力を発揮できるのかピンとこない	○従来のプロジェクト管理との違い 従来と比較することでCCPMがどのようなものかをおおむね理解できる。なお、表も用意してくれているが、内容はイマイチでピンとこない
CCPMのメリット	○CCPMを使ったメリット 4つのメリットを箇条書きで示している。仕組みの説明がプアなので、どうしてメリットが生まれるか納得感がない	○CCPMのメリット 4つのメリットを箇条書きで示している
CCPM導入の手順	×(なし)	◎導入手順を4つのステップできちんと説明している。導入手順はCCPMを理解する上で重要なので記載すべき
ポイント	△CCPMのシチュエーション 4つのシチュエーションを挙げているが、そのうち2つは違和感あり	◎効果を高めるためのポイント 導入手順に引き続いて、3つのポイントをあげてくれているのはナイス!
まとめ	◎まとめ 柔らかい表現で好ましいトーン	◎まとめ 的確な内容。ターゲット業界をリマインドしてくれているのも良い

表11-1は、私の評価です。相手は同じChatGPT-4oですが、こちらの立場（プロマネのコンサル）や目的（SEO対策）、ターゲット読者などを伝えるだけで、か

なり内容が的確になっているのがわかりますね。

ゴールシークプロンプト

ゴールシークプロンプト（GoalSeekPrompt）とは、ゴールを目指して何回もプロンプトを調整するアプローチです。ここでSeekとは「探す」「求める」「目指す」という意味です。

図11-5を使って説明しましょう。ゴールシークプロンプトでは、まず、最初に明確なゴールを設定します。そしてプロンプトを発行し、得られる結果を評価します。この結果がゴールに近づくようにプロンプトを調整・改良するというルーチンを繰り返します。

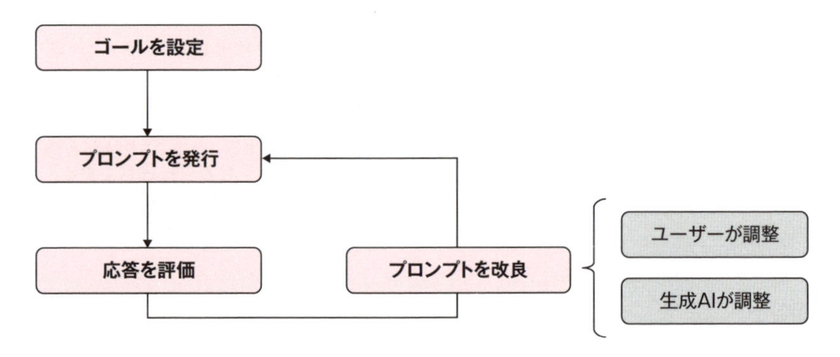

図11-5 ゴールシークプロンプト

こう書くと難しそうですが、普段、何気なくやっていることです。例えば**表11-1**の単純プロンプトで作成されたアウトプットに対しても、「最初に概要を説明して」「導入手順を3要素と関連付けて説明して」などの注文をプロンプトに追加すれば、だんだん良くなります。**図11-1**で言うところの「チャットスタイルを意識する」アプローチですね。最初から完璧なプロンプトを作ろうと思わずに、気軽にやり取りすればいいというスタンスで生成AIに向き合えばいいのです。

メタプロンプティング

上記プロンプトの改良はユーザーが工夫することが多いのですが、生成AIにプロンプト改善させるアプローチもあります。このようなプロンプトエンジニアリングの自動化は、プロンプトを作成するためのプロンプトという意味で、「メタプロンプティング」などとも呼ばれています。

簡単な例でやってみましょう。**図11-6**は、次のようなプロンプトで生成AIにプロンプトを作成してもらったものです。

＜プロンプト＞
あなたにプロンプトエンジニアになってもらいます。生成AIに日本のITリテラシー向上のための良い施策を提案させるために、最も効果的なプロンプトを作成してください。

あなたにプロンプトエンジニアになってもらいます。生成AIに日本のITリテラシー向上のための良い施策を提案させるために、最も効果的なプロンプトを作成してください。

生成AIに日本のITリテラシー向上のための良い施策を提案させるためには、具体的かつ幅広い視点を促すプロンプトを設計することが重要です。プロンプトに必要な要素を含めることで、施策の範囲が多角的になり、AIがより実用的で実行可能なアイデアを出せるようになります。

以下は、そのための効果的なプロンプトの一例です。

プロンプト例：

「日本におけるITリテラシーの向上を目指して、特に以下の点を考慮した施策を5つ提案してください：

- 学校教育でのカリキュラム強化
- 社会人向けの再教育プログラム
- 高齢者向けのデジタルデバイド対策
- 地域コミュニティでのITワークショップやイベントの企画
- オンラインプラットフォームやアプリを活用した学習支援

それぞれの施策について、以下の観点からも具体的に説明してください：

1. 実施の具体的な方法
2. 必要なリソース
3. 期待される効果
4. 潜在的な課題とその解決策」

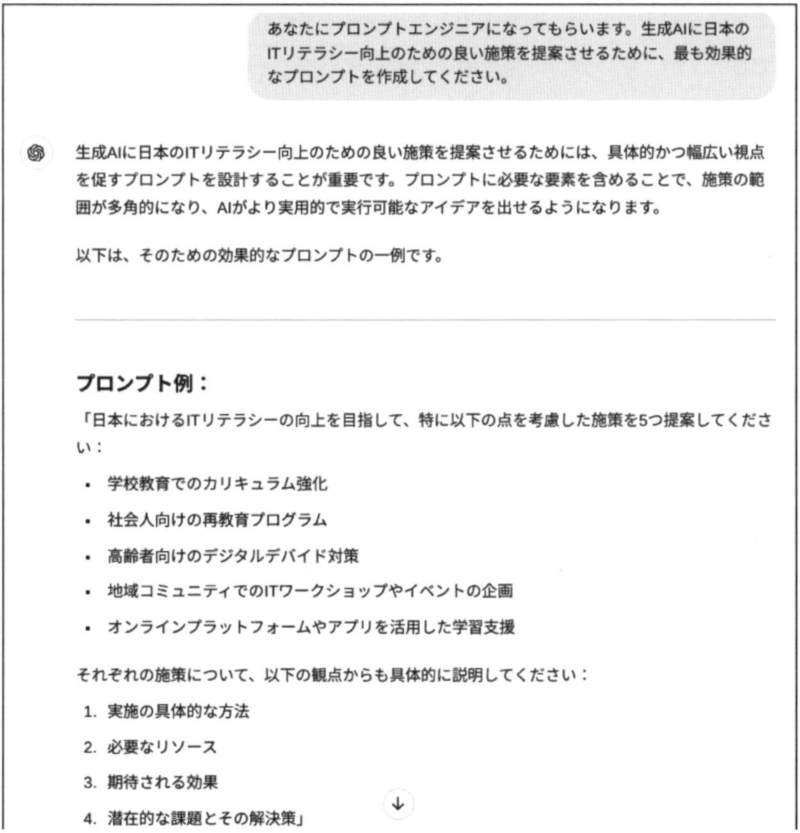

プロンプトに含めた要素：

- **具体的な対象層**：学生、社会人、高齢者など異なる層に焦点を当て、多様なニーズに対応した施策を引き出します。
- **具体的なコンテキスト**：学校教育、再教育、コミュニティ活動、オンラインプラットフォームの活用など、幅広いアプローチを促進します。
- **施策の詳細要求**：施策の実施方法、リソース、効果、課題などを指定し、現実的かつ具体的な提案を生成するように促します。

図11-6 メタプロンプティング

作成してもらったプロンプトには、既に5つのポイントと4つの観点が洗い出されています。このあたりが、回答者であるChatGPT自身が質問者である所以ということでしょうが、その分、一発で濃い内容を求めることができます。

ここでは省略しますが、このプロンプトをChatGPTに発行すると、かなり深い内容の提言を作ってくれました。

ReActプロンプト

ReActプロンプトとは、推論（Reasoning）と行動（Action）を組合せたプロンプトエンジニアリングの手法です。 我々エンジニアは、ReactというとJavascriptのライブラリ（反応のReactionからネーミング）を連想しますが、こちらは別モノで、推論と行動のそれぞれ頭の部分をくっつけたものです。

ReActプロンプトでは、**図11-7**に示す3つのステップで行います。最初に生成AIに状況を理解してもらい、課題を想定（推論）してもらいます。そして、生成AIはその推論にもとづいてどのようなアクションを取れば良いかを考え、いくつかの行動計画を提案します。最後にそれらの計画により、どのような成果が期待されるかを示してもらい、ゴールに到達できそうかどうかを見極めます。

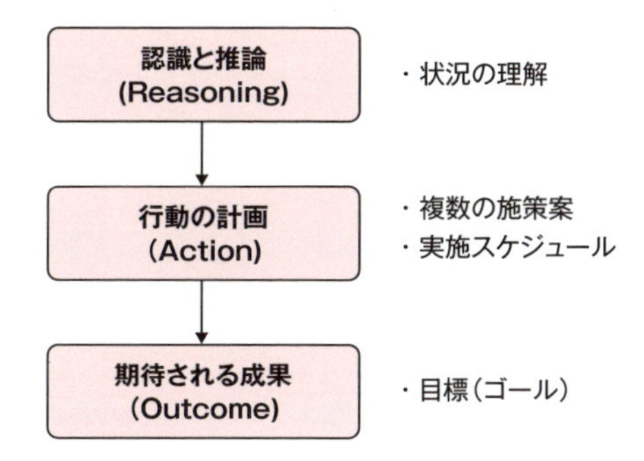

図11-7 ReActプロンプトの仕組み

言葉の定義だけだとピンとこないので、実際にReActプロンプトでやってみましょう。**図11-8**は、ReActプロンプト方式を指定して、上記のテーマについて依頼したものです。

＜プロンプト＞
ReActプロンプト式を採用します。日本のITリテラシー向上のための良い施策を提案してください。

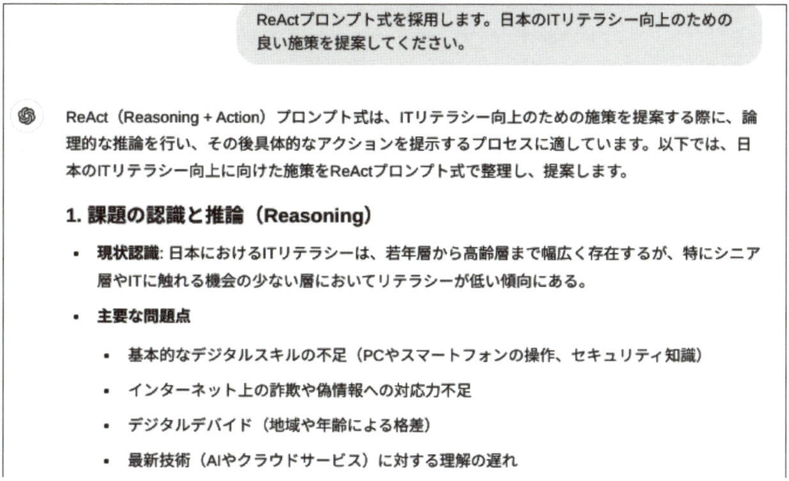

ReActプロンプト式を採用します。日本のITリテラシー向上のための良い施策を提案してください。

ReAct（Reasoning + Action）プロンプト式は、ITリテラシー向上のための施策を提案する際に、論理的な推論を行い、その後具体的なアクションを提示するプロセスに適しています。以下では、日本のITリテラシー向上に向けた施策をReActプロンプト式で整理し、提案します。

1. 課題の認識と推論（Reasoning）

- **現状認識**: 日本におけるITリテラシーは、若年層から高齢層まで幅広く存在するが、特にシニア層やITに触れる機会の少ない層においてリテラシーが低い傾向にある。
- **主要な問題点**
  - 基本的なデジタルスキルの不足（PCやスマートフォンの操作、セキュリティ知識）
  - インターネット上の詐欺や偽情報への対応力不足
  - デジタルデバイド（地域や年齢による格差）
  - 最新技術（AIやクラウドサービス）に対する理解の遅れ

図11-8 ReActプロンプトの実践例（1/2）

2. アクション（Action）

施策1: 「デジタル基礎力」全国キャンペーン

- **概要**: 全国的に展開するITリテラシー向上キャンペーン。学校や自治体、企業を巻き込み、ITリテラシーに関する無料の講座やウェビナーを開催。
- **対象**: 幅広い年齢層（特にシニア層と地方コミュニティ）
- **内容**
  - パソコンやスマホの基本操作講座
  - 電子メールやSNSの安全な使い方
  - フィッシング詐欺対策やパスワード管理法
- **実施方法**
  - 自治体の公民館や学校、地域のIT企業と協力

3. 期待される成果

- **デジタルデバイドの縮小**: 地域や年齢層にかかわらず、基礎的なITリテラシーが向上する。
- **オンラインセキュリティ意識の向上**: フィッシング詐欺や個人情報漏洩などのトラブルが減少する。
- **IT技術者の育成**: 若年層がAIやデータサイエンスに興味を持ち、将来的にIT分野で活躍する人材を増やす。
- **持続可能なIT教育の仕組み**: 地域ごとのサポート体制が整い、全国的なITリテラシー向上が長期的に持続可能になる。

4. 実施スケジュール

期間	内容
第1四半期	調査・キャンペーン準備、自治体や企業との連携協議
第2四半期	「デジタル基礎力」キャンペーン開始、オンライン教育準備
第3四半期	「デジタル市民大学」オープン、ITアンバサダープログラム開始
第4四半期以降	「AI & ITキャリア推進プログラム」導入、継続的なサポート

このような多層的かつ持続可能な施策により、日本全体のITリテラシーを向上させることが可能です。

図11-8 ReActプロンプトの実践例（2/2）

・課題の認識と推論（Reasoning）

最初に現状認識し、主な問題点を整理するところがReActのすばらしいところです。ここでは、主要な問題点を4つ示し、さらに要件の特定として4つのテーマを挙げてくれています。

- **アクション（Action）**

課題を解決するために次の4つの施策を挙げてくれました。施策2〜施策4は省略していますが、どの施策も具体的であり、対象や推進方法まで示してくれています。

施策1：「デジタル基礎力」全国キャンペーン
施策2：オンライン「デジタル市民大学」
施策3：「ITアンバサダー」プログラム
施策4：「AI&ITキャリア推進プログラム」

アクションを提案するだけでなく、施策ごとに実施スケジュールまで立ててくれているのに感心しますね。

- **期待される成果（Outcome）**

4つの施策を実施することによる成果についても言及してくれています。この成果が目標（ゴール）に対して隔たりがあるようであれば、プロンプトを改良してゴールに近づけていきます（ゴールシークプロンプトですね）。

ReActプロンプトは、最初に現状を認識して課題を推論するので、カスタマーサポートなどにも有効です。ここでは掲載を省略しますが、次のようなプロンプトを入力すると、なかなかリアリティのある良い回答例を作成してくれました。

＜ReActプロンプト＞
生成AIのプロンプトエンジニアリングに、推測と行動で回答を考えるReactという手法があります。これを使って下記の問い合わせに対する回答例を作成してください。
私は自社で製造販売しているマウスのカスタマーサポート担当です。
Bluetoothマウスを使ったユーザーから、マウスが接続できなくなったとの連絡がありました。購入後、半年くらいは問題なく使えたそうです。

OpenAIの推奨するプロンプトの書き方

実はOpenAIのホームページ（https://platform.openai.com/docs/guides/prompt-engineering）でも、プロンプトエンジニアリングで「良い結果を得るための6つの戦略」として、次のようなことが示されています（英語です^^;）。なお、例は私が書き加えたものです。

6つの戦略

(1) 明確に質問や指示を書く（Include details in your query to get more relevant answers）

(2) 生成AIにペルソナ（役割）を設定する（Ask the model to adopt a persona）

（例）「あなたはジョークが得意な動物学者です。猫と山猫の違いを教えてください」

(3) 区切り文字（#や:など）を使用して文章を明確に（Use delimiters to clearly indicate distinct parts of the input）

（例）「#目的:○○　#対象:○○　#期待する効果:○○…」

(4) タスクを完了するための手順を指定する（Specify the steps required to complete a task）

（例）「以下のユーザークレームを読んで、最初に「状況」を整理し、次に「原因」を推定し、最後に「対策」を5つ以上挙げてください」

(5) 例を示す（Provide examples）

（例）「猫と山猫の違いを表にまとめてください（こんな感じで）。#耳 猫:丸みを帯びている　山猫:先端が尖っている」

(6) アウトプットの文字数を指定する（Specify the desired length of the output）

これまでに学んだ内容が多いようですが、5番目はなかったですね。生成AIに例を挙げさせるというのはこれまでに紹介していますが、これは生成AIに例を示すというものです。上記例では、#耳の違いを例示していますが、この例を付けるだけで比較表に体の特徴（体型や目、毛色、鳴き声など）の項目が増えます。

NOTE

システムメッセージとユーザーメッセージ

OpenAIのページでは、user messageとsystem messageという言葉が出てきます。ユーザーメッセージは、質問内容や依頼文など本来聞きたい内容です。これに対してシステムメッセージは、ペルソナ設定、役割の指定、出力形式の指定など、生成AIに指示するためのプロンプトです。

システムメッセージは、通常、ユーザーメッセージの前に設定しますが、「カスタム指示」に埋め込んでおくこともできます。生成AIは自然に判別できるので、特にどちらのメッセージなのかを伝える必要はありません。

その他の戦略

OpenAIのページでは、その他にも次のような興味深い戦略を提示しています。

(7) 参照するテキストを提供する（Provide reference text）

これはインコンテキスト学習ですね。参考文献やニュースサイトなど、有益な情報があれば読んでもらってから回答させましょう。

(8) 複雑なタスクは単純なタスクに分割する（Split complex tasks into simpler subtasks）

これも説明済みのテクニックですね。具体例として、「以前のタスクの出力を使用して後のタスクを指定する（プロンプトチェーン）」や「以前の対話を要約してから次のタスクを依頼する」「長い文書を段落ごとに要約してから、それらを統合して全体の要約を作成する」などが記載されています。

(9) モデルに考える時間を与える (Give the model time to "think")

なぞなぞやりんごの問題でわかるように、生成AIは"うっかり屋さん"ですので、パッと答えを出そうとして間違えることがあります。そのため「ステップバイステップで考えて」などのシステムメッセージを加えて、答えを出す前に「思考の連鎖」を求めることが功を奏します。

(10) 外部ツールを利用する (Use external tools)

生成AI単独でできないことは、OpenAIの「コードインタープリター」や「カスタムGPT」、検索拡張生成 (RAG) などの外部ツールを利用することを推奨しています。

(11) 変更による効果を測定する (Test changes systematically)

ホームドラマでは、長年連れ添った奥さんが絶妙のトークでみごとに亭主を操っているシーンが観られます。一緒に暮らすうちに、どう言えば亭主が素直に言うことを聞いてくれるかというノウハウ (プロンプト) が身に染み込んでいるのでしょう。

生成AIも"人間のようなもの"なので、さまざまなプロンプトを試してみるわけですが、その際に大切なことは、プロンプトAからプロンプトBに変えたときに、結果がどうなったかを客観的に評価することです (ABテストのようなものですね)。

どちらが良いかの評価は主に人間の感覚によるものですが、評価方法の1つとして、ゴールドスタンダードを参考にする戦術も示されています。

NOTE

ゴールドスタンダード（gold standard）

ゴールドスタンダードとは、理想的で正確なモデルの出力例を基準として提供するものです。たとえばブログ作成であれば、ブログの達人が作成した高品質な文章がゴールドスタンダードとなります。またカスタマーサポートであれば、ベテランが回答した最高の応答文がゴールドスタンダードです。

ゴールドスタンダードは、通常、モデルの評価に使いますが、ここではプロンプトの評価に利用するアイデアが提示されているのです。

この章のまとめ

本章では、良いプロンプトの書き方として以下のような内容について学習しました。

<システムメッセージ>

◎自分のバックグランドを伝える
◎相手のペルソナを設定する
◎回答の形式を指定する（箇条書き、表、例の提示など）
◎ステップバイステップで考えさせる（思考の連鎖）
◎用途によっては、ReAct（推論とアクション）を使う
◎システムメッセージをカスタム指示に登録しておく

<ユーザーメッセージ>

◎具体的に詳しく書く
◎符号を使って文章構造を整理して書く
◎チャットスタイルで繰り返す（ゴールシークプロンプト）

◎長いプロンプトは分解する（プロンプトチェーン）
◎関連文書を読ませてから回答させる（インコンテキスト）
◎生成AI自身にプロンプトを作成してもらう（メタプロンプティング）
◎例を示すと、それに倣って回答してくれる
◎複数の生成AIを使いこなす（セカンドオピニオン）

これまでOpenAIのGPTシリーズを中心に解説してきましたが、先行するOpenAIを各社が猛追してきて、もはやChatGPT一択とは言えない状況が生まれつつあります。次章は本書の締めくくりとして、さまざまな生成AIを試してみたいと思います。

第12章

いろいろな生成AIを試してみる

前章では「複数の生成AIを使う」ことをお勧めしました。本章では、無償で使える生成AIをいくつかピックアップしてご紹介します。ChatGPTが生成AI時代を切り開きましたが、その背中を追いかけて、さまざまな特徴を持つ生成AIサービスが誕生している状況を感じていただきたいと思います。

無料で使える生成AI

表12-1に、現在無料で使える主な生成AIサービスの一覧を示します。ここでは11個挙げましたが、現在、日本も含めて世界中で「生成AIモデル」や「生成AIサービス」の開発が行われているので、この他にもたくさんのサービスがあります。

この表の中からいくつかの生成AIサービスに対して同じ質問を行い、アウトプットを比較してみます。ただし、生成AIはそれぞれ進化途中ですし、同じプロンプトを投げても毎回回答が変わります。生成AIの優劣を判定するのではなく、ChatGPT以外にもさまざまな生成AIサービスがあることを知ってもらうことを目的としています。

プロンプト：質問に対する回答

次のプロンプトをいくつかの生成AIサービスに投げた場合の回答を紹介していきます。

<プロンプト>
あなたは歴史学者です。古代4大文明を年代順に比較表にまとめ、主な特徴を500文字程度で解説してください。

ChatGPT4o-mini

第7章で紹介した軽量版GPTで、無料版のChatGPTを使う場合によく使います。**図12-1**にプロンプトに対する回答を示します。これを基準回答として各モデルの回答を比較していきましょう。

表12-1 無料で利用できる生成AI

生成AI	提供元	主な特徴
ChatGPT	OpenAI（米国）	自然な対話やテキスト生成、マルチモーダルなど総合的な完成度が高い。Bingと連携
Gemini	Google（米国）	旧BARD。自然な対話に強い。Google検索と連携
Copilot	Microsoft（米国）	エンジンにGPTシリーズを使用。Bing検索と連携。ChatGPTに比べて回答が短め
Claude	Anthropic（米国）	自然言語に対応し、マルチモーダル版もリリースされている。APIを通じてさまざまなサービスと連携できる
Perplexity	Perplexity AI（米国）	リアルタイムのWeb検索を特徴とし、複数の生成AIモデルと連携している。生成AIが付いているWeb検索サービス
YouChat	You.com（米国）	リアルタイムのWeb検索を特徴としさまざまな生成AIモデルをサポート。ユーザーは任意の生成AIモデルを選択して利用できる
LlaMA	Meta（米国）	軽量ながら高性能でオープンソースで提供。Amazon Bedrockの生成AIエンジンにも採用されている。個人ユーザーはローカル環境で利用可能
Cohere	Cohere（カナダ）	ビジネス向けをターゲットとした生成AIエージェント。「Command R」と「Command X」という独自の独自の生成AIを持つ。APIを提供し、開発者向けにカスタマイズ可能
DeepAI	DeepAI（米国）	独自の生成AIモデルの他にさまざまな生成AIにモデルを利用してテキスト生成や画像生成などマルチモーダルに対応。APIを利用したAIツールの開発も可能。ログインなしで無料で利用できる
Canva Studio	Canva（オーストラリア）	独自の生成AIモデルの他に、さまざまな生成AIモデルも統合してテキスト生成や画像生成などマルチモーダルに対応。デザインやプレゼンテーションにおけるテキスト生成に強みがある
Writesonic	Writesonic（米国）	GPT-4などの生成AIはモデルを使い、クリエイティブなコンテンツ生成に強いAI。ブログ記事、広告、SNS投稿などの自動生成が可能。マーケティングやコピーライティングに特化した機能が充実

古代四大文明（メソポタミア、エジプト、インダス、黄河）の比較表を以下に示します。

文明	時代	主な特徴
メソポタミア	紀元前3500年頃～	業種の発展（農業、商業）、楔形文字の発明、法典（ハンムラビ法典）
エジプト	紀元前3100年頃～	ピラミッド建設、神権政治、ヒエログリフ、農業（ナイル川の氾濫利用）
インダス	紀元前2600年頃～	計画的都市（モヘンジョダロ）、高度な下水道システム、文字の未解読
黄河	紀元前2100年頃～	紀元前2000年の夏王朝、農業発展（稲作、小麦）、漢字の起源

主な特徴の解説

メソポタミアは、ティグリス川とユーフラテス川の間に発展した文明で、農業や商業が発展しました。楔形文字の発明は、記録の重要性を高め、ハンムラビ法典などの法律を生む基盤となりました。多神教と都市国家の形成も特徴的です。

エジプトは、ナイル川の恵みを受けて栄えました。神権政治が支配し、ファラオが神の化身とされました。ピラミッドの建設はその権力の象徴で、死後の世界への信仰が深く影響を与えました。ヒエログリフもこの文明の重要な文化的要素です。

インダス文明は、計画的都市設計や高度な下水道システムが特徴的です。モヘンジョダロやハラッパーなどの都市がその証拠で、商業も盛んでした。文字は未解読ですが、農業や工業の発展があったと考えられています。

黄河文明は、中国の母なる川として知られ、稲作や小麦栽培が行われました。夏王朝などの早期国家が形成され、後の中国文明の基礎が築かれました。漢字の起源もここにあり、後の文化の発展に大きく寄与しました。

これらの文明は、各々異なる地理的条件や社会構造の下で発展し、後の文化や政治に深い影響を与えました。

図12-1 ChatGPT-4o miniが答える4大文明

Google Gemini

第1章で紹介したGoogleの生成AIです。GoogleはBERTという名前のAIサービスが有名でしたが、Google DeepMind社により新しく登場したLLMモデルがGeminiでした。2023年12月にこの2つを統一してGeminiとなっています。

(1) モデルとサービスのラインナップ

表12-2にGeminiのモデル、**表12-3**にAIサービスをまとめましたので、

OpenAIと対比してラインナップを理解してください。「生成AIモデル」と「生成AIサービス」はときどきごっちゃになるので、ここで関係を押さえておきましょう。

表12-2 Geminiのモデル

モデル名	特徴	cf. OpenAI
Gemini Nano	スマホ向けに開発された軽量モデル	
Gemini Flash	最軽量モデル	ChatGPT-4o mini
Gemini Pro	標準モデル	ChatGPT-4
Gemini Ultra	大規模モデル	ChatGPT-4o

「Gemini Nano」は、Android端末での利用を目的とした軽量モデルです。インターネットに接続しなくても、端末だけでも使用できるのが特徴です。「Gemini Flash」は、2024年5月にリリースされた最軽量モデルで、「Gemini Pro」に近い性能を持ちながら軽量・高速化を実現しています。最大規模のモデルは「Gemini Ultra」で、これは有料版サービスにアップグレードしないと利用できません。

表12-3 Googleの提供する生成AIサービス

サービス名	料金	特徴	cf. OpenAI
Gemini	無料	「Gemini Flash」を利用可能	ChatGPT
Gemini Advanced	有料 （月額2,900円）	「Gemini Pro」「Gemini Ultra」を利用可能	ChatGPT Plus
Gemini Business	有料	中小企業から大企業向け	ChatGPT Enterprise
Gemini Enterprise	有料	大企業向け	

無料版Geminiは、「Gemini Pro」をモデルとして使用しており、Googleアカウントを持っていれば簡単に利用できます。月額2,900円払ってGoogle One AIプレミアムプランにアップグレードすると「Gemini Advanced」が利用可能になり

ます。このプランには、２TBのストレージ利用などの特典が付いていますので、Googleストレージを多く使う人にとっては魅力的なプランだと思います。

(2) 無料版Geminiが答える4大文明

図12-2は、無料版Geminiが回答した4大文明の比較と解説です。ChatGPTの回答と比較すると時代や文明名が微妙に違っていますが、どちらも特徴をしっかり伝えてくれています。Geminiの方は場所という列があり、文明が栄える源となった河川を挙げてくれています。また、表をGoogleスプレッドシートにエクスポートできるのは気の利いたサービスだと思います。

古代四大文明比較表と解説

文明	年代	場所	特徴
メソポタミア文明	紀元前4000年頃〜	チグリス川・ユーフラテス川流域	世界最古の文明。都市国家が林立し、楔形文字を発明。数学や天文学も発達。
エジプト文明	紀元前3100年頃〜	ナイル川流域	ピラミッドやスフィンクスが有名。統一国家が長く続き、高度な土木技術を持つ。ミイラ作りも特徴的。
インダス文明	紀元前2600年頃〜	インダス川流域	都市計画が整った都市が特徴。高度な排水システムや都市衛生施設を持つ。文字は解読されていない。
中国文明	紀元前2000年頃〜	黄河・長江流域	長い歴史を持つ。殷王朝、周王朝など、王朝が交代を繰り返す。儒教思想が発展。

Google スプレッドシートにエクスポート

各文明の特徴

メソポタミア文明は、肥沃な三日月地帯と呼ばれる地域で誕生した世界最古の文明です。都市国家が林立し、互いに争いながら文化を発展させました。楔形文字は粘土板に刻まれた文字で、世界最古の文字の一つです。60進法は、現代の時間の単位や角度の単位にも影響を与えています。

エジプト文明は、ナイル川の定期的な氾濫によって肥沃な土地が生まれ、安定した社会が築かれました。ピラミッドやスフィンクスは、当時の技術力の高さを見せつける壮大な建造物です。ミイラ作りは、死後の世界を信じていたエジプト人の信仰を表しています。ヒエログリフは神聖な文字として用いられ、長い間解読できずにいました。

インダス文明は、インド亜大陸で栄えた高度な文明です。都市計画が整備され、上下水道施設も完備されていました。モヘンジョ・ダロやハラッパーなどの大都市遺跡からは、高度な文明が栄えていたことがわかります。しかし、文字はまだ解読されていないため、その歴史や文化については謎が多いです。

中国文明は、黄河と長江という二大河川の流域で生まれ、長い歴史を持つ文明です。殷王朝、周王朝など、多くの王朝が興亡を繰り返しました。漢字は、中国文化の基盤となる文字であり、世界で最も長く使用されている文字の一つです。儒教は、道徳や倫理を重視する思想であり、中国社会に大きな影響を与えました。

まとめ

古代四大文明は、それぞれ独自の文化や特徴を持っていましたが、共通して高度な都市文明を築き上げ、人類の歴史に大きな足跡を残しました。これらの文明は、後の世界文明に多大な影響を与え、現代社会の基礎を築いたといえます。

図12-2 Geminiが答える 4 大文明

Microsoft Copilot

第4章で説明したMicrosoft Copilotは、エンジンとしてChatGPT-4を使用しています。次ページの**図12-3**は、Copilotが回答した4大文明の比較と解説です。驚いたことに、ChatGPTやGeminiと比べて文明の発生年代が異なっていて、中国文明やインダス文明の方が古いとしています。こういうふうに回答が食い違うことがあるので、やっぱり複数の生成AIを使うことを習慣付ける方がいいわけです。

こちらはGeminiと同様、源となった河川も表示してくれていますね。最後に「詳細情報」としてネタ元のリンクを示してくれているのがCopilotの大きな特徴です。

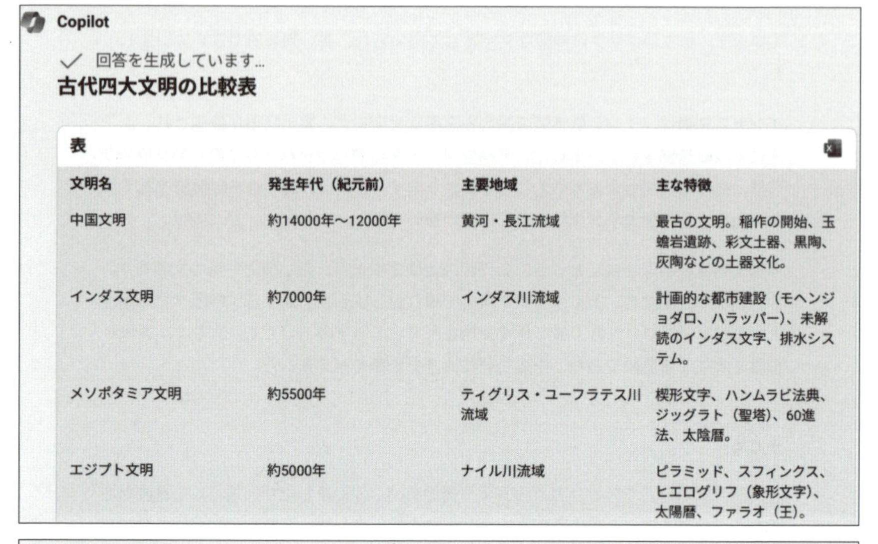

Copilot

回答を生成しています...

古代四大文明の比較表

表

文明名	発生年代（紀元前）	主要地域	主な特徴
中国文明	約14000年〜12000年	黄河・長江流域	最古の文明。稲作の開始、玉蟾岩遺跡、彩文土器、黒陶、灰陶などの土器文化。
インダス文明	約7000年	インダス川流域	計画的な都市建設（モヘンジョダロ、ハラッパー）、未解読のインダス文字、排水システム。
メソポタミア文明	約5500年	ティグリス・ユーフラテス川流域	楔形文字、ハンムラビ法典、ジッグラト（聖塔）、60進法、太陰暦。
エジプト文明	約5000年	ナイル川流域	ピラミッド、スフィンクス、ヒエログリフ（象形文字）、太陽暦、ファラオ（王）。

主な特徴の解説

中国文明は、黄河や長江流域で発展し、最古の文明とされています。玉蟾岩遺跡では稲作の痕跡が見つかっており、彩文土器や黒陶、灰陶などの土器文化が特徴です。

インダス文明は、インダス川流域で発展し、計画的な都市建設が行われました。モヘンジョダロやハラッパーなどの遺跡が有名で、未解読のインダス文字や高度な排水システムが特徴です。

メソポタミア文明は、ティグリス川とユーフラテス川の間で発展し、楔形文字やハンムラビ法典が有名です。ジッグラトと呼ばれる聖塔や60進法、太陰暦なども特徴的です。

エジプト文明は、ナイル川流域で発展し、ピラミッドやスフィンクスが象徴的です。ヒエログリフと呼ばれる象形文字や太陽暦、ファラオと呼ばれる王が統治していました。

これらの文明は、いずれも大河の流域で発展し、農業や都市化、文字の発明などが共通の特徴として挙げられます1 2 3 4。

詳細情報 1 rekisiru.com 2 world-note.com 3 bing.com 4 hyou.net 5 hugkum.sho.jp

図12-3 Copilotが答える 4 大文明

Claude

Claude（クロード）は、アメリカのスタートアップAnthropic（アンソロピック）が開発した生成AIです。OpenAIの社員が独立して2021年に立ち上げた会社で、巨額の資金調達を得てChatGPTに引けを取らない生成AIモデルを開発したと注目されています。

表12-4はClaudeサービスのラインナップです。無料版は使用制限がありますが、

有料版にアップグレードすれば、ほぼ制限を気にしないで利用できます。また、上位モデルを使える、回答のスピードが速いなどの違いもあります。

表12-4 Claudeの提供する生成AIサービス

サービス名	料金	特徴	cf. OpenAI
Claude	無料	「Claude 3.5 Sonnet」を利用可能。5時間で10回の利用制限あり	ChatGPT
Claude Pro	有料(月額$20)	最速モデル「Claude3 Haiku」と「Claude3 Opus」を利用可能。無料プランの5倍の使用量	ChatGPT Plus
Claude Team	有料(月額$30)	Proよりも使用制限が高く、チームと共有利用可能	ChatGPT Enterprise

図12-4は、Claudeが回答した4大文明の比較と解説です。UIが他の生成AIと異なり、AIの回答が右側に表示されるスライドアウトパネル型のレイアウトになっています。これは会話が左側にチャット形式で整理されて、長いやり取りでもチャットの経緯がパッと理解できる特徴があります。

第7章で紹介したGPT-4o with canvasと似たようなレイアウトですが、Claudeの回答は都度作成され、左側スレッドの「ドキュメントアイコン」をクリックすると右側に大きく表示されるスタイルです。

表は、右にスクロールすると重要な資産なども表示されます。こちらの回答は、ChatGPTやGeminiと同じ年代順になっていますね。右の回答欄にコピーやダウンロードがあるのも使いやすいと感じました。

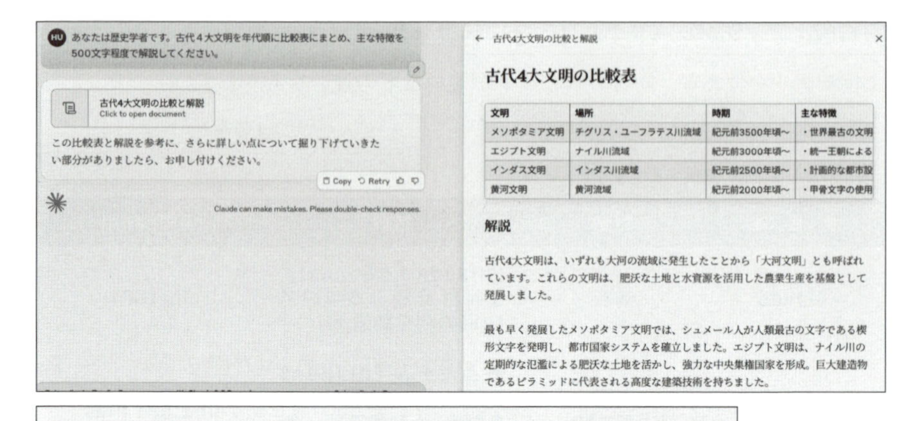

図12-4 Claudeが答える 4 大文明

Perplexity

Perplexity（パープレクシティ）は、GPTシリーズを生成AIエンジンとし、これにWeb検索を組み合わせたブラウジング機能付きのAI検索サービスです。ChatGPTが「GPT」と「Bing」、Googleが「Gemini」と「Google検索」の組み合わせなのに対し、Perplexityは生成AIに「GPT」や「Claude」などを、Web検索に「Bing検索」や「Google検索」などを使ったサービスを提供しています。

ただし、生成AIモデルにはMetaの「Llama3」をベースに独自学習した「Sonar 32lc」というモデルのほか「GPT-4 Turbo」「GPT-4o」「o1-mini」「Claude3 Sonnet」「Claude Opus」などを利用できると記載していますが、検索エンジンの方は本当に「Google検索」を使っているのか公開はされていません（**表12-5**）。

Perplexityは、Google検索のようにログイン無しで無料で使えます。Web検索（ブラウジング機能）が最大の特徴で、iOSやAndroidアプリやChromeの拡張機能

表12-5 生成AIとWeb検索の組み合わせ

AIサービス	生成AI	Web検索
ChatGPT	GPT	Bing検索
Google	Gemini	Google検索
Perplexity	GPT、Claudeなど	Bing検索、Google検索（?）など

に組み込むことができます。Google検索する代わりにPerplexityで検索すれば、いい感じでブラウジングして、生成AIがベスト回答をネタ元リンク付きで提供してくれるものです（コンセプトはCopilotに似ています）。

表12-6のように無料版の他に有料版のProが用意されており、Proにアップグレードすると、いろいろなモデルを選択できます。Enterprise版は、セキュリティがさらに強化され、チーム管理機能なども備わっています。

表12-6 Perplexityの提供するAI検索サービス

サービス名	料金	特徴	cf. OpenAI
Perplexity	無料	・無制限のクイック検索 ・1日5件までPro検索 ・プロフィール登録	ChatGPT
Perplexity Pro	有料（月額$20）	・無制限のクイック検索 ・1日300件以上のPro検索 ・AIモデルを選択 ・無制限のファイルアップロード ・マルチモーダル	ChatGPT Plus
Perplexity Enterprise	有料（問い合わせ）	Proの企業向け。セキュリティ強化（SOC2取得）やSSO対応など	ChatGPT Enterprise

図12-5は、Perplexityが回答した4大文明の比較と解説です。最初にSourcesとしてネタ元のリンクを表示するところはCopilotと同じですね。Answerの表はだいたい他の生成AIと同じですが、"古代4大文明の特徴"という解説は、かなりしっかりした内容が（ネタ元番号付きで）書かれていると感じました。コピーアイコンをクリックして回答をコピーできますが、ブラウジングを特徴としている分、

それを安易に流用するのは避けた方がいいかも知れません。

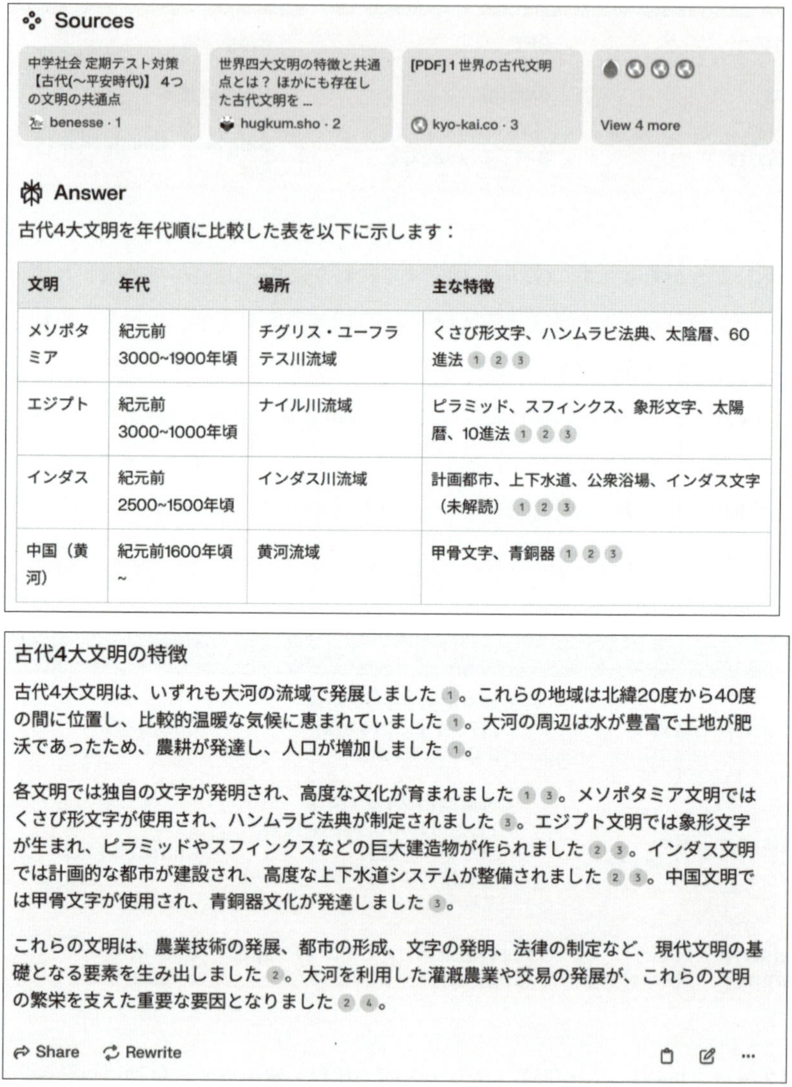

Sources

中学社会 定期テスト対策【古代(〜平安時代)】4つの文明の共通点 benesse · 1

世界四大文明の特徴と共通点とは？ほかにも存在した古代文明を ... hugkum.sho · 2

[PDF] 1 世界の古代文明 kyo-kai.co · 3

View 4 more

Answer

古代4大文明を年代順に比較した表を以下に示します：

文明	年代	場所	主な特徴
メソポタミア	紀元前3000~1900年頃	チグリス・ユーフラテス川流域	くさび形文字、ハンムラビ法典、太陰暦、60進法 1 2 3
エジプト	紀元前3000~1000年頃	ナイル川流域	ピラミッド、スフィンクス、象形文字、太陽暦、10進法 1 2 3
インダス	紀元前2500~1500年頃	インダス川流域	計画都市、上下水道、公衆浴場、インダス文字（未解読） 1 2 3
中国（黄河）	紀元前1600年頃~	黄河流域	甲骨文字、青銅器 1 2 3

古代4大文明の特徴

古代4大文明は、いずれも大河の流域で発展しました 1。これらの地域は北緯20度から40度の間に位置し、比較的温暖な気候に恵まれていました 1。大河の周辺は水が豊富で土地が肥沃であったため、農耕が発達し、人口が増加しました 1。

各文明では独自の文字が発明され、高度な文化が育まれました 1 3。メソポタミア文明ではくさび形文字が使用され、ハンムラビ法典が制定されました 3。エジプト文明では象形文字が生まれ、ピラミッドやスフィンクスなどの巨大建造物が作られました 2 3。インダス文明では計画的な都市が建設され、高度な上下水道システムが整備されました 2 3。中国文明では甲骨文字が使用され、青銅器文化が発達しました 3。

これらの文明は、農業技術の発展、都市の形成、文字の発明、法律の制定など、現代文明の基礎となる要素を生み出しました 2。大河を利用した灌漑農業や交易の発展が、これらの文明の繁栄を支えた重要な要因となりました 2 4。

Share Rewrite

図12-5 Perplexityが答える 4 大文明

YourChat

YourChatは、Perplexityと同じように複数の生成AIモデルをサポートしたAIチャットサービスです。ユーザー登録の必要がなく、無料で利用可能なところも同じです。**図12-6**がYourChatが答えた4大文明です。

GPTやClaude、Llama、Mistral、Gemini、DBRX、Command R、Solar 1、Dolphinなど多様な生成AIの各モデルに対応しており、モデルを指定して利用することができます。無料プランの他に、月額15＄のProプラン、25＄のTeamプラン、Enterpriseプランも用意されていて、有料プランにするとGPT-4oやClaude3.5 Sonnetなども利用可能となります。

古代4大文明は、メソポタミア、エジプト、インダス、そして中国の文明です。以下に年代順に比較表をまとめます。

文明	主な時期	地域	主な特徴
メソポタミア	紀元前3500年頃 - 紀元前500年頃	現在のイラク	最初の都市国家の形成、楔形文字の発明、法典（ハンムラビ法典）、灌漑農業
エジプト	紀元前3100年頃 - 紀元前30年頃	ナイル川流域	紀元前3100年に統一王国成立、ピラミッド建設、ヒエログリフ、宗教と神々の崇拝
インダス	紀元前2600年頃 - 紀元前1900年頃	現在のパキスタン	整然とした都市設計（モヘンジョダロ、ハラッパ）、高度な水道システム、商業活動
中国	紀元前2100年頃 - 紀元前221年頃	現在の中国	夏王朝から始まり、殷・周の時代を経て、文字の発展（甲骨文字）、儒教の基盤

この4大文明は、それぞれ異なる地域で独自の文化を築きました。メソポタミアでは、農業の発展とともに都市国家が形成され、法と秩序の重要性を認識しました。エジプト文明は、ナイル川の恵みを受け、壮大な建築物とともに、死後の世界への信仰が強く反映されています。インダス文明は、計画的な都市設計と先進的なインフラを持ち、商業活動が盛んでした。そして、中国では、王朝の興亡を通じて、文字や哲学が発展し、後の文化に大きな影響を与えました。

これらの文明は、農業、宗教、政治制度、書記体系など、さまざまな面での革新を通じて、後の人類文明の基盤を築きました。

図12-6 YourChatが答える 4 大文明

NOTE

マルチモデルAIプラットフォーム

PerplexityやYourChatのように、複数の生成AIを並行して利用して、それぞれの強みを活かして最適な回答を提供するAIサービスのことを、「マルチモデルAIプラットフォーム」や「アンサンブルAI」などと呼びます。複数の生成AIモデル、検索エンジンを利用できるところは、第9章で紹介したLLM OrchestratorのAIサービス版のような位置づけです。

この他にもMetaがオープンソースで提供している「Llama」、ビジネス利用を意識した「Cohere」、画像生成などさまざまなAIに強い「DeepAI」、デザイン特化型生成AI「Canva」、ブログ作成や広告作成に強い「Writesonic」なども表にありますが詳しい説明は省きます。ログイン不要で使えるもの、ログインすれば使えるもの、ダウンロードして利用するものなど利用形態はまちまちですが、どれも無料で試すことができますので使い較べてみてください。

この章のまとめ

本章では、さまざまな生成AIサービスを紹介して次のことを学習しました。

◎さまざまな生成AIサービスが独自の特徴を掲げて誕生しており、無料で使えるものも多い
◎生成AIサービスは「無料版」「有料版（個人向け）」「有料版（企業向け）」のラインナップが多い
◎大規模言語モデル（LLM）が生成AIモデルであり、それを使ってチャットやAPIで利用できるのが生成AIサービス
◎複数の生成AIのモデルをサポートした「マルチモデルAIプラットフォーム」も続々と誕生している
◎生成AIにWeb検索（ブラウジング機能）を組み合わせたAIサービスは、Google検索のお株を奪うことを狙っている

本書でお伝えすることもこれで最後です。大規模言語モデルや生成AIサービスは、急速に発展している分野ですので、本書を執筆している最中でも次々と新しい技術やサービスが発表され、価格や提供形態も変化しています。書籍なのでリアルタイムには改定できませんが、生成AIの誕生から技術バックボーン、世界観は詰め込めたと思いますので、これからのAIネイティブ的な活動に役立ててください。

INDEX

と

な

に

の

は

ひ

ふ

へ

ほ

ま

め

も

ゆ

り

る

れ

■ 著者プロフィール

梅田弘之（うめだ ひろゆき）

東芝、SCSKを経て1995年に株式会社システムインテグレータを設立し、現在、代表取締役会長。2006年東証マザーズ、2014年東証第一部、2022年東証スタンダード市場に上場。創業以来、独創的なアイデアの製品・サービスを次々とリリース。主な著書に「Oracle8入門」「グラス片手にデーターベース設計」「実践！プロジェクト管理入門」「これからのSIerの話をしよう」「エンジニアなら知っておきたいAIのキホン」「システム設計とドキュメント」「徹底攻略JSTQB Foundation」、ほか多数。

■ 媒体紹介

（https://thinkit.co.jp/）

“オープンソース技術の実践活用メディア”をスローガンに、インプレスグループが運営するエンジニアのための技術解説サイト。開発の現場で役立つノウハウ記事を毎日公開しています。
2004年の開設当初からOSS（オープンソースソフトウェア）に着目、近年は特にクラウドを取り巻く技術動向に注力し、ビジネスシーンでOSSを有効活用するための情報発信を続けています。OSSに特化したビジネスセミナーの開催や、Web連載記事の書籍化など、Webサイトにとどまらない統合的なメディア展開に挑戦しています。

■ STAFF LIST

カバー・本文デザイン	細山田光宣＋川口 匠（株式会社細山田デザイン事務所）
カバーイラスト	橋本 聡
DTP	柏倉真理子
図版作成協力	氷室久美（株式会社ウイリング）
編集	鎌倉編集工房（書籍）
	伊藤隆司（Web連載）

・本書は、インプレスが運営するWebメディア「Think IT」で、「エンジニアなら知っておきたいGPTのキホン」として連載された技術解説記事を書籍用に加筆再編集したものです。
・本書の内容は、執筆時点（2024年12月）までの情報を基に執筆されています。紹介したWebサイトや製品、アプリケーション、サービスは変更される可能性があります。
・本書の内容によって生じる、直接または間接被害について、著者ならびに弊社では、一切の責任を負いかねます。

本書のご感想をぜひお寄せください
https://book.impress.co.jp/books/1124101060

読者登録サービス

アンケート回答者の中から、抽選で図書カード（1,000円分）などを毎月プレゼント。
当選者の発表は賞品の発送をもって代えさせていただきます。
※プレゼントの賞品は変更になる場合があります。

■ 商品に関する問い合わせ先
このたびは弊社商品をご購入いただきありがとうございます。本書の内容などに関するお問い合わせは、下記のURLまたは二次元バーコードにある問い合わせフォームからお送りください。
https://book.impress.co.jp/info/

上記フォームがご利用頂けない場合のメールでの問い合わせ先
info@impress.co.jp

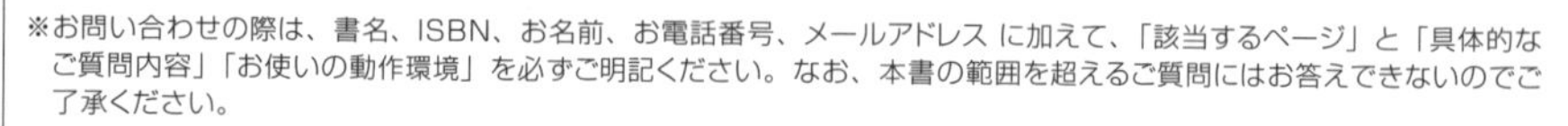
※お問い合わせの際は、書名、ISBN、お名前、お電話番号、メールアドレス に加えて、「該当するページ」と「具体的なご質問内容」「お使いの動作環境」を必ずご明記ください。なお、本書の範囲を超えるご質問にはお答えできないのでご了承ください。

●電話やFAX でのご質問には対応しておりません。また、封書でのお問い合わせは回答までに日数をいただく場合があります。あらかじめご了承ください。
●インプレスブックスの本書情報ページ　https://book.impress.co.jp/books/1124101060 では、本書のサポート情報や正誤表・訂正情報などを提供しています。あわせてご確認ください。
●本書の奥付に記載されている初版発行日から3年が経過した場合、もしくは本書で紹介している製品やサービスについて提供会社によるサポートが終了した場合はご質問にお答えできない場合があります。

■ 落丁・乱丁本などの問い合わせ先
FAX　03-6837-5023
service@impress.co.jp
※古書店で購入されたものについてはお取り替えできません。

エンジニアなら知って(し)おきたい生成AI(せいせいエーアイ)のキホン
ChatGPT(チャットジーピーティー)/Copilot(コパイロット)/Gemini(ジェミニ)から学(まな)ぶ最新技術(さいしんぎじゅつ)と活用(かつよう)

2025年2月21日　初版第1刷発行

著　者　梅田弘之（うめだ ひろゆき）
発行人　高橋隆志
編集人　藤井貴志
発行所　株式会社インプレス
〒101-0051　東京都千代田区神田神保町一丁目105番地
ホームページ　https://book.impress.co.jp/

印刷所　株式会社暁印刷

ISBN978-4-295-02104-9　C3055